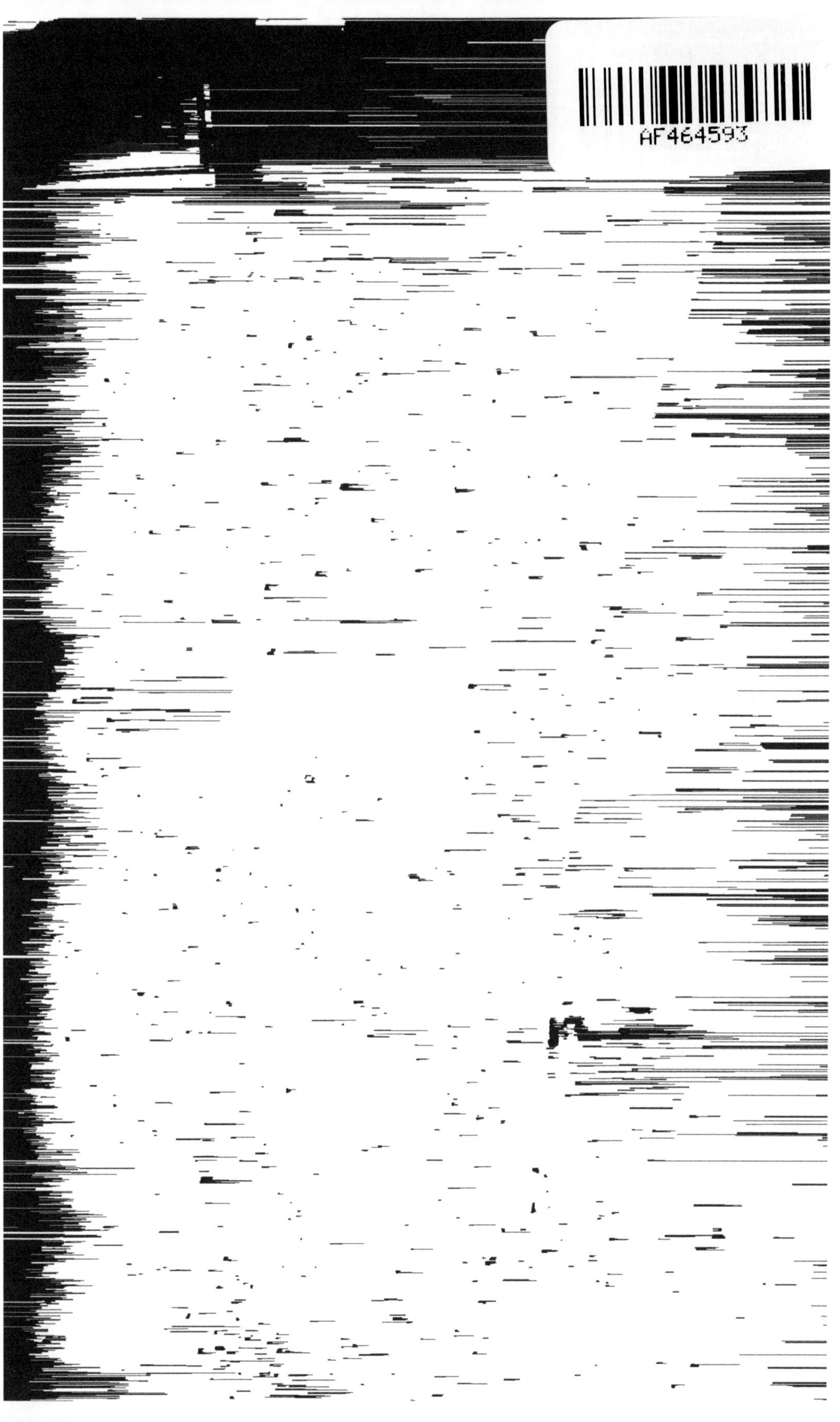

COMPLÉMENT

A

L'ARITHMÉTIQUE ÉLÉMENTAIRE.

COMPLÉMENT

À

L'ARITHMÉTIQUE

ÉLÉMENTAIRE

THÉORIQUE ET PRATIQUE

AVEC EXERCICES

A l'usage des Écoles, dirigées par les Frères de Saint-Gabriel.

VANNES,

LIBRAIRIE DE LA MAISON DE LAMARZELLE.

1855.

AVERTISSEMENT.

Lorsque, en 1851, nous donnâmes notre *Arithmétique élémentaire;* nous avions dès lors l'intention de compléter ce premier travail en donnant un *Traité des racines* et un *Traité des proportions* avec les règles qui en dépendent. Diverses raisons nous empêchèrent de nous mettre immédiatement à l'œuvre ; mais le temps ayant aplani les difficultés, nous sommes heureux de voir enfin naître ce fruit de nos labeurs : bien plus heureux encore, mille fois plus heureux, s'il peut produire le bien que nous nous sommes proposé; c'est-à-dire, l'avancement de la jeunesse dans la belle carrière des mathématiques.

Il ne nous siérait pas de faire nous-mêmes l'éloge de notre propre ouvrage ; mais ce que nous croyons pouvoir dire, c'est que nous avons fait ce qui a dépendu de nous pour rendre ce petit recueil aussi intéressant que possible : on nous jugera ; mais toujours nous accueillerons, avec reconnaissance, les observations qu'on voudra bien nous adresser.

Nous dirons ici quelques mots sur l'ordre que nous avons suivi dans l'arrangement des matières, mais pour ne pas être trop long, nous ne passerons en revue que les parties essentielles du programme. Nous débutons par les puissances des nombres, après quoi viennent les racines et leurs extractions. Il nous a semblé que l'article des puissances et celui des racines, vu leur inhérence, ne pouvaient être isolés l'un de l'autre ; et en effet, qu'est l'extraction des racines, sinon la décomposition des puissances? Nous donnons successivement toutes les règles qui ont rapport à l'extraction de la racine carrée et de la racine cubique, sans les embarrasser dans la théorie ; parce que, telle est notre conviction, qu'il faut que les commençants apprennent d'abord à opérer. Cependant, nous ne nous en sommes pas tenu à la pratique ; et après elle vient un nouvel article où elle se trouve unie à la théorie par une suite de raisonnements que nous croyons clairs et concis.

Les rapports et les proportions ont été de notre part l'objet d'une attention toute spéciale, et si nous n'avons pu embrasser toutes les propriétés des proportions, nous en avons du moins choisi un bon nombre des plus usuelles, que nous avons démontrées aussi clairement que possible nous a été. Ces propriétés sont les bases d'un majestueux édifice, nous nous devions à nous-même de les poser solides, ou nous courions le risque de voir un si bel ouvrage se déformer entre nos mains.

Nous nous sommes aussi appliqué à traiter avec soin les règles de trois, sous quelque dénomination qu'on les envisage, mais nous appelons particulièrement l'attention de nos lecteurs sur les numéros 117 et 118, qui offrent des moyens à la fois sûrs et faciles, pour résoudre avec promptitude les cas les plus compliqués.

Au premier coup-d'œil, on trouvera peut-être difficile la méthode que nous donnons pour la solution des cas doubles, triples..., c'est-à-dire pour la solution des règles de trois composées ; mais qu'on ne s'effraie point, qu'on se mette tout de bon à l'œuvre, qu'on s'exerce ; et bientôt on verra les difficultés disparaître ; et l'on aura acquis une connaissance précieuse que le temps même n'effacera pas de la mémoire. Nous devons ajouter que cette méthode est généralement enseignée de nos jours. Nous passons sous silence le traité des intérêts ; ceux des escomptes, des partages proportionnels, des alliages et des progressions, bien qu'ils contiennent plusieurs règles et analyses remarquables, et nous abordons tout de suite le traité des poids et mesures qui termine le recueil.

Bien que la loi défende l'enseignement de l'ancien système, nous n'avons pourtant pas cru nous mettre en opposition avec elle, en donnant les rapports des anciennes mesures avec les nouvelles; car, combien souvent n'a-t-on pas besoin de faire des transformations des unes dans les autres?

Outre les rapports que nous venons de mentionner, nous donnons la manière de trouver ces rapports et plusieurs règles pour des cas particuliers. Enfin, nous divisons les anciennes mesures en deux espèces bien distinctes : les mesures anciennes, simplement dites, et les mesures usuelles; et nous terminons par un opuscule sur les pesanteurs spécifiques des corps.

On trouvera peut-être que nous sommes trop théorique, mais nous répondrons que nous n'avons pas cru devoir nous en tenir à la pratique seule, parce que, dans le nombre des élèves, il en est toujours dont l'esprit est plus curieux, plus pénétrant. Nous avons donc pensé que chacun pourrait trouver plus facilement ce qui serait à sa convenance par la diversité des caractères, et c'est pourquoi nous en employons de plusieurs sortes. Ainsi tout ce qui est indispensable, comme les définitions et les procédés ou règles, est imprimé en lettres plus grandes; les raisonnements et les principes sont en moyennes; et les notes et démonstrations en petites.

Ceux donc qui ne voudraient que l'indispensable, peuvent laisser de côté tout ce qui est écrit en caractères très-petits.

Pour ce qui est des Exercices, nous nous sommes attaché à les bien graduer et à en rendre la rédaction claire et précise. Chaque série porte un numéro de renvoi aux préceptes, et lorsque certains problèmes nous ont paru trop difficiles, nous en avons donné la solution. Après les divers chapitres correspondant aux chapitres de mêmes titres des préceptes, vient un exercice général dont nous allons dire quelques mots. Il se divise en quatre sections dont la 1re et la 2e contiennent des racines à extraire, des règles de trois de tous genres, des alliages et des progressions; la 3e est spécialement consacrée à des questions ayant rapport au temps, à la cosmographie et à la géographie; et la 4e l'est tout entier à des questions à résoudre au moyen du raisonnement (Règles de fausses positions). Le traité des poids et mesures, celui des pesanteurs spécifiques n'ont pas été oubliés; ils ont aussi leurs exercices et il ne pouvait en être autrement. Enfin, pour conclure, nous répétons à nos jeunes lecteurs, qu'en rédigeant ce petit livre, nous n'avons eu d'autre vue que de leur être utile et de contribuer à leur prospérité: Dieu veuille accomplir ce vœu si cher à notre cœur.

COMPLÉMENT
A L'ARITHMÉTIQUE ÉLÉMENTAIRE
THÉORIQUE ET PRATIQUE.

Puissances des nombres; Formation des Puissances; Racines; Extraction de la racine carrée et de la racine cubique; Démonstration des procédés employés pour extraire la racine carrée et la racine cubique; Extraction des racines de tous les degrés; Rapports et proportions; Application des proportions aux règles de trois; d'intérêt, d'escompte, de partages proportionnels; Époques pour les paiements; Alliages; Progressions.

ABRÉVIATIONS. Nous écrirons quelquefois p^{ce} pour puissance; r. pour racine; p^{t} pour produit; d^{de} pour dividende; dseur pour diviseur: q^{t} pour quotient; anté. pour antécédent; conséq. pour conséquent.....

PUISSANCES DES NOMBRES.

1. On appelle *puissance* d'un nombre le produit de l'unité par ce nombre un certain nombre de fois. Ainsi $1 \times 6 = 6 =$ la 1re p^{ce} de 6; $1 \times 6 \times 6 = 36 =$ la 2e p^{ce} de 6; $1 \times 6 \times 6 \times 6 = 216 =$ la 3e p^{ce} de 6...

D'où il suit que la première puissance d'un nombre est ce nombre lui-même; que la deuxième est le produit de la 1re par la 1re; que la 3e est le produit de la 2e par la 1re. Et ainsi successivement.

2. La deuxième puissance d'un nombre s'appelle encore *carré* de ce nombre, et la troisième *cube* de ce nombre. Ainsi 36 est le carré de 6, et 216 en est le cube.

3. Le degré d'une puissance quelconque d'un nombre s'indique en écrivant sur la droite de ce nombre, mais

un peu plus haut et en chiffres plus petits, le nombre qui exprime quel est le degré de la puissance; ce nombre s'appelle *exposant*. Soit proposé d'élever 8 à sa 3e pce. Indiquez 8^3, au lieu de $8 \times 8 \times 8$. Soit encore la quantité $(2+5+4) \times 6$ à élever au carré. Indiquez $((2+5+4) \times 6)^2$, au lieu de $(2+5+4) \times 6 \times (2+4+5) \times 6$. Cette quantité équivaut d'ailleurs à $(11 \times 6)^2$, ou à 66^2. On ne donne pas d'exposant à la première puissance.

4. Remarque. $(2+5+4) \times 6^2$ indique que la quantité $2+5+4$ doit être multipliée par la 2e pce de 6, ce qui équivaut à 11×36. En général, lorsqu'une quantité renfermée entre parenthèses doit être élevée à une puissance quelconque, il faut écrire l'exposant en dehors des parenthèses.

ÉLÉVATION DES NOMBRES A LEURS PUISSANCES.

5. De ce qui est dit no 1, il suit que pour obtenir la deuxième puissance ou le carré d'un nombre, il suffit de multiplier la première puissance par elle-même; que pour obtenir la troisième puissance ou le cube de ce nombre, il suffit de multiplier la deuxième puissance par la première; et ainsi, pour obtenir une puissance quelconque, de multiplier la dernière obtenue par la première, ce qui donne toujours la suivante : d'où il suit qu'on a toujours à effectuer autant de multiplications, *moins une*, que l'exposant de la pce demandée contient d'unités. Ainsi $9^5 = 9 \times 9 \times 9 \times 9 \times 9 = 59049$.

6. Le produit d'une puissance d'un nombre par une autre puissance du même nombre étant une nouvelle puissance de ce nombre, d'un degré marqué par la somme des exposants des pces facteurs, on peut, lorsqu'on veut élever un nombre à une pce supérieure à la 3e, multiplier les pces subalternes les unes par les autres, ayant soin de combiner les opérations d'après la

décomposition de l'exposant de la p^ce^ demandée. Soit 4 à élever à sa 13e p^ce^.

Comme $13 = 1 + 1 + 2 + 4 + 4 + 1$,

On a $1^{re} \times 1^{re} = 2^e$;	donc $4 \times 4 = 4^2$;
$2^e \times 2^e = 4^e$;	$4^2 \times 4^2 = 4^4$;
$4^e \times 4^e = 8^e$;	$4^4 \times 4^4 = 4^8$;
$8^e \times 4^e = 12^e$;	$4^8 \times 4^4 = 4^{12}$;
$12^e \times 1^{re} = 13^e$;	$4^{12} \times 4 = 4^{13}$.
	$= 67108864$.

Nous ferons remarquer que la décomposition de l'exposant est arbitraire, et qu'on a toujours à effectuer autant de multiplications qu'on peut insérer de fois le signe + entre les chiffres de la décomposition.

7. Pour élever une fraction ordinaire à l'une de ses p^ces^, il suffit d'élever à cette p^ce^ le numérateur et le dénominateur.

Soit $\frac{2}{5}$ à élever à son cube. On a $\left(\frac{2}{5}\right)^3 = \frac{2}{5} \times \frac{2}{5} \times \frac{2}{5} = \frac{2^3}{5^3}$, ou $\frac{8}{125}$.

Soit $\frac{5}{3}$ à élever à son carré. On a $\left(\frac{5}{3}\right)^2 = \frac{5}{3} \times \frac{5}{3} = \frac{5^2}{3^2}$, ou $\frac{25}{9}$.

8. Pour les fractions décimales, on suit la même marche que pour les nombres entiers. Ainsi $0,76^3 = 0,76 . 0,76 . 0,76 = 0,438976$.

RACINES DES NOMBRES.

9. On appelle *racine* d'un certain degré d'un nombre, le nombre qui, étant élevé à la puissance marquée par ce degré, reproduit le nombre proposé.

Ainsi la racine carrée de 9 est 3, parce que $3 \times 3 = 9$. La racine cubique de 27 est également 3, parce que $3 \times 3 \times 3 = 27$.

10. Une racine quelconque à extraire s'indique au moyen de ce signe $\sqrt{}$, appelé *radical* : dans son ouverture on écrit le degré de la racine, et à sa droite le nombre proposé, recouvert ordinairement d'une barre.

Soit à extraire la r. cubique de 125. Indiquez $\sqrt[3]{125}$. Ordinairement on se dispense d'écrire le degré quand il s'agit de la racine carrée.

EXTRACTION DE LA RACINE CARRÉE.

11. Les carrés des nomb. 1, 2, 3, 4, 5, 6, 7, 8, 9,
étant.................. 1, 4, 9, 16, 25, 36, 49, 64, 81,
il s'ensuit que chacun des 9 nombres supérieurs est la r. carrée de son correspondant inférieur. *(Il importe de savoir ce tableau par cœur.)*

12. Les nombres compris entre deux carrés consécutifs ont pour r. carrée la racine du plus petit de ces deux carrés, plus une fraction, d'autant plus grande que le nombre proposé se rapproche davantage du plus grand des deux carrés. Par exemple, le nombre 5, qui est compris entre 4 et 9, a pour r. carrée 2,236, à moins d'un millième près ; 20, qui est compris entre 16 et 25, a pour r. carrée 4,472, à moins d'un 1000e près. Mais ces sortes de racines ne peuvent être exactement exprimées par aucun nombre, d'où leur vient le nom de nombres *sourds, irrationnels, incommensurables.* On dit alors que *telle racine* est à moins *d'une unité; d'un dixième, d'un centième.... près,* selon le degré d'approximation du résultat.

13. Connaissant (nos 11 et 12) la r. carrée exacte, ou à moins d'une unité près, d'un nombre entier d'un seul ou de deux chiffres, *pour extraire la r. carrée d'un nombre ayant plus de deux chiffres, on le partage en tranches de deux chiffres, en partant de la droite ; on cherche quel est le nombre dont le carré se rapproche le plus, en moins, de la dernière tranche à gauche, laquelle n'a souvent qu'un seul chiffre; on écrit ce nombre, qui est le premier chiffre de la ra-*

cine et qui ne peut jamais être plus grand que 9, à droite du nombre proposé, dont on le sépare par un trait vertical; et, après l'avoir souligné, on en calcule le carré que l'on soustrait de la tranche sur laquelle on opère.

A côté du reste, on abaisse la tranche suivante, et l'on sépare par un point le dernier chiffre à droite du nombre ainsi formé.

On place le double du chiffre écrit à la racine au-dessous de ce chiffre, puis on divise par ce double la partie restée à gauche du point, et l'on écrit le quotient, qui est le deuxième chiffre de la racine, à droite du chiffre déjà déterminé. On l'écrit aussi à droite du diviseur, et l'on multiplie par ce même quotient le nombre ainsi formé, puis on soustrait le produit du premier reste suivi de la deuxième tranche.

A côté du nouveau reste, on descend la troisième tranche; on sépare le dernier chiffre à droite du nombre ainsi formé; on divise la partie séparée sur la gauche par le double de la racine trouvée, et l'on écrit le quotient, qui est le troisième chiffre de la racine, à droite des deux chiffres déjà connus. On l'écrit également à droite du diviseur; on multiplie le nombre ainsi formé par ce même quotient, on soustrait le produit du deuxième reste suivi de la troisième tranche. Et ainsi, tant qu'il reste des tranches à abaisser.

Exemple. *Quelle est la r. carrée de 1849?*

OPÉRATION.

Nombre proposé..........	1849	43, r. demandée.
Carré du 1er chiffre de la r. .	16	83, double du 1er chiffre de la r. suivi du 2e.
Reste de la 1re soustraction suivi de la 2e tranche....	249	3, multiplicateur.
Pt par le 2e chiffre de la r..	249	
Reste.....	000	

Après avoir écrit le nombre proposé, je cherche quel est le nombre dont le carré approche le plus, *en moins*, de la 1re tranche 18 ; je vois que c'est 4. J'écris donc 4 sur la droite du nombre proposé, puis je tire une ligne verticale et une horizontale. Je carre 4, et il vient 16 que j'écris sous 18 ; puis, faisant la soustraction, il reste 2.

A droite du reste 2 j'abaisse la tranche 49, ce qui forme le nombre 249 ; mais de ce nombre je sépare le chiffre 9, d'où j'ai 24 pour dividende. Je double 4, ce qui donne 8 que j'écris sous 4, d'où j'ai 8 pour diviseur. Je cherche combien de fois le dividende 24 contient le diviseur 8, et je trouve qu'il le contient 3 fois. J'écris 3 à la racine et aussi à droite du diviseur 8 ; puis, multipliant 83 par 3, je soustrais le produit 249. Comme le reste est 0, et que d'ailleurs il n'y a plus de tranches à abaisser, j'en conclus que l'opération est finie et que le nombre 43 est la racine demandée.

14. Remarques. 1° Le nombre des chiffres de la r. est déterminé par le nombre des tranches contenues dans le nombre proposé. Ainsi, si le nombre proposé contient 1, 2, 3, 4.... tranches, la r. demandée aura 1, 2, 3, 4.... chiffres.

2° Aucun des différents restes ne doit être plus grand que le double de la r. trouvée, et s'il arrivait que quelque reste fût plus grand que ce double, ce serait une marque que le dernier chiffre écrit à la r. serait trop faible.

3° Aucun des produits par le dernier chiffre écrit à la r., plus le carré de ce chiffre, ne doit être plus grand que le dividende rejoint au chiffre qui en était séparé sur la droite ; s'il en était autrement, ce serait une marque que le dernier chiffre écrit à la racine serait trop fort.

15. Il peut arriver : 1° que la première tranche à gauche soit un carré parfait, ou qu'on trouve une racine exacte avant d'avoir abaissé toutes les tranches ; 2° que quelque dividende ne contienne pas le diviseur.

Dans le premier cas, on abaisse la tranche suivante, et si le premier chiffre à gauche contient le diviseur et que d'ailleurs le produit du diviseur par le chiffre du quotient, plus le carré du quotient, puisse être soustrait de cette tranche, on continue l'opération.

Mais si ce qui vient d'etre dit ne pouvait avoir lieu, on écrirait 0 à la racine, 0 à droite du diviseur, on abaisserait la tranche suivante, on séparerait le dernier chiffre à droite des deux tranches, puis on ferait comme il est enseigné au n° 13.

Si les tranches restantes ne contenaient que des zéros, on écrirait à la racine autant de zéros qu'il y aurait de ces tranches.

Dans le cas où un dividende ne contient pas le diviseur, on écrit 0 à la racine et 0 au diviseur, puis on abaisse la tranche suivante, etc., n° 13.

EXEMPLE I. *Evaluer* $\sqrt{412252416}$.

OPÉRATION.

4.12.25.24.16	20304 R. D.
4	
0 122.5	403
120 9	3
16241 6	40604
16241.6	4
000000	

Je forme d'abord les tranches, et je vois qu'il y aura 5 chiffres à la rac. (*Rem.* 1° n° 14.)

La première tranche 4 étant un carré parfait, le 1er reste est nul. J'abaisse la tranche 12; mais 1 ne contenant pas 4, j'écris 0 à la racine, et 0 à droite du diviseur 4; puis j'abaisse la tranche 25. Ayant multiplié, divisé et soustrait, j'ai le reste 16. J'abaisse la tranche 24, mais le dividende 162 ne contient pas le diviseur 406; c'est pourquoi j'écris 0 à la racine, et 0 à droite du diviseur 406; puis j'abaisse la tranche 16. Je divise, je multiplie, je soustrais, et le reste étant 0, je vois que le nombre proposé est un carré parfait dont la rac. est 20304.

EXEMPLE II. *Trouver la racine carrée de* 10240000.

OPÉRATION.

10.24.00.00	3200
9	
12.4	62
12.4	2
000	

Le nombre proposé contenant 4 tranches aura 4 chiffres à sa r. c. (n° 14, 1°.)

Ayant opéré sur les 2 tranches 10 et 24, je trouve que le nombre 1024 formé par ces 2 tranches est un carré parfait dont la racine est 32. Mais, comme il reste 2 tranches de zéros, j'écris 2 zéros à la racine, d'où la racine demandée est égale à 3200

Ce procédé n'a pas besoin de démonstration ; car, pour le comprendre, il suffit de savoir que le produit de deux facteurs égaux contient sur sa droite deux fois plus de zéros qu'il n'y en a sur la droite de chaque facteur. (Arith. élém., n° 142.)

16. Lorsque le nombre proposé n'est pas un carré parfait, il y a un reste à la dernière soustraction. *Dans ce cas, ayant mis une virgule à la racine, on écrit d'abord deux zéros sur la droite du reste; puis, on continue l'opération, ce qui donne les dixièmes de la racine. On opère de la même manière sur les différents restes; et cela, autant de fois que l'exige l'approximation demandée.*

EXEMPLE. *Quel est à moins d'un millième près, la racine carrée de 2836 ?*

La partie entière de la racine demandée est 53, et le reste 27. Comme on demande trois décimales à la r., j'écris deux zéros sur la droite du reste 27; puis, ayant écrit virgule à droite de la partie entière de la racine, je calcule les dixièmes de cette racine. Le chiffre 2 dixièmes étant trouvé, j'écris deux zéros sur la droite du reste 576 ; puis je calcule les centièmes. Je renouvelle le même procédé pour le chiffre des millièmes, et je trouve que la racine demandée est égale à 53 unités,254, et le reste, à 11484 *millioniémes.*

OPÉRATION.

28 36	53,254 r.
25	
336	103
309	3
270.0	1062
212 4	2
5760.0	10645
53225	5
43750 0	106504
426016	4
reste 11484	

17. *Pour calculer la r. carrée d'une expression fractionnaire décimale, il faut rendre pair le nombre*

des décimales de la quantité proposée, si toutefois il ne l'est pas, en écrivant un zéro sur sa droite; puis, ayant partagé le nombre en tranches de deux chiffres, en partant de la virgule, on opère comme sur un nombre entier, mais on a soin de placer une virgule à la racine, quand on abaisse la première tranche des décimales.

Ex. I. *Evaluez* $\sqrt{93,374}$, *à m. d'un 100e près.*

OPÉRATION.

93,37.40	9,66
81	
123.7	186
111 6	6
1214.0	1926
1155.6	6
Reste 58 4	

Ex. II. *Voyez si* 58,247424 *est un carré parfait.*

OPÉRATION.

58,24.74.24	7,632
49	
92.4	146
87 6	6
487.4	1523
456 9	3
3052.4	15262
30524	2
00000	

On comprend aisément que dans ces sortes d'opérations il y a toujours à la racine autant de chiffres décimaux que le nombre proposé contient de tranches de deux chiffres dans sa partie décimale; car ce nombre étant le produit de deux facteurs égaux, il est clair (Arith. élém., n° 147) que ce produit doit avoir à lui seul autant de décimales que ses deux facteurs en ont ensemble, ce qui explique pourquoi il faut rendre pair le nombre des chiffres de la partie décimale du nombre proposé.

18. *Pour extraire la r. carrée d'une fraction décimale, rendez pair le nombre des chiffres, s'il ne l'est pas; partagez le nombre en tranches de deux chiffres, en partant de la virgule; écrivez zéro et virgule à la racine, pour tenir lieu de la partie entière, puis opérez comme pour un nombre entier.*

La première tranche à gauche donnant des dixièmes à la racine, la deuxième des centièmes, la troisième des millièmes..., il s'ensuit que si la première ne contenait que des zéros, il faudrait écrire zéro aux dixièmes de la r. En un mot, s'il y avait plusieurs tranches consécutives qui ne continssent que des zéros, *il faudrait écrire à droite de la virgule autant de zéros qu'il y aurait de ces tranches.*

Ex. I. *Evaluez* $\sqrt{0,27549}$ *à m. d'un* 100e *près.* Ex. II. *Voyez si* 0,005184 *est un carré parfait.*

OPÉRATION.

```
0,27.54.90 | 0,524
  25       |------
-----------|  102
  25 4     |    2
  20 4     |------
-----------| 1044
   5090    |    4
   4176    |
-----------|
    914    |
```

OPÉRATION.

```
0,00.51 84 | 0,072
     49    |------
-----------|  142
     28 4  |    2
     28 4  |
-----------|
      000  |
```

19. *Pour extraire la racine carrée d'une fraction ordinaire, il suffit, quand le numérateur et le dénominateur sont des carrés parfaits, d'extraire la racine carrée de l'un et de l'autre. Les deux résultats forment la nouvelle fraction.*

Ainsi $\sqrt{\frac{81}{25}} = \frac{\sqrt{81}}{\sqrt{25}} = \frac{9}{5}$ ou 1,80; $\sqrt{\frac{9}{16}} = \frac{\sqrt{9}}{\sqrt{16}}$ $= \frac{3}{4}$ ou 0,75.

20. Lorsque les deux termes ne sont pas des carrés parfaits, *il est mieux de réduire la fraction en décimales, puis d'extraire la r. carrée du résultat.* Et si la fraction ne peut s'exprimer exactement en décimales,

on calcule un nombre de chiffres décimaux double de celui qu'on demande à la racine.

Ainsi la r. carrée de $8\frac{3}{7}$ ou de $\frac{59}{7}$ à moins d'un 1000e près $= \sqrt{8,428571} = 2,903$; $\sqrt{\frac{2}{3}}$ à moins d'un 1000e près, $= \sqrt{0,666666} = 0,816$.

21. La preuve d'une extraction de la racine carrée se fait en élevant la racine trouvée à sa deuxième puissance; le résultat, augmenté du reste, s'il y en a un, doit reproduire le nombre proposé.

EXTRACTION DE LA RACINE CUBIQUE.

22. Les cubes des nombres

1, 2, 3, 4, 5, 6, 7, 8, 9,
sont: 1, 8, 27, 64, 125, 216, 343, 512, 729.

Donc chacun des nombres supérieurs est la racine cubique de son correspondant inférieur.

23. Les nombres compris entre deux cubes consécutifs ont pour r. cubique la racine du plus petit de ces deux cubes, plus une fraction d'autant plus grande que le nombre proposé se rapproche davantage du plus grand de ces deux cubes; par exemple, 15 qui est compris entre 8, *cube de* 2, et 27, *cube de* 3, a pour r. cubique, 2,466, à moins d'un 1000e près, c'est-à-dire que la r. cubique de 15 est 2 + la fraction 466 millièmes. Mais ces sortes de racines n'ont pas de rapport exact avec l'unité; donc, elles sont des nombres irrationnels. (No 12.).

24. Connaissant, par ce qui précède (nos 22 et 23), la racine cubique exacte ou à moins d'une unité près, d'un nombre d'un seul, de deux ou de trois chiffres, *pour trouver celle d'un nombre de plus de trois chiffres, on le partage en tranches de trois chiffres, à partir de la droite; puis on cherche le chiffre dont le cube se rapproche le plus, en moins, de la première tranche à* *gauche, laquelle n'a souvent que deux ou même qu'un seul chiffre. On écrit ce chiffre qui est le premier de la racine à droite du nombre proposé, dont on le sépare par un trait vertical; on tire une ligne horizontale au-dessous; puis on soustrait son cube de la première tranche à gauche du nombre proposé.*

A droite du reste, on abaisse la tranche suivante et l'on sépare par un point les deux derniers chiffres sur la droite du nombre ainsi formé. On divise la partie restée à gauche du point par le triple carré du chiffre écrit à la racine, et l'on écrit le quotient, qui est le deuxième chiffre de la racine, à droite du premier. On calcule le cube de ces deux premiers chiffres, puis on le soustrait des deux tranches employées.

A droite du reste, on abaisse la troisième tranche, puis on sépare les deux derniers chiffres du nombre ainsi formé, et l'on divise la partie restée sur la gauche par le triple carré de la racine trouvée. On écrit le quotient, qui est le troisième chiffre de la racine, à droite des deux premiers, puis on calcule le cube de la racine actuellement trouvée, et on le soustrait des trois tranches employées.

On continue ainsi tant qu'il y a des tranches à abaisser.

Exemple. *Calculer la r. cubique de 12326391.*

OPÉRATION.

Nombre proposé....	12 326.391	231, racine demandée.
Cube de 2..........	8	12, triple carré de 2; c'est le 1er divis.
1er dividende.......	43.26.	
Tranches employées.	12326	
Cube de 23.........	12167	
2e dividende	1593 91	1587, triple carré de 23; c'est le 2e divis.
Tranches employées.	12326391	
Cube de 231.........	12326391	
Reste	0	

Ayant écrit le nombre proposé, je le partage en tranches de 3 chiffres, puis je cherche le chiffre dont le cube se rapproche le plus, en moins, de la tranche 12 : je trouve 2 dont le cube est 8 : je soustrais 8 de 12.

A droite du reste 4, j'abaisse la tranche 326, ce qui forme 4326 ; j'en sépare 26, d'où le 1er d^{de} est 43. Je multiplie le carré de 2 par 3, et j'obtiens 12 pour 1er diviseur.

Divisant donc 43 par 12, il vient 3 que j'écris à la r. sur la droite de 2; puis calculant le cube de 23, j'obtiens 12167 que je soustrais de 12326, nombre formé par les deux tranches employées.

A droite du reste 159, j'abaisse la tranche 391, ce qui forme 159391, dont je sépare 91, d'où le 2e dividende est 1593. Je multiplie le carré de 23 par 3, et je trouve 1587 pour 2e diviseur.

Divisant donc 1593 par 1587, il vient 1 que j'écris à la r. sur la droite de 23. Je calcule le cube de 231, et il vient 12326391, quantité égale au nombre proposé; d'où je conclus que ce nombre est un cube parfait, que l'opération est finie et que la r. demandée est 231.

25. **Remarques.** 1° Le nombre des chiffres d'une racine cubique est marqué par le nombre de tranches de 3 chiffres (y compris la première à gauche) contenues dans le nombre proposé. Ainsi le nombre proposé dans l'exemple ci-dessus, ayant trois tranches, il s'ensuit que la racine demandée contient trois chiffres.

2° Aucun des cubes des différents nombres successivement formés par les chiffres écrits à la racine ne doit être plus grand que le nombre formé par les tranches employées; et s'il arrivait que quelqu'un de ces cubes fût plus grand que ce nombre, ce serait une marque que le dernier chiffre écrit à la racine serait trop fort.

3° Aucun des restes des diverses soustractions ne doit être plus grand que le triple carré de la racine actuellement trouvée, plus le triple de cette racine, et s'il arrivait que quelqu'un de ces restes fût plus grand que la somme de ces deux produits, ce serait une marque que le dernier chiffre écrit à la racine serait trop faible.

26. Il peut arriver : 1° que la première tranche à gauche soit un cube parfait; 2° que quelque autre soustraction ne donne pas de reste; 3° que quelque dividende ne contienne pas le diviseur.

Dans le premier cas, abaissez la tranche suivante, et si le 1er chiffre à gauche contient le diviseur, et que d'ailleurs le cube des deux premiers chiffres de la racine puisse être soustrait des deux tranches employées, continuez l'opération (nº 24). Si ce qui vient d'être dit ne peut avoir lieu, abaissez la troisième tranche, écrivez 0 *à la racine et deux* 0 *à droite du diviseur, puis continuez* (1). *Dans le deuxième cas, abaissez les deux tranches suivantes, écrivez* 0 *à la racine et deux* 0 *au diviseur, puis continuez. Si, dans ces deux premiers cas, les tranches restantes ne contenaient que des zéros, on écrirait à droite de la racine autant de zéros qu'il y aurait de ces tranches.*

Dans le troisième cas, abaissez la tranche suivante, écrivez 0 *à la racine, et deux* 0 *au diviseur, puis continuez.*

Exemple I. *Evaluez* $\sqrt[3]{1815848}$

OPÉRATION.

Nombre proposé......	1.815.848	122, r. demandée.
Cube de 1...........	1	
1er dividende.........	08.15	3, triple carré de 1, 1er diviseur.
Tranches employées...	1.815	
Cube des 2 prem. chiff..	1.728	
2e dividende..........	878.48	432, triple carré de 12, 2e diviseur.
Tranches employées...	1.815848	
Cube des 3 prem. chiff..	1.815848	
Reste........	0	

(1) Dans la plupart de ces cas, on est obligé d'abaisser deux tranches à la fois. Il n'y a d'exception que pour le cas où le premier chiffre de la racine serait 1, et encore faut-il que la 2e tranche ne soit pas moindre que 331, c'est-à-dire que les deux premières tranches ne forment pas un nombre moindre que 1331, parce que $11^3 = 1331$.

EXEMPLE II. *Voyez si 1030607 est un cube parfait.*

OPÉRATION.

Nombre proposé......	1.030.607	101.
Cube de 1............	1	
1er et 2e dividende.....	0.0306.07	300, triple carré de 1, et triple carré de 10. C'est le 1er et le 2e diviseur.
Tranches employées...	1.0306 07	
Cube de 101..........	1.0303.01	
Reste........	306	

EXEMPLE III. *Calculez* $\sqrt[3]{8365427000}$.

OPÉRATION.

Nombre proposé..	8.365.427.000	2030, r. demandée.
Cube de 2........	8	
1er et 2e dividende..	0.3.654.27	1200, triple carré de 2, et triple carré de 20. C'est le 1er et le 2e div.
Tranches employées	8.365 427	
Cube de 203.......	8.365.427	
Reste....	0	

Ex. IV. *Extraire la r. cubique de* 972947676429.

OPÉRATION.

Nombre proposé.	972.947.676.429	9909.
Cube de 9......	729	
1er dividende....	2439.47	243, triple carré de 9.
Tranches employ.	972.947	
Cube de 99.....	970 299	
2e et 3e dividende	26486.764 29	2940300, triple carré de 99, et tr. carré de 990
Tranches employ.	972 947 676 429	
Cube de 9909...	972 947 676 429	
Reste....	0	

27. Lorsque le nombre proposé n'est pas un cube parfait, il y a un reste à la dernière soustraction. Si l'on néglige ce reste, la racine est dite à moins d'une unité près ; mais si l'on veut calculer des décimales, *on écrira d'abord trois zéros sur la droite du reste, puis une virgule à la racine sur la droite des entiers, et l'on continuera comme pour des entiers, ce qui donnera des dixièmes à la racine.*

Il y aura encore un reste, on y ajoutera trois zéros et l'on continuera, ce qui donnera des centièmes à la racine. Ainsi, autant de fois qu'on voudra de décimales à la racine.

Exemple. *Calculez* $\sqrt[3]{395}$, *à moins d'un* 1000e *pr.*

OPÉRATION.

395	7,337
343	
520.00	147
395 000	
389 017	
5 9830.00	15987
395000000	
393832837	
11671630.00	1611867
395000000000	
394962221753	
Rte. 37778247	

Le nombre proposé étant compris entre 512, cube de 8 et 343, cube de 7 (n° 22), je vois tout de suite que 7 est la partie entière de la r. demandée. Donc, ayant retranché 343 de 395, j'écris trois zéros sur la droite du reste 52, d'où j'ai 520 à diviser par 147, triple carré de 7 Le qt est 3 ; je l'écris à la r. à droite de la virgule.

Je calcule le cube de 73 et je le soustrais de 395000, nombre formé par les 2 premières tranches employées. J'écris trois zéros à la droite du reste 5983 et j'ai 59830 à diviser par 15987, triple carré de 73. Le quotient est 3 que j'écris à droite de 7,3 Je forme le cube de 733 et je le retranche de 395000000, nombre formé par les trois tranches employées. J'écris trois zéros à droite du nouveau reste 1167163 et j'ai 11671630 à diviser par 1611867, triple carré de 733. Le quotient est 7 que j'écris à droite de 7,33 ; puis, formant le cube de 7337, je le retranche des quatre tranches employées Donc, la racine cherchée est 7,337, et le reste 37.778.247 *billionièmes*.

28. *Pour calculer la racine cubique d'une expression fractionnaire décimale, faites en sorte que le nombre des décimales soit 3 ou un multiple de 3, en écrivant sur la droite un nombre suffisant de zéros; puis formez les tranches en partant de la virgule et opérez d'ailleurs comme il est prescrit (n° 24), observant d'écrire virgule à la racine, lorsque vous abaisserez la première tranche des décimales.*

Ex. I. *Voy. si* 12,812904 *est un cube parfait.*

OPÉRATION.

12.812.904	2,34
8	
48.12	12
12812	
12167	
6459.04	1587
12812904	
12812904	
..... 0	

Ex. II. *Eval.* $\sqrt[3]{35,3254}$, *à m. d'un* 100e *pr.*

OPÉRATION.

35.325.400	3,28
27	
83.25	27
35325	
32768	
25574.00	3072
35325400	
35287552	
37848	

29. *Pour extraire la r. cubique d'une fraction décimale, faites en sorte que le nombre des chiffres soit 3 ou un multiple de 3. Ecrivez* 0 *et virgule à la racine, puis opérez comme pour un nombre entier. S'il arrivait qu'une ou plusieurs des tranches de la gauche ne continssent que des zéros, il faudrait écrire à droite de la virgule placée à la racine, autant de zéros qu'il y aurait de ces tranches.*

Ex. I. *Voy. si* 0,166375 *est un cube parfait.*

OPÉRATION.

0,166.375	0,55
125	
413.75	75
166375	
166375	
... 0	

Ex. II. *Eval.* $\sqrt[3]{0,0000326}$, *à moins d'un* 1000e *pr.*

OPÉRATION.

0,000.032.600	0,031
27	
56.00	27
32600	
29791	
0,000002809	

On sait que le carré d'un nombre contient le double des décimales de ce nombre; mais pour arriver au cube, on multiplie le carré par ce même nombre ; donc le cube contient le triple des décimales de ce nombre; d'où il suit que tout nombre dont on se propose d'extraire la r. cubique, doit avoir le triple des décimales demandées.

30. *Pour extraire la racine cubique d'une fraction ordinaire, il suffit, lorsque les deux termes sont des cubes parfaits, d'extraire la racine cubique du numérateur et celle du dénominateur; les deux résultats forment la nouvelle fraction.*

Ainsi $\sqrt[3]{\frac{125}{27}} = \frac{\sqrt[3]{125}}{\sqrt[3]{27}} = \frac{5}{3}$ ou $1\frac{2}{3}$; $\sqrt[3]{\frac{125}{512}} = \frac{\sqrt[3]{125}}{\sqrt[3]{512}}$ $= \frac{5}{8}$ ou 0,625.

31. *Lorsque les deux termes ne sont pas des cubes parfaits, il vaut mieux réduire la fraction en décimales, puis extraire la racine cubique du résultat. Et s'il arrivait que la fraction ne pût pas s'exprimer exactement en décimales, on calculerait un nombre de chiffres décimaux triple de celui qu'on veut à la racine.*

Ainsi la racine cubique de $\frac{8}{3}$ à moins d'un 1000e près = $\sqrt[3]{2,666666666} = 1,386$.

AUTRE PROCÉDÉ POUR EXTRAIRE LA RACINE CUBIQUE.

32. Après avoir partagé le nombre proposé en tranches de trois chiffres, et calculé le premier chiffre de la racine, comme il est enseigné n° 24, *on forme les divers dividendes et diviseurs, également comme il est prescrit n° 24 ; puis on retranche du dividende sur lequel on opère, après l'avoir rejoint aux deux chiffres qu'on en avait précédemment séparés sur la droite, savoir : le diviseur × 100 et par le quotient, + le carré du quotient × 10 et par le triple du nombre formé par les chiffres écrits précédemment à la racine, + le cube du quotient. Si la somme de ces trois produits surpassait le dividende rejoint aux chiffres séparés, le quotient serait trop fort ; il serait trop faible, au contraire, si le reste surpassait le triple carré de la racine trouvée + le triple de cette racine.*

Exemple. *Evaluez* $\sqrt[3]{12839634}$, *à moins d'une unité près.*

Nombre proposé....................	12.839.634	234, r. dés.
Cube de 2, 1er chiffre de la r. demand.	8	
1er dividende = ...	48.39	12, 1er d^{r}.
Somme des 3 produits à soustraire = 12 × 100 × 3 + 3 × 3 × 10 × 2 × 3 + 3 × 3 × 3 = ...	4167	
2^{d} dividende = ...	6726.34	1587, 2e d^{r}.
Somme des 3 produits à soustraire = 1587 × 100 × 4 + 4 × 4 × 10 × 23 × 3 + 4 × 4 × 4 =.........	645904	
Reste = ...	26730	

33. La preuve d'une extraction de la racine cubique se fait en élevant la racine trouvée à sa 3e puissance : quand il y a un reste, on le joint au résultat, ce qui doit reproduire le nombre proposé. Ainsi on reconnaît que l'opération précédente est exacte en ce que 234^{3} + 26730 = 12839634.

DÉMONSTRATION

DES PROCÉDÉS EXPOSÉS Nos 13 ET 24, POUR L'EXTRACTION DE LA RACINE CARRÉE ET DE LA RACINE CUBIQUE.

PRÉLIMINAIRES.

34. *Pour multiplier une somme, on peut multiplier chacune de ses parties séparément* : le produit total se compose de la somme des produits partiels. Par exemple, comme $12 = 5 + 7$, je dis que 12×4 ou $(5 + 7) \times 4 = 5 \times 4 + 7 \times 4$. En effet, $12 \times 4 = 12 + 12 + 12 + 12$; et $5 \times 4 + 7 \times 4 = 5 + 5 + 5 + 5 + 7 + 7 + 7 + 7$, ou quatre fois 5 + quatre fois 7, ou $5 + 7 + 5 + 7 + 5 + 7 + 5 + 7$, ou quatre fois 12.

Donc 12×4 ou $(5 + 7) \times 4 = 5 \times 4 + 7 \times 4$.

35. *Pour multiplier par une somme, on peut multiplier par chacune de ses parties séparément* : le produit total se compose de la somme des produits partiels : Par exemple, comme $12 = 5 + 7$, je dis que 4×12 ou $4 \times (5 + 7) = 4 \times 5 + 4 \times 7$.

En effet, le produit est formé du multiplicande de la même manière que le multiplicateur est formé de l'unité (Arith. élém. no 133); or, notre mteur 12 ou $5 + 7$ est formé de 5 fois l'unité + 7 fois l'unité; donc notre produit 4×12 ou $4 \times (5 + 7)$ est formé de cinq fois 4 + sept fois 4 : il est donc $4 \times 5 + 4 \times 7$.

36. De ce que nous venons de démontrer il suit que, *pour multiplier une somme par une somme, on peut multiplier chacune des parties de la première par chacune des parties de la seconde* : le produit total se compose de la somme des produits partiels.

Ainsi 12×9 ou $(5 + 7) \times (6 + 3) = 5 \times 6 + 7 \times 6 + 5 \times 3 + 7 \times 3$.

58×36 ou $(50 + 8) \times (30 + 6) = 50 \times 30 + 8 \times 30 + 50 \times 6 + 8 \times 6$.

37. *Pour former la somme de plusieurs produits qui ont un facteur commun, on peut multiplier la somme des autres facteurs par le facteur commun.* Par exemple $5 \times 4 + 7 \times 4 = (5 + 7) \times 4$ ou 12×4; car, en effectuant cette multiplication $(5 + 7) \times 4$, on retrouve $5 \times 4 + 7 \times 4$ (nº 34).

Ainsi $4 \times 6 + 3 \times 6 + 2 \times 6 = (4 + 3 + 2) \times 6$;

$9 \times 2 + 9 \times 3 + 9 \times 4 = (2 + 3 + 4) \times 9$;

$6^2 \times 2 + 6^2 \times 3 + 6^2 \times 7 = (2 + 3 + 7) \times 6^2$, ou $6^2 \times (2 + 3 + 7)$;

$9^2 \times 2 + 9^2$ ou $9^2 \times 2 + 9^2 \times 1 = (2 + 1) \times 9^2$ ou $9^2 \times 3$;

$9^2 \times 7 \times 2 + 9^2 \times 7 = (2 + 1) \times 9^2 \times 7$ ou $9^2 \times 7 \times 3$;

FORMATION DES CARRÉS.

38. *Le carré d'un nombre composé de dizaines et d'unités renferme trois parties :* 1º LE CARRÉ DES DIZAINES; 2º LE DOUBLE DES DIZAINES $\times$ LES UNITÉS; 3º LE CARRÉ DES UNITÉS.

Par exemple, le carré de 69 ou de $(60 + 9)$ contient : 1º le carré des 6 dizaines; 2º le double produit des 6 dizaines par les 9 unités; 3º le carré des 9 unités. Donc, $69^2 = 60^2 + 60 \times 2 \times 9 + 9^2$.

En effet, 69^2 ou $(60 + 9)^2 = (60 + 9) \times (60 + 9)$. Mais $(60+9) \times (60+9) = 60 \times 60 + 9 \times 60 + 60 \times 9 + 9 \times 9$ (nº 36.)

Or, $60 \times 60 = 60^2 =$ le carré des dizaines.

$9 \times 60 + 60 \times 9 = 60 \times 2 \times 9 =$ le double produit des dizaines par les unités.

$9 \times 9 = 9^2 =$ le carré des unités.

On démontrerait d'une manière analogue que $123^2 = 120^2 + 120 \times 2 \times 3 + 3^2$....... Donc *le carré d'un nombre composé de dizaines et d'unités renferme.....*

39. Le nombre formé par les dizaines seules étant toujours terminé par un zéro, il s'en suit que son carré est toujours terminé par deux zéros et son double par un zéro : donc, *le carré des dizaines est toujours un nombre entier de centaines, et le double des dizaines $\times$ les unités*

est toujours un nombre entier de dizaines; c'est ce qu'on voit par les exemples suivants :

$$69^2 = 60^2 + 60 \times 2 \times 9 + 9^2 = 3600 + 1080 + 81;$$
$$87^2 = 80^2 + 80 \times 2 \times 7 + 7^2 = 6400 + 1120 + 49;$$
$$123^2 = 120^2 + 120 \times 2 \times 3 + 3^2 = 14400 + 720 + 9\ldots$$

EXTRACTION DE LA RACINE CARRÉE.

40 Le carré de 10 est 100; donc la r. carrée de 100 est 10; or, tout nombre qui n'a pas plus de 2 chiffres est moindre que 100; donc, sa r. carrée est moindre que 10: *donc, la r. carrée de tout nombre qui n'a pas plus de 2 chiffres, n'a qu'un chiffre à sa partie entière*, et pour l'obtenir, il suffit de se rappeler ce que nous disons précédemment, n°s 11 et 12.

41. Mais aucun nombre de plus de 2 chiffres à sa partie entière, n'étant moindre que 100, sa r. carrée ne peut être moindre que 10 : cette racine a donc des dizaines et des unités.

42. Maintenant que nous savons ce que renferme le carré d'un nombre composé de dizaines et d'unités (n° 38), servons-nous de cette connaissance pour revenir du carré à la racine; et pour cela tâchons de trouver la r. carrée de 11594025.

I. Ce nombre ayant plus de 2 chiffres, a des dizaines et des unités à sa r. carrée (n° 41); et comme il contient le carré de sa racine (1), il renferme ces trois parties : 1° *le carré des dizaines* de cette racine + *le double de ces dizaines* × *par les unités* + *le carré des unités* (n° 38). Mais le carré des dizaines étant toujours un nombre entier de centaines (n° 39) est contenu dans les 115940 centaines du nombre proposé; les deux premiers chiffres de la droite ne pouvant en faire partie, laissons-les de côté pour un instant et cherchons la r. carrée de 115940 : quand nous l'aurons trouvée, nous saurons combien il y a de dizaines à la racine demandée.

---

(1) Ici et dans tous les cas analogues, il s'agit de la r. *en moins*, lorsque cette racine n'est pas exacte.

II. Le nombre 115940, ayant plus de deux chiffres, a des dizaines et des unités à sa racine ; il renferme donc trois parties : *le carré des dizaines de sa racine* + ... Le carré des dizaines étant des centaines, est contenu dans les 1159 centaines de 115940 ; les deux premiers chiffres de la droite ne pouvant en faire partie, laissons-les de côté pour un moment et cherchons la racine carrée de 1159 ; quand nous l'aurons trouvée, nous saurons combien le nombre 115940 a de dizaines à sa racine.

III. Raisonnant sur 1149, comme plus haut sur 115940 et sur 11594025, je vois que c'est dans 11 que se trouve le carré des dizaines de la racine de 1149.

IV. Or, le plus grand carré contenu dans 11 est 9, dont la racine est 3 ; donc 3 est le chiffre des dizaines de la racine carrée de 1159.

V. Pour calculer le chiffre des unités, je retranche le carré des dizaines (9 centaines) de 1159. Il reste 2 centaines qui, étant jointes aux 59 unités, donnent 259 pour reste total : c'est l'excès de 1159 sur le carré des 3 dizaines calculées.

	11.59.40.25	3405
3^2...	9	
	25.9	64
	25 6	4
	34.02.5	6805
	34.02.5	5
	00000	

VI. Ayant ôté de 1159 le carré des 3 dizaines, le reste 259 contient encore le double de ces 3 dizaines, × les unités + le carré des unités (n° 38) : en le divisant par le double des 3 dizaines, j'aurai donc au moins les unités. (Arith. élém., n° 153.) Mais ce double produit étant des dizaines (n° 39), est contenu dans les 25 dizaines du reste 259, c'est pourquoi je divise 25 par 6, double de 3, et je trouve 4 pour les unités de la r. carrée de 1159. J'écris ce deuxième chiffre à la droite des 3 dizaines, j'écris aussi le chiffre 4 sur la droite de 6, double de 3, et je forme ainsi le nombre 64, qui contient le double des 3 dizaines + les 4 unités ; or, en le multipliant par les 4 unités, j'aurai pour produit les deux dernières parties du carré de 34, car 64 × 4 ou $(30 \times 2 + 4) \times 4 = 30 \times 2 \times 4 + 4^2$.

En ôtant ces produits de 259, j'aurai l'excès de 1159 sur les parties du carré de 34. Effectuant la multiplication et la soustraction, j'obtiens 3 pour reste.

VII. La racine du plus grand carré contenu dans 1159 étant 34, j'en conclus que la r. carrée de 115940 contient 34 dizaines (II). Ayant ôté de 115940 le carré des 34 dizaines (puisque nous avons ôté successivement de 1159 les 3 parties du carré de 34) les 3 centaines qui restent et les 40 unités ne contiennent plus que les deux dernières parties du carré de la racine de 115940, savoir : *le double des 34 dizaines* $\times$ *les unités* + *le carré des unités.* En divisant le nombre 34 dizaines par 68, double des 34 diz. de la racine, j'aurai au moins les unités (même raisonnement que plus haut, VI). Mais 34 ne contient pas 68, d'où je conclus qu'il n'y a pas d'unités. En effet, s'il y en avait seulement une, son produit par 68 serait 68 ; c'est pourquoi j'écris zéro à la racine.

VIII. La racine du plus grand carré contenu dans 115940, étant 340, j'en conclus que la racine carrée de 11594025, c'est-à-dire la racine demandée, contient 340 dizaines. En ôtant de 11594025 le carré de 340 dizaines, on a un reste, 340 centaines, qui réuni aux 25 unités, donne 34025 pour excès du nombre proposé sur le carré de 340 diz. Ce nombre 34025 contient donc *le double des 340 diz.* $\times$ *les unités* + *le carré des unités.*

Pour obtenir les unités, divisons maintenant 3402 par le double de 340, c'est-à-dire par 680 : je trouve 5 que j'écris à la racine.

Pour vérifier ce chiffre et trouver le reste, s'il y en a un, j'écris aussi 5 à la droite de 680 ; j'ai ainsi 6805, nombre qui contient $3400 \times 2 + 5$, c'est-à-dire le double de 340 diz. + les 5 unités ; en le multipliant par 5, j'ai $3400 \times 2 \times 5 + 5^2$ (n° 34), ou les deux dernières parties du carré de 3405 (n° 38). En les ôtant de 34025, j'ai zéro pour reste, et j'en conclus que le nombre proposé est égal à la somme des trois parties du carré, ou est égal au carré de 3405 : donc $\sqrt{11594025} = 3405$ exactement.

43. Si l'on a bien compris ce qui précède, on voit maintenant pourquoi on sépare le nombre proposé en tranches de deux chiffres à partir de la droite (n° 42, I, II, III) ; pourquoi le nombre des chiffres de la racine est égal à celui des tranches, la racine carrée de la première tranche à gauche étant le premier chiffre de la racine, le premier reste suivi de la seconde tranche donnant le deuxième chiffre, etc., (IV et suiv.) ;—pourquoi on divise les dizaines

de chaque reste suivi de la tranche écrite sur sa droite par le double de la racine trouvée pour obtenir chaque nouveau chiffre de la racine (VI); — pourquoi on écrit zéro à la racine, lorsque le dividende ne contient pas le diviseur; en un mot, on voit le pourquoi de toutes les règles données nº 13.

Quant à ce qui est dit nº 14, 2º (*Aucun des différents restes...*); en voici la raison. Le nombre dont on a actuellement extrait la r. est égal au carré de cette r. + le reste; or, si le reste surpasse le double de la r. trouvée, ce nombre égale au moins le carré de la r. + le double de cette r. + 1. Mais la différence entre les carrés de deux nombres entiers consécutifs est égale à deux fois le plus petit de ces nombres + 1; (1) donc, puisque le nombre sur lequel on opère contient le carré de la r. trouvée plus le double de cette r. + 1, la véritable r. est au moins égale à la r. trouvée + 1.

FORMATION DES CUBES.

44. Le cube d'un nombre composé de dizaines et d'unités renferme quatre parties : 1º LE CUBE DES DIZAINES; 2º LE TRIPLE CARRÉ DES DIZAINES MULTIPLIÉ PAR LES UNITÉS; 3º LE TRIPLE DES DIZAINES MULTIPLIÉ PAR LE CARRÉ DES UNITÉS; 4º LE CUBE DES UNITÉS.

Par exemple, le cube 69 ou de $(60 + 9) = 60^3 + 60^2 \times 3 \times 9 + 60 \times 3 \times 9^2 + 9^3$.

En effet, pour cuber 69 ou $(60 + 9)$, il suffit de carrer $(60 + 9)$, ce qui donne $60^2 + 60 \times 2 \times 9 + 9^2$ (nº 38), et de multiplier ce carré par $(60 + 9)$. Pour effectuer cette multiplication, on peut (nº 36) multiplier séparément par 60 et par 9, et faire la somme des produits partiels.

Or, le produit par 60 est (nº 34) :

$$60^2 \times 60 + 60 \times 2 \times 9 \times 60 + 9^2 \times 60,$$

(1) De deux nombres entiers consécutifs, le plus grand = le plus petit + 1; d'où il suit (nºˢ 1, 2, 36), que *le carré du plus grand = le carré du plus petit, + 2 fois le plus petit, + 1*; et, par conséquent, *le carré du plus petit = le carré du plus grand — (2 fois le plus petit, + 1)*.

Par exemple, comme $5 = 4 + 1$, le carré de $5 = 4^2 + 4 \times 2 + 1$, et le carré de $4 = 4^2$; donc la différence de ces deux carrés est $4 \times 2 + 1$, c'est-à-dire, 2 fois $4 + 1$.

ou $60^3 + 60^2 \times 2 \times 9 + 60 \times 9^2$;

Et le produit par 9 =

$60^2 \times 9 + 60 \times 2 \times 9 \times 9 + 9^2 \times 9$,

ou $60^2 \times 9 + 60 \times 2 \times 9^2 + 9^3$.

Le cube 69 est donc :

$60^3 + 60^2 \times 2 \times 9 + 60 \times 9^2 + 60^2 \times 9 + 60 \times 2 \times 9^2 + 9^3$

Mais (n° 37) :

$60^2 \times 2 \times 9 + 60^2 \times 9 = (2+1) \times 60^2 \times 9 = 60^2 \times 3 \times 9$,

et $60 \times 9^2 + 60 \times 2 \times 9^2 = (1+2) \times 60 \times 9^2 = 60 \times 3 \times 9^2$,

Donc $69^3 = 60^3 + 60^2 \times 3 \times 9 + 60 \times 3 \times 9^2 + 9^3$;

Mais 60^3, c'est le cube des dizaines,

$60^2 \times 3 \times 9$, c'est le triple carré des diz. par les unités,

$60 \times 3 \times 9^2$, c'est le triple p[t] des diz. par le carré des unités,

et 9^3, c'est le cube des unités ;

D'où nous concluons que le cube d'un nombre composé de dizaines et d'unités contient, etc., (n° 44).

45. Le nombre formé par les dizaines seules étant toujours terminé par un zéro, il s'ensuit que son cube est toujours terminé par trois zéros et son triple carré par deux zéros ; donc le cube des dizaines est toujours un nombre entier de mille, et le triple carré des dizaines par les unités, un nombre entier de centaines .., ce qu'on voit par les exemples suivants :

$69^3 = 60^3 + 60^2 \times 3 \times 9 + 60 \times 3 \times 9^2 + 9^3 =$
$216000 + 97200 + 14580 + 729.$

$124^3 = 120^3 + 120^2 \times 3 \times 4 + 120 \times 3 \times 4^2 + 4^3 =$
$1728000 + 172800 + 5760 + 64.$

EXTRACTION DE LA RACINE CUBIQUE.

46. Le cube de 10 est 1000, donc la racine cubique de 1000 est 10 ; or tout nombre qui n'a pas plus de trois chiffres est moindre que 1000, donc sa racine cubique est moindre que 10. *Donc la r. cubique de tout nombre qui n'a pas plus de trois chiffres, n'a qu'un chiffre à sa partie entière*, et pour l'obtenir, il suffit de connaître le tableau n° 22.

Ex. I. Trouver $\sqrt[3]{222}$. Ce nombre est compris entre les cubes 216 et 343, dont les racines sont 6 et 7, donc la r. cubique de 222 est comprise entre 6 et 7, donc elle est 6 en moins et 7 en plus, à moins d'une unité près.

Ex. II. En raisonnant comme dans l'exemple précédent, on trouvera que les racines cubiques, à moins d'une unité près, des nombres : 123, 234, 456, 567, 678,

sont	4,	6,	7,	8,	8,	en moins.
	5,	7,	8,	9,	9,	en plus.

47. Mais aucun nombre de plus de trois chiffres à sa partie entière, n'étant moindre que 1000, sa r. cubique ne peut être moindre que 10; cette racine a donc des dizaines et des unités.

48. Nous savons ce que renferme le cube d'un nombre composé de dizaines et d'unités (n° 44), servons-nous de cette connaissance pour revenir du cube à sa racine et pour cela tâchons de trouver la racine cubique de 43.132.764.843.

I. Ce nombre ayant plus de trois chiffres, a des dizaines et des unités à sa r. cubique (n° 47), et comme il contient le cube de cette racine, il renferme : *le cube des dizaines + le triple carré des dizaines × les unités + le triple des dizaines × le carré des unités + le cube des unités* (n° 44). Mais le cube des dizaines étant un nombre entier de mille (n° 45), est contenu dans les 43132764 *mille* du nombre proposé; les trois premiers chiffres de la droite ne peuvent en faire partie; laissons-les donc de côté et cherchons la racine cubique de 43132764; quand nous l'aurons trouvée, nous saurons combien il y a de dizaines à la racine demandée.

II. Raisonnant sur 43132764 comme sur le nombre proposé, j'en conclus que pour avoir les dizaines de la racine cubique de 43132764, il faut les trouver dans 43132.

III. Raisonnant encore de la même manière sur 43132, je vois que c'est dans 43 que se trouve le cube des dizaines de la racine de 43132.

IV. Or le plus grand cube contenu dans 43 est 27, dont la racine est 3 : donc 3 est le chiffre des dizaines de la r. cubique de 43132.

V. Pour pouvoir calculer le chiffre des unités, je retranche 27 *mille*, cube des trois dizaines calculées, des 43 *m.* de 43132. Il reste 16 *mille* qui, joints aux 132 unités, donnent 16132 pour reste total; c'est l'excès de 43132 sur le cube des 3 dizaines calculées.

	43.132.764.843...	3...507
3^3 = ...	27	
1er d^de	16132	$27 = 3^2 \times 3$
Tres. emp.	43132	
35^3	42875	
2e et 3e d^de	2577.648.43	$3675 = 35^2 \times 3$ $367500 = 350^2 \times 3$
Tres emp.	43132764843	
3507^3	43132764843	
	 0	

VI. Ayant ôté de 43132 le cube des 3 dizaines, le reste 16132 contient les trois dernières parties du cube, savoir : *le triple carré des dizaines* $\times$ les unités $+$... n° 44 ; en le divisant par le triple carré des 3 dizaines, j'aurai au moins les unités. (Arith. élém., n° 153.)

Mais ce triple carré étant des centaines (n° 45), est contenu dans les 161 *centaines* du reste 16132, c'est pourquoi je divise 161 par 27, triple carré de 3, et je trouve 5 pour le chiffre des unités de la r. cubique de 43132, j'écris ce second chiffre à droite du premier.

VII. Ce chiffre 5 pouvant être trop fort, il faut le vérifier; et, pour cela, je cube 35. Le cube de 35 donnant 42875, nombre moindre que 43132, j'en conclus que 5 n'est pas trop fort; or, il n'est pas trop faible, car 161 divisé par 27 ne peut donner 6, donc 5 est le second chiffre de la racine et 35 est la r. cubique du plus grand cube contenu dans 43132. Concluons aussi de là que les dizaines de la racine cubique de 43132764 sont au nombre de 35. (II.)

VIII. En ôtant de 43132 le cube de 35, c'est-à-dire 42875, j'ai, par cela même, ôté le cube des dizaines de la r. cubique du nombre 43132764. Les 257 *mille* qui restent étant joints aux 764 unités, donnent le reste total 257764, qui contient les trois dernières parties du cube de la racine de 43132764, savoir : *le triple carré des dizaines* $\times$ *les unités* $+$.... n° 44. En le divisant par le triple carré de 35 dizaines, j'aurai donc au moins les unités de cette racine. Mais ce triple carré étant des centaines (n° 45) est contenu dans les 2577 *centaines* du reste 257764, c'est pourquoi je divise 2577 par 3675, triple carré des 35 dizaines. Or, 2577 ne contient pas 3675, d'où je conclus qu'il n'y a pas d'unités. En effet, s'il y en avait seulement une, son produit par 3675 serait 3675, c'est pourquoi j'écris zéro à la racine.

IX. La racine du plus grand cube contenu dans 43132764 étant 350, j'en conclus que la racine demandée contient 350 dizaines.

En ôtant le cube de 350 *dizaines* du nombre 43132764, on a pour reste 257764 *mille*, qui, réunis aux 843 unités, donnent pour reste total 257764843.

X. Raisonnant maintenant comme plus haut (VI et VIII), je vois que, pour obtenir le chiffre des unités de la racine cherchée, il faut diviser 2577648 *centaines* par le triple carré des 350 *dizaines* de cette racine. Je trouve 7, et pour vérifier je cube 3507. Le résultat étant 43132764843, nombre égal au nombre proposé, j'en conclus que $\sqrt[3]{43132764843}$ est 3507 exactement.

49. 1° Si l'on a bien compris ce qui précède (I.....), on voit maintenant pourquoi on sépare le nombre proposé en tranches de trois chiffres; pourquoi le nombre des chiffres est égal à celui des tranches, la r. cubique de la première tranche à gauche étant le 1er chiffre de la racine, le premier reste, suivi de la seconde tranche donnant le second chiffre.... (VI et suiv.); — pourquoi on divise les centaines de chaque reste total par le triple carré de la r. calculée pour obtenir chaque nouveau chiffre à la racine (VII et VIII); — pourquoi on écrit zéro à la racine, lorsque le dividende ne contient pas le diviseur. En un mot, on voit le pourquoi de toutes les règles données (n° 24 et suiv.)

2° Voici la raison de ce qui est dit, n° 25, 3° (*Aucun des différents restes...*) : Le nombre dont on a actuellement extrait la r., contient le cube de cette r. plus le reste : or, si ce reste surpasse le triple carré de la r. trouvée + le triple de cette r., le nombre dont on l'a extraite en surpasse donc *le cube + le triple carré + le triple*, donc il contient le cube + le triple carré + le triple de la r. trouvée + 1, au moins. Mais la différence entre les cubes de deux nombres entiers consécutifs est égale à 3 fois le carré du plus petit de ces nombres + 3 fois ce plus petit nombre + 1; (1) donc, puisque le nombre en question contient le cube + le triple carré + le triple de la r. trouvée + 1, au moins, sa r. cubique est au moins égale à la r. trouvée + 1.

RACINES D'UN DEGRÉ SUPÉRIEUR AU TROISIÈME.

50. *Pour extraire une racine quelconque dont le degré n'a pas d'autres facteurs premiers que 2, on peut extraire autant de racines carrées que 2 est de fois facteur dans le degré de la racine demandée.*

Exemple. *Trouver la racine* 16e *de* 43046721.

Comme $16 = 2 \times 2 \times 2 \times 2$, on a quatre racines carrées à extraire successivement.

(1) De deux nombres entiers consécutifs le plus grand = le plus petit + 1 ; d'où il suit (nos 1, 2, 36) que le cube du plus grand = le cube du plus petit + le triple carré du plus petit + le triple du plus petit + 1 ; donc le cube du plus petit = le cube du plus grand — (3 fois le carré du plus petit + 3 fois le plus petit + 1.)

Par exemple, comme $5 = 4 + 1$, le cube de $5 = 4^3 + 4^2 \times 3 + 4 \times 3 + 1$, et le cube de $4 = 4^3$; donc la différence de ces deux cubes est $4^2 \times 3 + 4 \times 3 + 1$; c.-à-d. 3 fois 4^2 + 3 fois $4 + 1$.

1° $\sqrt{43046721} = 6561$; 2° $\sqrt{6561} = 81$; 3° $\sqrt{81} = 9$; 4° $\sqrt{9} = 3$.

3 est donc la racine 16e du nombre proposé.

On sait (n° 6) que pour élever un nombre à sa 16e puissance, on a : la 2e × la 2e = la 4e = le carré de la 2e, la 4e × la 4e = la 8e = le carré de la 4e, la 8e × la 8e = la 16e = le carré de la 8e; donc la racine carrée de la 16e puissance = la 8e, la racine carrée de la 8e = la 4e, la racine carrée de la 4e = la 2e, et enfin, la racine carrée de la 2e donne la 1re, qui est évidemment la 16e du nombre proposé.

51. *Pour extraire une racine quelconque dont le degré n'a pas d'autres facteurs premiers que 3, on peut extraire autant de racines cubiques que 3 est de fois facteur dans le degré de la racine demandée.*

EXEMPLE. *Calculer la racine* 27e *de* 134217728.

Comme $27 = 3 \times 3 \times 3$, on a trois racines cubiques consécutives à extraire.

1° $\sqrt[3]{134217728} = 512$; 2° $\sqrt[3]{512} = 8$; 3° $\sqrt[3]{8} = 2$. Or, 2 est la racine 27e du nombre proposé.

Pour élever un nombre à sa 27e puissance, on peut (n° 6) cuber le cube de ce nombre, ce qui donne la 9e puissance, puis cuber cette 9e puissance, ce qui donne la 27e; donc $\sqrt[3]{27^e} =$ la 9e; $\sqrt[3]{9^e} =$ la 3e et $\sqrt[3]{3^e} =$ la 1re, qui est bien la 27e du nombre proposé.

52. *Pour extraire une racine quelconque qui n'a pas d'autres facteurs premiers que 2 et 3, on peut extraire successivement autant de racines carrées que 2 est de fois facteur dans le degré de la racine demandée, puis autant de racines cubiques que 3 y est de fois facteur.*

EXEMPLE. *Trouver la racine* 18e *de* 68719476736.

Comme $18 = 2 \times 3 \times 3$, on a à extraire une racine carrée, puis deux racines cubiques.

1° $\sqrt{68719476736} = 262144$; 2° $\sqrt[3]{262144} = 64$; 3° $\sqrt[3]{64} = 4$. Donc la r. demandée est 4.

Pour élever un nombre à sa 18ᵉ puissance, on peut cuber ce nombre, ensuite cuber ce cube, ce qui donne la 9ᵉ puissance ; or, la 9ᵉ étant carrée, on a la 18ᵉ. Donc, en extrayant la r. carrée de la 18ᵉ on a la 9ᵉ, et en extrayant la r. cubique de cette 9ᵉ, on a la 3ᵉ..... Peu importe dans quel ordre on effectue les diverses extractions.

53. *Bien que la racine demandée soit incommensurable, on peut pourtant opérer comme dans les trois cas qui précèdent et négliger tous les restes, ce qui donne une racine à moins d'une unité près.*

Exemple. *Trouver la racine 6ᵉ de 758576 à moins d'une unité près.*

Comme $6 = 2 \times 3$, on a d'abord à extraire une racine carrée, puis une racine cubique.

1° $\sqrt{758576} = 870$, et il reste 1676 ; 2° $\sqrt[3]{870} = 9$, et il reste 141.

Le dernier résultat 9 est bien la racine demandée, puisque la 6ᵉ puissance de 9 est 531441, tandis que la 6ᵉ puissance de 10 est 1000000 ; donc, tous les nombres compris entre 531441 et un million ne peuvent avoir à la partie entière de leur racine 6ᵉ un nombre plus grand que 9.

54. *Lorsqu'on désire une approximation plus rigoureuse, on calcule à chaque extraction un nombre de décimales subordonné à l'approximation demandée et au nombre d'extractions à effectuer, puis on néglige tous les restes. Si donc on demandait la racine 8ᵉ d'un nombre à moins d'un 1000ᵉ près, comme $8 = 2 \times 2 \times 2$, on aurait trois r. carrées consécutives à extraire ; donc, il faudrait calculer douze décimales à la première, six à la deuxième, pour en avoir trois à la dernière.*

Soit à extraire $\sqrt[6]{758576}$, *à moins d'un* 100e *près.*

Comme $6 = 2 \times 3$, on a d'abord une r. carrée, puis une r. cubique à extraire; et comme on demande deux décimales à la racine cubique j'en calcule six à la racine carrée. Je trouve $\sqrt{758576}$, à moins d'un 1000000e près $= 870{,}962685$, et $\sqrt[3]{870{,}962685}$, à moins d'un 100e près $= 9{,}55$.

55. *Pour extraire une racine d'un degré quelconque, on partage le nombre proposé en tranches dont le nombre des chiffres est marqué par le degré proposé; puis, de la première tranche à gauche, on extrait la racine du degré demandé. On élève le chiffre trouvé à la puissance marquée par le degré, on soustrait le résultat de la première tranche; on abaisse la deuxième tranche à côté du reste; on sépare sur la droite du nombre ainsi formé autant de chiffres, moins un, qu'il y a d'unités dans le degré proposé; puis on divise les chiffres restés sur la gauche par le chiffre trouvé élevé à la puissance marquée par le degré proposé, moins un, et multipliée par ce degré. Le chiffre que l'on trouve est le second de la racine demandée, ou un chiffre plus fort. Pour le vérifier, on élève toute la r. trouvée à la puissance marquée par le degré; on ôte le résultat des tranches employées. Si la soustraction n'est pas possible, c'est une preuve que le second chiffre porté à la racine est trop fort; on le diminue d'une unité, on recommence la vérification, et l'on continue ainsi jusqu'à ce que la soustraction puisse s'effectuer. Alors on écrit le reste au-dessous, et, à sa droite, la tranche suivante.*

Ayant les deux premiers chiffres de la racine, on s'en sert pour trouver le troisième comme on s'est servi du premier pour obtenir le second, et l'on continue ainsi tant qu'il y a des tranches à abaisser.

Soit la racine septième de 2494357888 *à extraire.*

Nombre proposé...	249.4357888	22
La 7e p^{ce} de 2... =	128	
1er dividende......	1214.357888	448, divis. $= 2^6 \times 7$
Tranches employées	2494357888	
7e p^{ce} de 22........	2494357888	
Reste..............	0	

Nous ne parlons de ce dernier cas que pour montrer la possibilité d'extraire les racines de degré quelconque par des procédés analogues à ceux qu'on emploie pour la racine carrée et pour la racine cubique. Mais on sent combien ces moyens sont longs et pénibles ; on fera donc bien d'étudier les logarithmes, qui offrent de grands avantages pour l'extraction des racines de tous les degrés.

RAPPORTS.

56. On appelle *rapport* ou *raison* le résultat de la comparaison de deux nombres.

57. Il existe deux sortes de rapports : le rapport par *différence* et le rapport par *quotient*.

58. Le rapport par différence est le résultat d'une soustraction. Ainsi le rapport de 13 à 7 est 6, parce que $13 - 7 = 6$.

59. Le rapport par quotient est le résultat d'une division; c'est le quotient d'un premier nombre divisé par un second. Ainsi le rapport de 24 à 6 est 4, parce qu'en divisant 24 par 6, on a le quotient 4 ; le rapport de 6 à 24 est $\frac{1}{4}$ ou 0,25, parce que le quotient de 6 divisé par 24 est $\frac{1}{4}$ ou 0,25.

60. Les deux nombres concourant à former un rapport s'appellent *termes* de ce rapport ; mais le 1er terme énoncé s'appelle *antécédent* et le second *conséquent*.

61. Les deux termes d'un rapport par différence se lient par un point (.) qu'on énonce *est à*. Ainsi, pour indiquer le rapport de 13 à 7, écrivez 13 . 7, et pour énoncer, dites : 13 *est à* 7.

62. Les deux termes d'un rapport par quotient se lient par deux points (:) qu'on énonce aussi *est à*. Ainsi, pour indiquer le rapport de 24 à 6, écrivez 24 : 6, et pour énoncer, dites : 24 *est à* 6.

NOTA. Désormais nous ne nous servirons du mot *rapport* ou du mot *raison* que pour désigner un rapport, une raison par quotient. Lorsque nous aurons à parler d'un rapport par différence, nous dirons : *rapport ou raison par différence.*

63. Tout rapport peut se représenter par une fraction ayant pour numérateur l'antécédent et pour dénominateur le conséquent. Ainsi le rapport $24 : 6 = \frac{24}{6}$, et le rapport $6 : 24 = \frac{6}{24}$.

64. De ce qui précède découle la propriété suivante qu'il importe de bien remarquer :

Dans tout rapport, l'antécédent égale son conséquent multiplié par la raison. Ainsi, dans 24 : 6, je dis que $24 = 6 \times \frac{24}{6}$; et dans 6 : 24, je dis que $6 = 24 \times \frac{6}{24}$.

(Notez bien que le 1er exemple équivaut à $24 = 6 \times 4$, et le second à $6 = 24 \times \frac{1}{4}$.)

En effet, la raison est le quotient de l'antécédent divisé par son conséquent (n° 59); or, le diviseur multiplié par le quotient reproduit le dividende (Arith. élém., n° 153); donc, le conséquent multiplié par la raison reproduit l'antécédent.

65. De ce que tout rapport par quotient n'est autre chose que le *résultat d'une division* ou simplement *une division indiquée*, il suit encore que le rapport jouit des mêmes propriétés que la division (Arith. élém., nos 172.... 177); ou bien, des mêmes propriétés que les fractions (Arith. élém., nos 199.... 205).

PROPORTIONS.

66. On appelle *proportion* la réunion de deux rapports égaux.

67. Il y a deux sortes de proportions : la proportion *par différence*, appelée ÉQUIDIFFÉRENCE, et la proportion *par quotient*, appelée simplement PROPORTION.

68. Pour former une équidifférence, il faut quatre nombres, mais tels que les antécéd. soient à la fois plus grands, ou à la fois plus petits d'une même quantité que leurs conséquents. Ainsi, les deux rapports 7 . 5 et 11 . 9 forment une équidifférence, parce que 7 — 5 = 11 — 9.

69. Pour représenter une équidifférence, on écrit les deux rapports sur une même ligne horizontale, puis on les sépare par deux points (:) qu'on énonce *comme*. Ainsi, pour représenter l'équidifférence 7 . 5 et 11 . 9, écrivez 7 . 5 : 11 . 9 ; et pour énoncer, dites 7 *est à* 5 *comme* 11 *est à* 9.

70. De même (et c'est une conséquence de la définition, n° 66) pour former une proportion, il faut quatre nombres : deux antécédents et deux conséquents; mais ces quatre nombres ne peuvent pas être pris au hasard ; il faut que, divisés deux à deux l'un par l'autre, antéc. par conséq., ils donnent un même résultat. Ce q[t] s'appelle *raison* ou *rapport* de la proportion.

Ainsi les quatre nombres 12, 6, 16, 8, forment une proportion dans l'ordre où ils sont écrits, parce que la raison $\frac{12}{6}$ = la raison $\frac{16}{8}$; et, en effet, ces deux quotients sont égaux entre eux, et chacun est égal à 2 unités.

71. Pour représenter une proportion, on écrit les deux rapports sur une même ligne horizontale, puis on les sépare par 4 points (::) qu'on énonce *comme*.

Ainsi, pour représenter et pour énoncer la proportion formée avec les deux rapports 12 : 6 et 16 : 8, écrivez 12 : 6 :: 16 : 8, et dites 12 *est à* 6 *comme* 16 *est à* 8.

72. Les quatre nombres qui concourent à former, soit une équidifférence, soit une proportion, s'appellent *termes* de cette équidifférence, de cette proportion; mais le 1er et le 4e terme s'appellent *extrêmes*, le 2e et le 3e s'appellent *moyens*. Par exemple, dans l'équidifférence 12 . 7 : 9 . 4, 12 et 4 sont les deux extrêmes, 7 et 9 sont les deux moyens.

Dans la proportion 12 : 6 :: 16 : 8, 12 et 8 sont les deux extrêmes, 6 et 16 sont les deux moyens.

73. Toute équidifférence dont les moyens sont égaux, comme 13 . 9 : 9 . 5, s'appelle *équidifférence continue*. Ces sortes d'équidifférences se représentent ordinairement ainsi ÷ 13 . 9 . 5, et s'énoncent toutefois comme si les quatre termes étaient représentés. On dira donc pour celle-ci : 13 *est à* 9 *comme* 9 *est à* 5.

74. Toute proportion dont les deux moyens sont égaux, comme 7 : 14 :: 14 : 28, s'appelle aussi proportion continue. Ces sortes de proportions se représentent ordinairement ainsi ∺ 7 : 14 : 28, et s'énoncent cependant comme si les quatre termes étaient représentés. Ainsi on dira pour celle-ci : 7 *est à* 14 *comme* 14 *est à* 28.

75. Lorsqu'on ne connaît que trois termes, soit d'une équidifférence, soit d'une proportion, le terme inconnu se représente par une lettre quelconque, mais le plus ordinairement par la lettre x. Ainsi, connaissant les trois premiers termes 8, 3, 9, d'une équidifférence, représentez-la par 8 . 3 : 9 . x.

Connaissant les 3 premiers termes 12, 6, 16, d'une proportion, représentez-la par 12 : 6 :: 16 : x. Dans l'énoncé on prononce le nom de la lettre adoptée, comme si c'était un nombre.

PRINCIPALE PROPRIÉTÉ DES ÉQUIDIFFÉRENCES.

76. ***Dans toute équidifférence, la somme des extrêmes est égale à celle des moyens.***

Soit l'équidifférence 11 . 9 : 7 . 5. Je dis que la somme $11 + 5 =$ la somme $9 + 7$.

En effet, la première raison est $11 - 9$ et la deuxième est $7 - 5$: or, chaque antécédent égalant son conséquent + la raison, on a $11 = 9 + 2$ et $7 = 5 + 2$.

Donc la somme des extrêmes $= 9 + 2 + 5$.

Et la somme des moyens $= 9 + 5 + 2$.

D'où l'on voit que la raison $11 - 9$ étant égale à la raison $7 - 5$, nos deux sommes sont composées de quantités égales ; donc elles sont égales.

Tout autre cas peut être démontré par des raisonnements analogues.

77. De ce principe résultent les règles suivantes :

1° *Pour calculer le terme* x *d'une équidifférence,* x *étant aux extrêmes, il suffit de calculer la somme des moyens et d'en soustraire l'extrême connu. Et,* x *étant aux moyens, il suffit de calculer la somme des extrêmes et d'en soustraire le moyen connu ;* dans l'un comme dans l'autre cas, la différence exprime la valeur de x.

Exemples. *Quelle est la valeur de* x *dans* 11 . 9 : 7 . x ? R. $x = (9 + 7) - 11 = 5$: donc 11 . 9 : 7 . 5. *Quelle est la valeur de* x *dans* 11 . x : 7 . 5 ? R. $x = (11 + 5) - 7 = 9$.

Dans ces deux exemples, la somme $11 + 5 =$ la somme $9 + 7$, donc $(11 + 5) - 9 = 7$.....

2° *Pour calculer le terme moyen d'une équidifférence continue, calculez la somme des deux extrêmes, puis divisez-la par 2, le quotient sera le terme moyen demandé.*

Exemple. *Trouvez le terme moyen dans* ÷ 13 . x . 5. R. $x = \frac{13 + 5}{2} = 9$.

Si (n° 76) $13 + 5 = x + x$, il est évident que $x = \frac{13 + 5}{2}$.

78. Remarque. Le terme moyen d'une équidifférence continue est ce qu'on appelle un ***moyen différentiel.***

PRINCIPALES PROPRIÉTÉS DES PROPORTIONS.

79. Propriété fondamentale. ***Dans toute proportion le produit des extrêmes égale le produit des moyens.*** **Ainsi, dans 12 : 6 : : 16 : 8, le produit 12×8 = le produit 6×16.**

En effet, la 1re raison égale $\frac{12}{6}$, et la 2e, $\frac{16}{8}$. Or, chaque antécédent étant égal à son conséquent $\times$ la raison (n° 61), on a $12 = 6 \times \frac{12}{6}$ et $16 = 8 \times \frac{16}{8}$;

Donc le produit des extrêmes $12 \times 8 = 6 \times \frac{12}{6} \times 8$;

Et le produit des moyens $6 \times 16 = 6 \times 8 \times \frac{16}{8}$:

D'où l'on voit que la 1re raison $\frac{12}{6}$ étant égale à la 2e $\frac{16}{8}$ (n° 64), nos deux produits sont composés de facteurs égaux; donc ils sont égaux. Tout autre cas se démontrerait semblablement; donc, dans toute proportion, etc.

80. ***Réciproquement, quatre nombres écrits sur une même ligne forment une proportion, lorsque le produit des extrêmes égale le produit des moyens.***

Soient les quatre nombres 5, 10, 7, 14, et supposons que $5 \times 14 = 10 \times 7$. Pour qu'il y ait proportion entre ces quatre nombres, il faut que les deux rapports $\frac{5}{10}$ et $\frac{7}{14}$ soient égaux (n° 60).

Voyons donc s'ils le sont effectivement : chaque antéc. étant égal à son conséq. $\times$ la raison (n° 64), on a $5 = 10 \times \frac{5}{10}$ et $7 = 14 \times \frac{7}{14}$, donc le produit des extrêmes $5 \times 14 = 10 \times \frac{5}{10} \times 14$ et le produit des moyens $10 \times 7 = 10 \times 14 \times \frac{7}{14}$. Mais $5 \times 14 = 10 \times 7$; donc, $10 \times \frac{5}{10} \times 14 = 10 \times 14 \times \frac{7}{14}$; donc $\frac{5}{10} = \frac{7}{14}$, c.-à.-d. que le premier rapport est égal au second, donc 5 : 10 : : 7 : 14. Donc quatre nombres, etc.

81. De la propriété démontrée n° 79 résultent les règles suivantes :

1° ***Pour calculer le terme x d'une proportion dont trois termes sont connus, x étant aux extrêmes, formez le produit des deux moyens et divisez-le par l'extrême connu. Et x étant aux moyens, formez le produit des deux extrêmes et divisez-le par le*** *moyen connu. Dans l'un comme dans l'autre cas, le quotient exprimera la valeur de* x.

Exemples. *Quelle est la valeur de* x *dans* $3 : 9 :: 7 : x$? R. $x = \frac{9 \times 7}{3} = 21$.

Trouver la valeur de x *dans* $3 : 9 :: x : 21$. R. $x = \frac{3 \times 21}{9} = 7$.

Dans le premier de ces deux exemples, le p[t] $9 \times 7 =$ le p[t] $3 \times x$ (n° 79); donc 9×7 est un produit dont 3 et x sont aussi les facteurs; mais (Arith. élém. n° 153), si $3 \times x = 9 \times 7$, il s'ensuit que $x = \frac{9 \times 7}{3}$. Ainsi pour le 2e exemple et pour tout autre cas.

2° *Pour calculer le terme moyen d'une proportion continue, formez le produit des deux extrêmes, et extrayez-en la racine carrée; cette racine sera le terme moyen.*

Exemple. *Trouvez le terme moyen dans* $\div 7 : x : 28$. R. $x = \sqrt{7 \times 28} = 14$; donc $\div 7 : 14 : 28$.

Le produit des extrêmes égalant le produit des moyens (n° 79), il s'ensuit que $7 \times 28 = xx$, donc $x = \sqrt{7 \times 28}$.

Remarque. Le terme moyen d'une proportion continue est ce que l'on appelle *un moyen proportionnel.* (a)

(a) Pour calculer la solidité d'une pyramide ou d'un cône tronqués, à bases parallèles, on peut calculer une base dont la surface soit moyenne proportionnelle aux surfaces des deux bases connues, puis multiplier la somme de ces trois surfaces par le tiers de la hauteur du tronc proposé. On calculera donc les surfaces des deux bases, puis les ayant multipliées l'une par l'autre, on extraira la r. carrée du produit, ce qui donnera la surface moyenne proportionnelle (Arith. élém., n°s 311 et 313). L'ellipse se ramène au cercle en calculant un diamètre qui soit moyen proportionnel aux deux diamètres de l'ellipse proposée. (Arith. élém., n° 301) On a donc *Diamètre du cercle équivalent à l'ellipse* $= \sqrt{\text{du p}^{t} \text{ des deux diamètres}}$.

83. *On peut intervertir l'ordre dans lequel sont écrits les quatre termes d'une proportion, pourvu toutefois que les extrêmes restent extrêmes, que les moyens restent moyens ; ou que les moyens devenant extrêmes, les extrêmes deviennent moyens, d'où résultent les 8 combinaisons suivantes :*

Combinaisons où les extrêmes restent extrêmes et les moyens restent moyens.	1° 8 : 4 : : 12 : 6
	2° 6 : 12 : : 4 : 8
	3° 8 : 12 : : 4 : 6
	4° 6 : 4 : : 12 : 8
Combinaisons ou les moyens deviennent extrêmes et les extrêmes deviennent moyens.	5° 4 : 8 : : 6 : 12
	6° 12 : 8 : : 6 : 4
	7° 4 : 6 : : 8 : 12
	8° 12 : 6 : : 8 : 4

Toutes ces proportions sont évidentes, puisque, dans les quatre premières, le p[t] des extrêmes $8 \times 6 =$ le p[t] des moyens 4×12 ; or, si les huit produits sont égaux dans ces quatre premières, ils le sont aussi dans les quatre dernières, car celles-ci ont pour p[t] des extrêmes le p[t] des moyens et pour p[t] des moyens le p[t] des extrêmes des quatre premières. Donc on peut, etc.

84. *Lorsque deux proportions ont un rapport commun, on peut en former une troisième avec les deux autres rapports.*

Soient les deux proportions 4 : 6 : : 10 : 15 et 4 : 6 : : 2 : 3, qui ont le rapport commun 4 : 6. Je dis que les deux rapports 10 : 15 et 2 : 3 forment une proportion. Et cela est d'ailleurs évident, puisque la raison est la même dans les trois proportions ; or, s'il y a même raison entre les six rapports, ils sont égaux entre eux ; donc les trois proportions sont évidentes.

85. *Lorsque deux proportions ont les mêmes antécédents, les conséquents forment une proportion.*

Soient les deux proportions 3 : 9 : : 7 : 21 et 3 : 12 : : 7 : 28. Je dis que 9 : 21 : : 12 : 28 est une nouvelle proportion.

En effet, changeons les moyens de place dans les deux proportions données, nous aurons (n° 83) 3 : 7 : : 9 : 21 et 3 : 7 : : 9 : 28. ; or, à cause du rapport commun 3 : 7, on a 9 : 21 : : 12 : 28 (n° 84). Donc, lorsque deux proportions, etc.

86. *Lorsque deux proportions ont les mêmes conséquents, les quatre antécédents forment une proportion.*

Soient 2 : 4 :: 3 : 6 et 8 : 4 :: 12 : 6. Je dis que les *antéc.* 2, 3, 8, 12 forment la proportion 2 : 3 :: 8 : 12. On démontre comme au cas précédent.

87. *Lorsque deux proportions ont les mêmes extrêmes, on peut former une troisième proportion qui ait pour extrêmes les moyens de l'une et pour moyens les moyens de l'autre.*

Soient les deux proportions 5 : 20 :: 3 : 12 et 5 : 15 :: 4 : 12. Je dis que les termes 20, 3, 15, 4 forment la proportion 20 : 15 :: 4 : 3 ou 3 : 4 :: 15 : 20.

En effet, en vertu de la proportion donnée $5 \times 12 = 20 \times 3$ et $5 \times 12 = 15 \times 4$ (n° 79) ; donc $20 \times 3 = 15 \times 4$, d'où 20 : 15 :: 4 : 3 et 3 : 4 :: 15 : 20 (n° 80) ; donc, lorsque deux proportions, etc.

88. *Lorsque deux proportions ont les mêmes moyens, on peut former une 3e proportion qui ait pour extrêmes les extrêmes de l'une et pour moyens les extrêmes de l'autre.*

Soient les deux prop. 20 : 5 :: 12 : 3 et 15 : 5 :: 12 : 4. Je dis que les quatre termes 20, 3, 15, 4 forment la proportion 20 : 15 :: 4 : 3 ou 3 : 4 :: 15 : 20. On démontre, comme au cas précédent, par l'égalité du produit des extrêmes et du produit des moyens.

89. *Dans toute proportion la somme des deux premiers termes est à la somme des deux derniers, comme le 1er est au 3e, ou comme le 2e est au 4e.*

Soit 2 : 6 :: 3 : 9. Je dis que $2 + 6 : 3 + 9$ :: 6 : 9.

En effet (n° 34), le produit des extrêmes actuels est $2 \times 9 + 6 \times 9$, c'est-à-dire, le produit des extrêmes primitifs, augmenté du produit 6×9 ; et celui des moyens actuels est $3 \times 6 + 9 \times 6$, c'est-à-dire, le pt des moyens primitifs, augmenté du produit 9×6 : or (n° 79), le produit des extrêmes primitifs = le produit des moyens primitifs ; de plus, comme $9 \times 6 = 6 \times 9$, il s'ensuit que le pt des extrêmes actuels $(2+6) \times 9$ = le pt des moyens actuels $(3+9) \times 6$: donc $2 + 6 : 3 + 9$ :: 6 : 9 (n° 80). *Donc, dans toute proportion, etc.*

90. *Dans toute proportion, la somme des antécédents est à la somme des conséquents, comme un antécédent est à son conséquent.* D'après cela, si, dans 2 : 6 :: 3 : 9, on ajoute 2 à 3 et 6 à 9, on aura $2 + 3 : 6 + 9$ :: 2 : 6 ou bien $2 + 3 : 6 + 9$ :: 3 : 9. Démonstration analogue à celle du cas précédent.

91. *Dans toute suite de rapports égaux, la somme*

des antéc. est à la somme des conség., comme un antéc. est à son conség.

Soit 3 : 9 :: 2 : 6 :: 4 : 12 :: 5 : 15. Je dis que 3 + 2 + 4 + 5 : 9 + 6 + 12 + 15 :: 3 : 9.

En effet, les deux premiers rapports 3 : 9 et 2 : 6 forment la prop. 3 : 9 :: 2 : 6 (n° 66), dans laquelle 2 + 3 : 9 + 6 :: 3 : 9 (n° 90), ou 3 + 2 : 9 + 6 :: 4 : 12; dans celle-ci, 3 + 2 + 4 : 9 + 6 + 12 :: 4 : 12 ou :: 5 : 15; et dans cette dernière, 3 + 2 + 4 + 5 : 9 + 6 + 12 + 15 :: 5 : 15 ou :: 4 : 12.... ce qui démontre la propriété énoncée.

92. *Dans toute proportion, la différence des deux premiers termes est au second, comme la différence des deux derniers est au quatrième.*

Soit 8 : 6 :: 12 : 9. Je dis que, ôtant 6 de 8 et 9 de 12 j'aurai 8 — 6 : 6 :: 12 — 9 : 9.

En effet, le produit des extrêmes actuels = 8 × 9 — 6 × 9, et le produit des moyens actuels = 6 × 12 — 9 × 6. Or (n° 79), nous savons par la proportion donnée que 8 × 9 = 6 × 12; donc le produit des extrêmes actuels = le produit des moyens actuels, puisqu'ils sont égaux aux produits primitifs diminués du p^t 6 × 9; ainsi 8 — 6 : 6 :: 12 — 9 : 9. *Donc, la différence des deux premiers, etc,*

93. *Dans toute proportion, la différence des antéc. est à la différence des conség., comme un antéc. est à son conség.* D'après cela, si dans 8 : 12 :: 6 : 9, nous ôtons 6 de 8 et 9 de 12, nous aurons 8 — 6 : 12 — 9 :: 8 : 12, ou bien 8 — 6 : 12 — 9 :: 6 : 9. Démonstration analogue à celle du cas précédent.

94. *On peut multiplier par un même nombre les quatre termes d'une proportion, ou seulement les deux termes d'un même rapport, ou encore les deux termes d'un rapport par un nombre, et les deux autres par un autre nombre, sans que cette proportion soit troublée ni le rapport altéré.*

Soit 2 : 4 :: 6 : 12. Je dis que j'aurai trois nouvelles proportions ayant toutes la même raison que la prop. proposée, si, avec les termes de celle-ci, je forme 1° 2 × 5 : 4 × 5 :: 6 × 5 : 12 × 5; 2° 2 × 5 : 4 × 5 :: 6 : 12; 3° 2 × 3 : 4 × 3 :: 6 × 2 : 12 × 2.

Pour démontrer cette propriété, il suffit de se rappeler que chaque rapport exprime le q^t d'un 1er nombre divisé par un 2e (n° 59). Or, on ne change pas la valeur d'un quotient en multipliant le dividende et le diviseur par un même nombre (Arith. élém., (n° 174); donc, les rapports étant égaux dans la prop, donnée, le sont aussi dans chacune des proportions résultantes. *Donc, on peut multiplier, etc.*

95. *On peut, sans troubler une proportion, mais non sans changer le rapport, multiplier par un même nombre les deux antécédents ou les deux conséquents.*

Ainsi $2 : 4 :: 6 : 12$ peut devenir $2 \times 5 : 4 :: 6 \times 5 : 12$ ou $2 : 4 \times 8 :: 6 : 12 \times 8$. Dans le premier cas, les deux rapports sont multipliés par le même nombre 5; donc, ils restent égaux; dans le second, ils sont divisés par le même nombre 8; donc, ils demeurent égaux.

96. On fait l'application des propriétés énoncées, nos 94 et 95, dans la résolution des proportions qui contiennent des expressions fractionnaires, en faisant disparaître ces fractions. Nous allons montrer par un exemple comment se font ces conversions.

Exemple. *Transformer en une proportion de nombres entiers la proportion* $\frac{3}{4} : \frac{4}{5} :: \frac{3}{7} : \frac{16}{35}$.

Réduisons au même dénominateur les deux termes de chaque rapport et faisons disparaître les dénominateurs communs, les nouveaux numérateurs formeront entre eux une proportion qui aura la même raison que la prop. fractionnaire. D'après cela, $\frac{3}{4} : \frac{4}{5} :: \frac{3}{7} : \frac{16}{35}$ nous donnera $3 \times 5 : 4 \times 4 :: 3 \times 35 : 16 \times 7$, c.-à-d. $15 : 16 :: 105 : 112$.

En supprimant le dénominateur dans l'antécédent $\frac{3}{4}$, ce terme est multiplié par 4; donc, il faut multiplier par 4 son conséquent $\frac{4}{5}$; en supprimant le dénominateur du conséquent $\frac{4}{5}$, ce terme est multiplié par 5, donc il faut multiplier par 5 son antécédent $\frac{3}{4}$, d'où le 1er rapport devient $3 \times 5 : 4 \times 4 = 15 : 16$. Chacun des termes de ce rapport étant $\times 5 \times 4$, il en résulte qu'il ne change pas. On démontrera d'une manière analogue que le 2e rapport n'a pas non plus changé.

97. *Si l'on avait à résoudre une question de ce genre, où l'un des termes fût* x, *on exprimerait chaque terme fractionnaire par une fraction à deux termes; puis, on suivrait la règle générale* (n° 81).

Exemple. *Quelle est la valeur de* x *dans* $\frac{2}{3} : \frac{3}{4} ::$

$\frac{5}{7} : x$? R. $x = \frac{3}{4} \times \frac{5}{7} : \frac{2}{3} = \frac{3 \times 5 \times 3}{4 \times 7 \times 2} = \frac{45}{56}$ (Arith. élém. 238 et 243.)

98. *On peut diviser par un même nombre les quatre termes d'une prop., ou les deux termes d'un même rapport, ou encore les deux termes d'un rapport par un nombre et les deux autres par un autre nombre, sans que cette prop. soit troublée ni le rapport altéré.*

Soit 8 : 16 :: 12 : 24. Je dis que cette proportion est la même que $\frac{8}{2} : \frac{16}{2} :: \frac{12}{2} : \frac{24}{2}$ ou que $\frac{8}{2} : \frac{16}{2} :: 12 : 24$, ou que $\frac{8}{2} : \frac{16}{2} :: \frac{12}{6} : \frac{24}{6}$.

En effet, les deux termes de chaque rapport étant divisés par un même nombre, ces rapports n'ont pas changé de valeur.

99. *On peut, sans troubler une proportion, mais non sans changer le rapport, diviser par un même nombre les deux antécédents ou les deux conséquents.*

Soit 24 : 12 :: 16 : 8. Je dis que si je divise 24 et 16 par 4, j'aurai la nouvelle prop. $\frac{24}{4} : 12 :: \frac{16}{4} : 8$; et si je divise 12 et 8 par 5, j'aurai $\frac{24}{4} : \frac{12}{5} :: \frac{16}{4} : \frac{8}{5}$. Dans le premier cas, les deux rapports sont divisés par le même nombre 4, et dans le deuxième, ils sont multipliés par le même nombre 5; donc, ils conservent leur égalité; donc, la prop. subsiste toujours.

100. Les propriétés que nous venons d'énoncer, nos 98 et 99, fournissent le moyen d'abréger les calculs dans la résolution de certaines proportions. En voici un exemple : *Calculez le terme* x *dans* $20 \times 6 : 5 \times 7 :: 12 \times 4 : x$. R. $x = \frac{5 \times 7 \times 12 \times 4}{20 \times 6}$.

Je pourrais effectuer les calculs pour en déduire la valeur de x; mais, m'apercevant que le facteur 20, lequel égale 5×4, entre dans le dividende et dans le diviseur, je le supprime de part et d'autre, d'où $x = \frac{7 \times 12}{6}$; mais je puis encore supprimer le facteur 6, car $12 = 6 \times 2$; d'où, en définitive, $x = 7 \times 2 = 14$.

101. *Si l'on multiplie terme par terme deux ou plus de deux proportions, les quatre produits forment une proportion.* D'après cela, si ayant les deux proportions $\left\{\begin{matrix} 2 : 4 :: 6 : 12 \\ 3 : 9 :: 5 : 15 \end{matrix}\right.$, je les multiplie terme par terme j'aurai $2 \times 3 : 4 \times 9 :: 6 \times 5 : 12 \times 15$ ou $6 : 36 :: 30 : 180$.

Dans les deux prop. données, le produit des extrêmes = le produit des moyens (n° 79). Ainsi, l'on a $2 \times 12 = 4 \times 6$, et $3 \times 15 = 9 \times 5$; donc $2 \times 12 \times 3 \times 15 = 4 \times 6 \times 9 \times 5$. Or, $2 \times 3 \times 12 \times 15$ est le produit des extrêmes actuels, et $4 \times 6 \times 9 \times 5$ est celui des moyens actuels; donc $2 \times 3 : 4 \times 9 :: 6 \times 5 : 12 \times 15$, c'est-à-dire que *si l'on multiplie terme par terme, etc.*

102. *Si l'on divise terme par terme deux proportions, les quatre quotients forment une prop.* D'après cela, si ayant $6 : 36 :: 30 : 180$ et $3 : 9 :: 5 : 15$, je divise la première proportion par la deuxième, il viendra $\frac{6}{3} : \frac{36}{9} :: \frac{30}{5} : \frac{180}{15}$.

Dans la prop. résultante, le produit des extrêmes et le produit des moyens se composent évidemment du produit des extrêmes et du produit des moyens de la 1re prop., divisés par le produit des extrêmes et le produit des moyens de la seconde. Ces produits étant égaux avant la division le sont encore après, puisqu'ils sont divisés par un même nombre.

103. *Les puissances semblables des termes d'une prop. forment entre elles une proportion.* Ainsi, ayant $3 : 2 :: 6 : 4$. Je dis que $3^2 : 2^2 :: 6^2 : 4^2$ ou $9 : 4 :: 36 : 16$ est une nouvelle proportion.

En effet, on a par la prop. donnée $3 \times 4 = 2 \times 6$; donc $(3 \times 4)^2 = (2 \times 6)^2$ ou $3^2 \times 4^2 = 2^2 \times 6^2$; donc (n° 80), $3^2 : 2^2 :: 6^2 : 4^2$. Donc, les carrés des termes d'une prop. forment une proportion. La démonstration serait semblable pour tout autre puissance.

104. *Les racines semblables des termes d'une prop. forment entre elles une proportion.*

Soit la prop. $9 : 4 :: 36 : 16$. Je dis que $\sqrt{9} : \sqrt{4} :: \sqrt{36} : \sqrt{16}$ ou $3 : 2 :: 6 : 4$.

En effet. (n° 79) par la prop. donnée on a $9 \times 16 = 4 \times 36$; donc $\sqrt{9 \times 16} = \sqrt{4 \times 36}$ ou $3 \times 4 = 2 \times 6$. Donc (n° 80), $3 : 2 :: 6 : 4$ ou $\sqrt{9} : \sqrt{4} :: \sqrt{36} : \sqrt{16}$.

RÈGLE DE TROIS PAR PROPORTION. *(Arith. élém. n° 254.)*

105. On peut définir la règle de trois : *Une opération qui a pour but de résoudre certaines questions renfermant au moins trois quantités connues et une inconnue, pourvu que ces quantités soient homogènes, deux à deux, et qu'elles varient proportionnellement.*

106. La règle de trois est simple ou composée. Elle prend, suivant les applications qu'on en fait, les noms de *Règle d'Intérêts,* d'*Escompte,* de *Partages proportionnels,* etc.

107. Toute question dont l'énoncé donne lieu à une règle de trois, se divise en deux parties, dont la 1re contient les nombres qui se rapportent à l'homogène de l'inconnue, et la 2de, les nombres qui se rapportent immédiatement à l'inconnue.

108. Toute règle de trois peut se résoudre au moyen d'une seule ou de plusieurs proportions, comme on le verra par ce qui suit.

RÈGLE DE TROIS SIMPLE.

109. La règle de trois est *simple,* lorsque les données fournissent immédiatement les éléments d'une proportion. Telle est la question : 12 *mètres de drap coûtent* 144 *fr. : combien coûteront* 24 *mètres du même drap ?*

110. D'après cela, la règle de trois simple contient trois quantités connues et une inconnue : les quantités connues sont les éléments au moyen desquels on découvre l'inconnue ; ce sont les termes connus de la pro-

portion à établir. Deux des quantités connues sont homogènes, c.-à-d., de même espèce, la 3e est homogène de l'inconnue.

111. Nous appellerons *principales* les deux homogènes connues, et *relatives* l'inconnue et son homogène. Mais nous désignerons sous le nom de 1re *principale* la principale de la relative connue, et sous le nom de 2de *principale* la principale de l'inconnue. La relative connue sera la 1re *relative* et l'inconnue la 2de *relative*.

112. Pour que quatre quantités donnent lieu à une règle de trois, il faut qu'il y ait même rapport entre les relatives qu'entre leurs principales.

Ainsi, le qt de la 1re relative divisée par la 2de doit égaler le qt de la 1re principale divisée par la 2de ou le qt de la 2e principale divisée par la 1re, d'où il suit que les relatives sont en *rapport direct* avec leurs principales, ou elles sont en *rapport indirect* ou *inverse*.

113. D'après cela, si les deux relatives croissent ou diminuent en même temps que leurs principales, il y a rapport direct. Si, au contraire, les relatives croissent en même temps que leurs principales diminuent, ou diminuent en même temps que leurs principales croissent, il y a rapport indirect. L'énoncé de la question fait immédiatement connaître si le rapport est direct ou s'il est indirect. Nous ferons d'ailleurs l'application des principes qui précèdent dans les exemples que nous allons donner.

114. *Pour résoudre une règle de trois par proportion, examinez d'abord si le rapport est direct ou s'il est indirect. S'il est direct, servez-vous de la proportion suivante :* LA 1re PRINCIPALE EST A LA 2e PRINCIPALE, COMME LA 1re RELATIVE EST A LA 2e RELATIVE.

115. *Mais si le rapport est indirect, servez-vous de celle-ci :* LA 2e PRINCIPALE EST A LA 1re PRINCIPALE, COMME LA 1re RELATIVE EST A LA 2e RELATIVE.

116. Des deux formules que nous venons d'énoncer résultent les deux procédés suivants qui permettent de mettre avec facilité une règle de trois en proportion, sans examiner si le rapport est direct ou s'il est indirect.

117. *Si l'inconnue doit être plus grande que son homogène, formez le premier terme avec la plus petite des homogènes données, le second avec la plus grande, le troisième avec l'homogène de l'inconnue, et enfin, le quatrième avec l'inconnue représentée par* x, *ou par une toute autre lettre.*

118. *Si l'inconnue est plus petite que son homogène, formez le* 1er *terme avec la plus grande des homogènes données, le* 2e *avec la plus petite, le* 3e *avec l'homogène de l'inconnue et le* 4e *avec* x.

119. Soit maintenant proposé de résoudre la question énoncée (n° 109), ou toute autre question renfermant une règle de trois, je raisonnerai ainsi :

Les données sont 12 m., 24 m., 144 fr., x fr. J'ai bien quatre quantités homogènes deux à deux, mais varient-elles proportionnellement (n° 105) ? — Voyons : 12 m. coûtent 144 fr., 24 m. coûteront évidemment deux fois plus ; donc, le q^t $\frac{144}{x}$ = le q^t $\frac{12}{24}$, ce qui prouve que le rapport des relatives est le même que celui des principales ; donc il y a proportion (n° 112). Mais le rapport est-il direct, ou bien est-il indirect ? — Les deux relatives grandissent en même temps que leurs principales, donc la relation est directe (n° 113).

Au reste (n° 117), je vois que x est plus grande que son homogène 144, j'écris donc $12 : 24 :: 144 : x$. D'où $x = \frac{144 \times 24}{12}$. Mais (n° 100) $24 = 12 \times 2$, c'est pourquoi, supprimant le facteur 12 dans le dividende et dans le diviseur, j'ai $x = 144 \times 2 = 288$ fr.

QUESTION II. *Combien aura-t-on de m. d'un certain drap pour* 144 *fr., lorsque* 24 *m. du même drap ont coûté* 288 *fr.?* 1re principale 288 fr., 2de principale 144 fr.; 1re relative 24 m., 2de relative x m.

Les quantités 288, 144, 24 et x varient proportionnellement, car il est évident que si 288 fr. procurent 24 m. de drap, 144[f] en procureront moitié moins; il y a donc même rapport entre les relatives qu'entre les principales, et ce rapport est direct, puisque les relatives décroissent en même temps que leurs principales. On a donc (n°s 114 et 118) $288 : 144 :: 24 : x$; d'où la quantité demandée $= \frac{144 \times 24}{288} = 12$ m.

QUESTION III. *Si* 54 *jours ont suffi à* 3 *hommes pour faire un certain ouvrage, combien* 9 *hommes mettront-ils de temps à faire un même ouvrage?*

1re principale 3 hommes, 2de principale 9 hommes; 1re relative 54 jours, 2e relative x jours. Il y a évidemment même rapport entre les deux nombres de jours qu'entre les deux nombres d'hommes; mais ce rapport est indirect, puisque x diminue en même temps que sa principale grandit. Donc (n° 115) $9 : 3 :: 54 : x$. D'où le temps demandé $= \frac{54 \times 3}{9} = 18$ jours.

En me basant sur le procédé (n° 118), je dirais x est moindre que son homogène, donc je dois écrire au 1er rang la plus grande des homogènes connues; donc, j'ai $9 : 3 :: 54 : x$.

QUESTION IV. *Si en* 18 *jours* 9 *hommes ont fait un certain ouvrage, combien* 3 *hommes mettront-ils de temps à faire un même ouvrage?*

Il est évident que 3 hommes mettront plus de temps que 9 hommes à faire l'ouvrage dont il s'agit; d'où il résulte que x est plus grand que 18. On a donc (n° 117) $3 : 9 :: 18 : x$. Ainsi $x = \frac{18 \times 9}{3} = 54$ jours. Il est d'ailleurs facile de voir que le rapport est indirect, puisque les relatives diminuent en même temps que leurs principales croissent.

NOTA. Les questions du genre des exemples I et II, sont dites *règles de trois simples directes;* les questions du genre des exemples III et IV, sont dites *règles de trois simples indirectes* ou *inverses*.

120. Le deuxième et le quatrième des exemples que nous venons de donner font voir de quelle manière on peut faire la preuve d'une règle de trois. Voyez d'ailleurs ce que nous disons de cette preuve dans notre arithmétique élémentaire (n° 258).

RÈGLE DE TROIS COMPOSÉE.

121. La règle de trois est composée lorsque sa solution dépend de plusieurs règles de trois simples. Telle est la question : *Si 4 hommes font 20 m. d'un certain ouvrage dans 5 jours, combien 9 hommes feront-ils de m. du même ouvrage dans 12 jours ?*

122. Examinons comment une règle de trois composée contient plusieurs règles de trois simples et cherchons le moyen de résoudre ces sortes de questions. Je dis que la question énoncée ci-dessus est une règle de trois composée, parce que j'y trouve les deux questions suivantes qui se résolvent par autant de règles de trois simples.

1° *Si 4 hommes font 20 m. en 5 jours, combien 9 hommes en feront-ils dans le même temps?* En admettant que la réponse soit a mètres, la seconde question sera :

2° *Si 9 hommes font* a *m. dans 5 jours, combien en feront-ils dans 12 jours?*

Première partie de la question 4 h., 5 j., 20 m. (voir n° 107).
Seconde partie. . . . . 9 h., 12 j., x m.

Raisonnement. 1° Dans 5 jours 9 hommes font plus de mètres que 4 hommes dans le même temps ; donc a est plus grand que 20. Donc (n° 117) $4 : 9 :: 20 : a$.

2° Dans 12 jours 9 hommes font plus de m. que dans 5 jours, donc x est plus grand que a. Donc (n° 117) $5 : 12 :: a : x$.

Cela posé, il est facile de calculer la valeur de x, car x égalant $\frac{12 \times a}{5}$, il suffit de calculer la valeur de a.

Or $a = \frac{20 \times 9}{4} = 45$; donc $x = \frac{12 \times 45}{5} = 108$ mètres.

La quantité demandée est donc 108 m. ; mais, pour l'obtenir, nous avons fait deux règles de trois simples ; donc la question proposée contient une règle de trois composée (nº 121).

123. De ce qui précède, on peut inférer que toute règle de trois composée peut se résoudre par autant de règles de trois simples que la question en comporte. Mais ordinairement on écrit les diverses proportions qu'on y trouve les unes au-dessous des autres, représentant les inconnues provisoires par des lettres telles que a, b, c.... et réservant x pour l'inconnue demandée ; puis on multiplie terme par terme les proportions provisoires, d'où (nº 101) on obtient une nouvelle proportion dont on effectue les calculs pour en déduire la valeur de x.

Ainsi, pour résoudre la question proposée ci-dessus, prenons les deux proportions que nous y avons trouvées $\left\{\begin{matrix} 4 : 9 :: 20 : a \\ 5 : 12 :: a : x \end{matrix}\right\}$ et multiplions-les terme par terme, il en résultera la nouvelle proportion $4 \times 5 : 9 \times 12 :: 20 \times a : a \times x$.

Mais le terme a se trouvant aux moyens et aux extrêmes, entre dans le dividende et dans le diviseur de la division à effectuer, donc (nº 100) on peut le supprimer de part et d'autre ; d'où la proportion se réduit à $4 \times 5 : 9 \times 12 :: 20 : x$. Donc $x = \frac{20 \times 12 \times 9}{4 \times 5}$.

Nous pourrions, pour connaître la valeur de x, effectuer les calculs indiqués par cette dernière expression ; mais considérant que $20 = 4 \times 5$, nous voyons qu'il est possible de supprimer encore ce facteur commun au dividende et au diviseur. D'où, en définitive, $x = 12 \times 9 = 108$ m.

124. Ce qui précède étant bien compris, pour effectuer une règle de trois composée, prenez-vous-y de la manière suivante :

125. *Ecrivez sur une même ligne tous les nombres compris dans la première partie de la question, mais mettez au dernier rang l'homogène de l'inconnue. Ecrivez au-dessous, homogène sous homogène, tous les nombres compris dans la seconde partie, x se trouvera au dernier rang sous son homogène.*

Cela fait, voyez si, dans les diverses règles de trois simples que vous pouvez combiner avec les données, l'inconnue est plus grande ou plus petite que son homogène et écrivez les diverses proportions en conséquence de votre examen, vous conformant d'ailleurs à ce qui est enseigné nos 117, 118.

Multipliez ensuite termes par termes et effectuez les calculs de la proportion résultante pour en déduire la valeur de l'inconnue.

126. Nous allons maintenant donner quelques exemples qui aideront à comprendre ce que nous venons d'enseigner.

I. *Huit hommes ont fait 64 m. d'ouvrage dans 4 jours, en travaillant 12 heures par jour : combien 6 hommes feront-ils de m. du même ouvrage, s'ils travaillent 12 jours et seulement 10 heures par jour?* Soit x m. la réponse.

Première partie de la question	8 h.,	4 j.,	12 h.,	64 m.
Seconde partie.............	6	12	10	x

Questions préparatoires. 1° *Lorsque 8 hommes font 64 mètres dans 4 jours à 12 heures par jour, combien 6 hommes en feront-ils dans le même temps?* R. a mètres.

2° *Lorsque 6 hommes font* a *mètres dans 4 jours à 12 heures par jour, combien en feront-ils dans 12 jours à 12 heures aussi par jour?* R. b mètres.

3° *Lorsque 6 hommes font* b *mètres dans 12 jours à 12 heures par jour, combien en feront-ils dans 12 jours à 10 heures par jour?* R. x mètres.

Raisonnement. 1° Lorsque 8 hommes font 64 mètres d'ouvrage dans 4 jours, à 12 h. par j., 6 hommes en font évidemment moins dans le même temps. Donc a est moindre que 64.

J'ai donc (n° 118).............. $8 : 6 :: 64 : a$.

2° Lorsque 6 hommes font a m. dans 4 j. à 12 h. par j., dans 12 j. à 12 h. aussi par jour, ils en font évidemment plus. Donc b est plus grand que a.

J'ai donc (n° 117).............. $4 : 12 :: a : b$.

3° Lorsque 6 hommes font b m. dans 12 j. à 12 h. par j., dans 12 j. à 10 h. par j., ils en font évidemment moins. Donc x est moindre que b.

J'ai donc (n° 118).............. $12 : 10 :: b : x$.

D'après cela, la proportion résultante est $8 \times 4 \times 12 : 6 \times 12 \times 10 :: 64 \times a \times b : a \times b \times x$.

D'où $x = \dfrac{64 \times 6 \times 12 \times 10 \times a \times b}{8 \times 4 \times 12 \times a \times b}$. Mais en supprimant dans le dividende et dans le diviseur les facteurs a, b, 12 et 8×4 dans 64, on trouve que la quantité demandée $= 2 \times 6 \times 10 = 120$ m.

II. *Combien faut-il de maçons pour bâtir dans 6 jours un mur haut d'un mètre, et long de 135 m., sachant que 10 maçons ont, dans 7 jours, bâti un autre mur de même hauteur, mais long seulement de 105 m.; le temps du travail étant d'ailleurs le même pour chaque jour dans les deux cas?*

Première partie de la question 105 m., 7 j. 10 ouvriers.
Seconde partie.............. 135 m., 6 j. x ouvriers.

Questions préparatoires. 1° *Combien faut-il d'ouvriers pour faire 135 m. dans le même temps où 10 ouvriers en font 105?* R. a ouvriers.

2° *S'il faut* a *ouvriers pour faire 135 m. dans 7 jours, combien en faut-il pour faire la même quantité dans 6 jours?* R. x ouvriers.

Raisonnement. 1° S'il faut 10 ouvriers pour faire 105 m. dans 7 jours, pour faire 135 m. dans le même temps, il faudra plus de 10 ouvriers; donc a est plus grand que 10.

2° S'il faut a ouvriers pour faire 135 m. dans 7 jours, pour faire le même ouvrage dans 6 jours, il en faudra plus de a; donc x est plus grand que a.

D'après cela, faisant usage des procédés (nos 117 et 118)

on a $\begin{cases} 105 : 135 :: 10 : a \\ \text{et } 6 : 7 :: a : x. \end{cases}$

Et multipliant terme par terme, il vient $105 \times 6 : 135 \times 7 :: 10 \times a : a \times x$ ou $105 \times 6 : 135 \times 7 :: 10 : x$. Enfin, la quantité demandée $= \frac{135 \times 7 \times 10}{105 \times 6} = 15$ ouvriers.

III. *Combien faut-il de temps à 15 ouvriers travaillant 9 heures par jour pour élever un bâtiment de 800 m. carrés, sachant que 24 ouvriers, travaillant 11 heures par jour, en ont élevé un de 1200 mètres carrés dans 25 jours?*

Première partie de la quest. 24 ouv., 1200 m., 11 h. 25 j.
Seconde partie.......... 15 ouv., 800 m., 9 h. x j.

Questions prépar. 1° *Combien faudrait-il de jours aux 15 ouv. pour faire les 1200 m., s'ils travaillaient 11 h. par jour?* R. a jours.

2° *Si les 15 ouv. mettent* a *j. à faire les 1200 m., combien mettront-ils de jours à faire les 800 m., s'ils continuent à travailler 11 h. par j.?* R. b jours.

3° *Si les 15 ouv. mettent* b *j. à faire les 800 m., en travaillant 11 h. par j., combien mettront-ils de temps à faire le même ouvrage, s'ils ne travaillent que 9 h. par j.?* R. x jours.

Raisonnement. 1° Il faudra d'autant plus de temps aux 15 ouvriers pour faire les 1200 m. qu'ils sont moins nombreux; donc a est plus grand que 25.

2° Les 15 ouv. mettront d'autant moins de temps à faire les 800 m. que cette quantité est moindre que 1200; donc b est moindre que a.

3° Les 15 ouv. mettront d'autant plus de jours à faire les 800 m. qu'ils travaillent moins d'heures par jour; donc x est plus grand que b.

D'après cela, usant du procédé (nos 117 et 118), on

a $\begin{cases} 1° \ 15 : 24 :: 25 : a \\ 2° \ 1200 : 800 :: a : b \\ 3° \ 9 : 11 :: b : x. \end{cases}$

Multipliant maintenant terme par terme et supprimant les facteurs a, b, il vient $15 \times 1200 \times 9 : 24 \times 800 \times 11 :: 25 : x$. Donc le temps demandé $= \frac{800 \times 24 \times 25 \times 11}{1200 \times 9 \times 15} = \frac{8 \times 2 \times 11 \times 5}{3 \times 9} = 32$ jours $\frac{16}{27}$.

RÈGLE D'INTÉRÊT. (Arith. élém. nos 259 et suiv.) (1).

127. On appelle *intérêt* le bénéfice que procure une somme d'argent prêtée, et l'on appelle *règle d'intérêt* l'opération qui a pour but de résoudre les questions où il s'agit d'intérêt.

128. Avant le placement d'une somme les parties contractantes conviennent entre elles d'un certain intérêt que l'emprunteur s'oblige de payer, à époque fixe, pour une somme déterminée : c'est cette somme et son intérêt qui servent de terme de comparaison entre la somme à prêter et l'intérêt à payer : la somme stipulée est ordinairement 100 fr. et son intérêt 3, 4, 5 ou 6 fr. par an. Ainsi, prêter à 5 *pour* 100, c'est convenir que celui qui emprunte paiera annuellement autant de fois 5 fr. qu'il emprunte de 100 francs.

129. La somme prêtée s'appelle le *capital*, l'intérêt de 100 fr. s'appelle le *taux pour cent* ou simplement le *taux*. On désigne indifféremment par le nom d'*intérêt* ou de *rente* le bénéfice qu'on retire de la somme prêtée ; 100 fr. est le *capital du taux*. Afin d'abréger, on représente les mots *pour cent* par p. %.

130. On distingue l'*intérêt simple* et l'*intérêt composé*.

---

(1) Nous ne dirons rien ici de l'intérêt au denier, parce que nous croyons avoir suffisamment traité de cet intérêt (Arith. élé., n° 264). Au reste, on convertit un denier quelconque au taux correspondant, en divisant 100 par le denier proposé.

INTÉRÊT SIMPLE.

131. L'intérêt est simple lorsque le prêteur retire ou est censé retirer, chaque année, l'intérêt de la somme qu'il a prêtée.

132. Dans une question d'intérêt simple, on peut se proposer de trouver : 1° la rente, 2° le capital, 3° le taux, 4° le temps. Or, deux ou trois de ces quantités étant connues, on trouvera aisément la 4e au moyen de la proportion suivante :

100 EST AU CAPITAL COMME LE TAUX × LE TEMPS EST A LA RENTE.

QUESTIONS D'INTÉRÊT SIMPLE.

I. *Trouver la rente annuelle que donneront* 600 *fr. placés au taux de* 5 *p.* °/o

ANALYSE. Nous reconnaissons dans la question proposée deux capitaux, 100 fr. et 600 fr., et deux intérêts, 5 fr. et x fr.; donc nous avons quatre quantités homogènes, deux à deux : d'où il suit que nous avons les éléments d'une règle de trois, si toutefois le rapport des relatives est le même que celui des principales. Voyons s'il en est ainsi : 100 fr. donnant 5 fr. d'intérêt, il est évident que plus ou moins de 100 fr. donneront plus ou moins de 5 fr. d'intérêt. Or, dans la question actuelle, le capital 600 fr. est plus grand que 100 fr., donc l'intérêt demandé est plus grand que 5 fr., donc le rapport $\frac{5}{x}$ = le rapport $\frac{100}{600}$. Donc (n° 112) $100 : 600 :: 5 \times 1 : x$. D'où la rente demandée $= \frac{600 \times 5 \times 1}{100} = 6 \times 5 = 30$ fr. Donc (n° 132) 100 : *capital* :: *le taux* × *le temps* : *la rente*.

II. *Trouver la rente que donnera dans* 3 *ans le capital* 600 *fr. placé au taux de* 5 *p.* °/o

Il est évident que l'intérêt demandé égale 3 fois celui

d'un an ; donc on satisferait à la question en prenant 3 fois l'intérêt 30 fr. trouvé dans la question précédente ; d'où l'on aurait $30 \times 3 = 90$ fr.

Mais nous pouvons trouver cet intérêt par une seule proportion ; car 100 fr. donnant 5 fr. de rente chaque année, donneront 3 fois 5 fr. dans 3 ans. Or, prenons notre première proportion et multiplions par 3 l'antécédent 5, son conséquent x sera multiplié par 3. En effet, le facteur 3 entrant dans le p[t] des moyens, l'extrême inconnu sera évidemment multiplié par ce facteur. On a donc $100 : 600 :: 5 \times 3 : x$. D'où l'intérêt demandé $= \frac{600 \times 5 \times 3}{100} = 6 \times 5 \times 3 = 90$ fr. Donc 100 : capital, etc., (n° 132).

III. *Trouver l'intérêt que donnera dans 6 mois le capital* 600 *fr. placé à* 5 *p.* °/o.

On conçoit que l'intérêt demandé égale les $\frac{6}{12}$ ou la moitié de l'intérêt 30 fr. trouvé à la 1re opération ; donc cet intérêt $= 30$ fr. $\times \frac{1}{2} = 15$ fr.

Mais 100 fr. donnant 5 fr. d'intérêt dans un an, donneront dans 6 mois un intérêt égal à 5 fr. $\times \frac{1}{2}$. Or, en prenant notre proportion (n° 132) l'antécédent sera multiplié par $\frac{1}{2}$, d'où le conséquent x sera aussi multiplié par $\frac{1}{2}$, d'où nous aurons $100 : 600 :: 5 \times \frac{1}{2} : x$. Donc l'intérêt demandé $= \dfrac{600 \times 5 \times \frac{1}{2}}{100} = \frac{600 \times 5 \times 1}{100 \times 2} = \frac{6 \times 5}{2} = 3 \times 5 = 15$ fr.

IV. *Trouver l'intérêt que donneront, dans* 6 *ans* 9 *mois,* 600 *fr. placés au* 5 *p.* °/o.

Remarquons d'abord que 6 ans 9 mois valent $6 \times 12 + 9$ ou 81 mois. Or, raisonnant d'ailleurs comme pour le cas précédent, nous en conclurons $100 : 600 :: \frac{5 \times 81}{12} : x$. D'où l'intérêt demandé égalera $\frac{600 \times 5 \times 81}{100 \times 12} = \frac{6 \times 5 \times 81}{12} =$ 202 fr. 50 c.

Remarques. Dans les questions du genre de ces deux dernières, on donne quelquefois le taux calculé pour un mois ; le mois étant alors considéré comme unité de temps, on opère comme si l'on avait à calculer l'intérêt de plusieurs années (*Voir Question II.*). *Soit à calculer l'intérêt de 25 mois du capital 600 fr., le taux étant* $0^f,50$ *par mois?* On a $100 : 600 :: 0,5 \times 25 : x$. D'où $x = \frac{600 \times 0,5 \times 25}{100} = 6 \times 0,5 \times 25 = 3 \times 25 = 75$ fr.

Lorsqu'il s'agit de calculer l'intérêt d'un nombre de jours, on multiplie le taux calculé pour un jour par le nombre de jours énoncé, sinon on fait usage de la proportion $100 : capital :: \frac{\text{le taux annuel} \times \text{le nombre de jours}}{360} : x$. D'après cela, l'intérêt du capital 600 fr. placé pour 123 j. au 5 p. % se trouvera par $100 : 600 :: \frac{5 \times 123}{360} : x$. D'où $x = \frac{600 \times 5 \times 123}{100 \times 360} = \frac{6 \times 5 \times 123}{360} = 10^f,25$.

V. *Trouver le capital d'une rente annuelle de 30 f., le taux étant 5 fr.*

Analyse. Nous connaissons un capital 100 fr., nous connaissons le taux 5 fr. et la rente annuelle 30 fr.; on demande le capital placé x fr. D'après cela, nous avons (n° 132) $100 : x :: 5 : 30$. D'où (n° 81, 2°) le capital demandé $= \frac{100 \times 30}{5} = 6 \times 100 = 600$ fr.

VI. *Trouver le taux, le capital étant 600 fr. et la rente 15 fr. au bout de 6 mois?*

Les données sont 100 fr., le capital 600 fr. et l'intérêt au bout de 6 mois 15 fr.; on demande le taux. J'ai donc (n° 132) $100 : 600 :: x \times \frac{6}{12} : 15$. D'où (n° 81, 1°) le taux demandé $= \frac{15 \times 100 \times 12}{600 \times 6} = \frac{15 \times 12}{6 \times 6} = \frac{15 \times 2}{6} = 5$ p. %.

VII. *Trouver le temps, le capital étant 600 fr., la rente 90 fr. et le taux 5 fr.*

Les données sont 100 fr., le capital 600 fr., le taux 5 fr., et on demande le temps. Donc, suivant notre proportion (n° 132), nous aurons $100 : 600 :: 5 \times x : 90$. D'où (n° 81, 1°) le temps demandé égalera $\frac{90 \times 100}{600 \times 5} = \frac{90}{6 \times 5} = 3$ ans.

VIII. *Trouver le temps, le capital étant 600 fr., le taux 5 fr., et la rente* $7^f,50$.

Les données sont 100 fr., 600 fr. et 5 fr.; on demande le temps. Or, usant de la proportion (n° 132), on a $100 : 600 :: 5 \times x : 7,50$. D'où le temps $= \frac{7,5 \times 100}{600 \times 5} = \frac{75}{300} = \frac{1}{4}$ d'année ou 3 mois.

IX. *Trouver le capital et la rente, ce capital augmenté de ses intérêts de 3 ans étant 690 fr., le taux étant d'ailleurs 5 fr.*

Les données sont 100 fr., le capital + son intérêt de 3 ans 690 fr., le taux 5 fr., et l'on demande quel est ce capital et quel est son intérêt.

Pour trouver la rente nous aurions 100 : *capital* :: 5×3 : *l'intérêt*. Donc, nous avons 100, *antécédent*; capital, *conséquent*; 5×3, *antécédent*; intérêt de 3 ans, *conséquent*. Or, en vertu de la propriété (n° 90), joignons *antécédent* à *antécédent* et *conséquent* à *conséquent*, et faisons des deux sommes le 1er rapport d'une nouvelle proportion, il viendra $100 + 5 \times 3$: capital + son intérêt de 3 ans, c.-à-d. $100 + 5 \times 3 : 690$, et puisqu'on cherche le conséquent de 100, mettons cet antécédent au 3e rang, et il viendra $100 + 5 \times 3 : 690 :: 400 : x$ ou $115 : 690 :: 100 : x$. Donc, le capital demandé $= \frac{690 \times 100}{115} = 600$ fr. La rente $= 690 - 600 = 90$ fr.

PLACEMENT SUR L'ÉTAT

133. Les intérêts que l'on retire d'une somme placée sur l'État se nomment *rentes*. Le cours des fonds publics indique quelle somme il faut placer pour avoir un intérêt déterminé. Cet intérêt se nomme *taux*; la somme qu'il faut placer pour l'obtenir se nomme le *cours*.

Lorsqu'on dit que le 5 p. % est au cours 95 fr., cela signifie que pour avoir 5 fr. de rente, il faut placer 95 fr., et lorsqu'on dit que le 3 p. % est au cours 55 fr., cela signifie que pour avoir 3 fr. de rente, il faut placer 55 fr.

Le 5 p. % est dit *au pair,* lorsque 100 fr. donnent 5 fr. de rente, et le 3 p. % est au pair, lorsque 60 fr. donnent 3 fr. de rente.

Placer sur l'État s'appelle *acheter des rentes*.

134. Dans les placements sur l'État, on peut avoir

à calculer : 1° la rente ; 2° le capital ; 3° le taux ; 4° le cours. Or, trois de ces quantités étant connues, on trouvera la quatrième au moyen de la proportion suivante, qui, au fond, est la même que celle énoncée n° 132 : LE COURS : CAPITAL :: LE TAUX : LA RENTE.

EXEMPLE I. *Le cours étant* 96 *fr., le capital* 1200 *fr. et le taux* 5 *fr., trouver la rente.*

Le cours 96 fr. donnant 5 fr. de rente, le capital 1200 f. donne proportionnellement plus. Donc le rapport $\frac{5}{x}$ = le rapport $\frac{96}{1200}$. Ayant deux rapports égaux composés de quantités homogènes, j'en conclus que 96 : 1200 :: 5 : x. Donc la rente demandée = $\frac{1200 \times 5}{96}$ = 62,50. D'où la proportion précitée est rendue évidente.

EXEMPLE II. *La rente étant* 62f,50, *le cours* 96 *fr. et le taux* 5 *fr., trouver le capital.*

D'après notre proportion, (n° 134) nous avons 96 : x :: 5 : 62,50 ; d'où le capital = $\frac{62,5 \times 96}{5}$ = 1200 fr.

EXEMPLE III. *Le capital étant* 1200 *fr., la rente* 62f,50, *le cours* 96 *fr., trouver le taux.*

Usant de la proportion (n° 134), j'ai 96 : 1200 :: x : 62,50 ; d'où le taux = $\frac{62,5 \times 96}{1200}$ = 5 fr.

EXEMPLE IV. *Le capital étant* 1200 *fr., la rente* 62 *fr.* 5o *et le taux* 5 *fr., trouver le cours.*

Suivant notre proportion (n° 134), nous avons x : 1200 :: 5 : 62,5 ; donc le cours = $\frac{1200 \times 5}{62,5}$ = 96 fr.

INTÉRÊT COMPOSÉ OU INTÉRÊT DES INTÉRÊTS.

(Arith. élém., n° 275)

135. L'intérêt est *composé* lorsque le capital primitif s'augmente chaque année, et pendant un temps déterminé, de l'intérêt du capital de l'année précédente.

136. De cette définition, il suit que *pour calculer un intérêt composé, on peut calculer l'intérêt du capital donné pour la première année par la proportion n° 132, et l'ajouter à son capital, ce qui forme le capital de la 2e année. Et ainsi successivement autant de fois qu'il y a d'années; puis on additionne les résultats.*

Exemple. *Calculez l'intérêt composé que donneront dans 3 ans, 700 fr. placés à 4 p. °/o.*

1re année 100 : 700 :: 4 : a; $a = 28^f$
2e année 100 : 728 :: 4 : b; $b = 29^f,12$
3e année 100 : 757,12 :: 4 : x; $x = 30^f,2848$

Intérêt demandé..... $87^f,4048$

Remarques. On trouverait également la somme des intérêts en retranchant le capital primitif du dernier capital employé + son intérêt annuel. D'où l'on aurait $(757,12 + 30,2848) - 700 = 87^f,4048$.

En joignant le dernier intérêt obtenu au dernier capital employé, on a le capital + son intérêt composé. Ici, cette somme est $757^f,12 + 30^f,2848 = 787^f,4048$.

137. On calcule l'*intéret composé joint au capital, le capital, le taux* et *le temps* par cette proportion, renouvelée autant de fois qu'il y a d'années : 100 : au capital actuel :: 100 + le taux : ce capital + son intérêt.

Cette proportion dérive d'ailleurs de la prop. générale énoncée n° 132, comme nous allons le faire voir.

I. *Trouver ce que vaudront 700 fr. + les intérêts des intérêts au bout de 3 ans, le taux étant 4 p. °/o.*

Analyse. Il est évident que pour trouver l'intérêt de la 1re année, on a 100 : 700 :: 4 : i (i signifie intérêt). Or ce n'est point un intérêt annuel qu'on demande, mais bien un capital augmenté de son intérêt annuel. Voyons comment nous résoudrons ce problème : nous avons 100, *antécédent*; 700, *conséquent*; 4 *anté.*, i *conséq.* : usons de la propriété démontrée n° 90, et écrivons : 100 : 700 :: 100 + 4 : 700 + i. Mais 700 + i = x, nous avons donc 100 : 700 :: 104 : x. D'où le capital + l'intérêt au bout de la 1re année = $\frac{700 \times 104}{100}$ = 7 × 104 = 728. Prenons maintenant le capital nouveau 728 fr., et raisonnons de la même manière, nous trouverons au bout de la 2e année 100 : 728 :: 104 : x; d'où le capital pour la 3e année sera $\frac{728 \times 104}{100}$ = 7,28 × 104 = 757f,12.

D'après cela, au bout de la 3e année on a 100 : 757,12 :: 104 : x; donc la quantité demandée = $\frac{757,12 \times 104}{100}$ = 7,5712 × 104 = 787f,4048.

II. *Trouver le capital primitif, ce capital plus ses intérêts composés étant devenu* 787f,4048, *au bout de* 3 *ans, le taux étant* 4 *p.* %.

Nous connaissons le capital + ses intérêts au bout de la 3e année, voyons d'abord ce qu'il était au commencement de cette 3e année; c'est ce que nous trouverons par 100 : x :: 104 : 787,4048. Donc ce capital = $\frac{787,4048 \times 100}{104}$ = 757f,12.

Nous connaissons le capital au bout de la 2e année; voyons ce qu'il était au commencement; c'est ce que nous trouverons par 100 : x :: 104 : 757,12; donc ce 2d capital = $\frac{757,12 \times 100}{104}$ = 728 fr.

Nous connaissons le capital au bout de la 1re année; voyons ce qu'il était au commencement, et nous aurons trouvé le capital primitif; c'est ce que nous obtiendrons par 100 : x :: 104 : 728; donc, le capital primitif = $\frac{728 \times 100}{104}$ = 700 fr.

III. *Trouver le taux, le dernier capital employé étant* 757f,12, *et le capital primitif* + *ses intérêts composés étant* 787f,4048.

Cherchons d'abord 100 + le taux, par la proportion 100 : 757,12 :: x : 787,4048, et nous trouverons que 100 + le taux = $\frac{787,4048 \times 100}{757,12}$ = 104. Donc, le taux = 104 — 100 = 4 p. %.

IV. *Trouver le temps, le capital primitif étant*

700 fr., le capital plus ses intérêts composés étant 787f,4048 et le taux 4 fr.

Le temps égale évidemment le nombre des proportions à établir et à effectuer pour descendre de 787,4048 à 700 ; on a donc :

1° 100 : a :: 104 : 787,4048; a = 757f,12.
2° 100 : b :: 104 : 757,12; b = 728
3° 100 : c :: 104 : 728; c = 700

On a calculé 3 proportions, donc le temps demandé est 3 ans.

138. On peut, dans tous les cas où il s'agit d'intérêts composés, agir comme on vient de voir; mais ne serait-il point possible d'abréger ?—Voyons : nous savons (n° 101) qu'en multipliant terme par terme une suite de proportions, on obtient une nouvelle proportion dont la raison = le pt des raisons des proportions données; eh bien, servons-nous de cette connaissance, prenons les trois proportions que nous avons formées n° 137 et remplaçons par les lettres a, b, c... les capitaux des diverses années, et nous aurons :

1re année 100 : 700 :: 104 : a
2e année 100 : a :: 104 : b
3e année 100 : b :: 104 : x

$100^3 : 700 :: 104^3 : x$

Multiplions maintenant terme par terme, et il viendra $100^3 : 700 :: 104^3 : x$.

D'où le capital augmenté de ses intérêts composés = $\frac{700 \times 104^3}{100^3}$ = 787f,4048.

On supprime les facteurs égaux a, b, parce qu'ils entrent dans le pt des extrêmes et dans le pt des moyens.

139. De ce dernier procédé se déduit la formule suivante, au moyen de laquelle on peut calculer : 1° le capital + ses intérêts composés ; 2° le capital primitif ; 3° le taux : [100 ÉLEVÉ A LA PUISSANCE MARQUÉE PAR LE NOMBRE D'ANNÉES EST AU CAPITAL COMME (100 + LE

TAUX) ÉLEVÉ A LA PUISSANCE MARQUÉE PAR LE NOMBRE D'ANNÉES EST AU CAPITAL + SES INTÉRÊTS COMPOSÉS.]

D'après cela, dans notre exemple I, n° 135 :

Le capital + ses intérêts composés se trouvera par $100^3 : 700 :: 104^3 : x;\ x = \frac{700 \times 104^3}{100^3} = 787^f,4048.$

Le capital primitif se trouvera par

$100^3 : x :: 104^3 : 787,4048;\ x = \frac{787,4048 \times 100^3}{104^3} = 700^f$

100 fr. + le taux se trouvera par

$100^3 : 700 :: x^3 : 787,4048$; d'où $x^3 = \frac{787,4048 \times 100^3}{700}$ $= 1,124864 \times 100^3 = 1124864$; et, par suite, $x = \sqrt[3]{1124864} = 104$ (n° 9).

Mais si 100 augmenté du taux = 104, il est évident que le taux = 104 − 100 = 4 fr.

ESCOMPTE (*Arith. élém.*, n° 277)

140. On appelle *escompte* la diminution qu'éprouve une somme dont on perçoit le montant avant l'époque déterminée ; et l'on appelle *règle d'escompte* l'opération qui a pour but de trouver cette diminution, calculée au taux p. %. On distingue l'escompte *en dedans* et l'escompte *en dehors*.

ESCOMPTE EN DEDANS.

141. L'escompte en dedans a lieu lorsque l'escompteur ne retient que l'intérêt de la somme qu'il remet à celui qui fait escompter, et non pas l'intérêt de toute la somme qu'il escompte.

142. Dans une question d'escompte on peut se proposer de trouver : 1° l'escompte ; 2° la valeur nominale de la somme, c.-à-d. le capital ; 3° le taux ; 4° le temps. Or deux ou trois de ces quantités étant connues,

on trouvera aisément la 4e, en ce qui concerne l'escompte en dedans, par cette proportion, laquelle est au fond la même que celle énoncée n° 132 : 100 + L'ESCOMPTE P. % × LE TEMPS : LA SOMME A ESCOMPTER :: L'ESCOMPTE P. % × LE TEMPS : L'ESCOMPTE DEMANDÉ.

QUESTIONS D'ESCOMPTE EN DEDANS.

I. *Trouver la diminution qu'éprouvera un billet de 848 fr. escompté en dedans au 6 p. % pour un an.*

ANALYSE. On sait que 100 fr. placés pour un an au 6 % donnent 6 fr. d'intérêt; donc 100 fr. valent 106 fr. au bout d'un an de placement; d'où il suit que 106 fr. payables dans un an ne valent que 100 fr. aujourd'hui: cette somme éprouve donc une diminution égale à son intérêt. Mais si 106 fr. éprouvent 6 fr. de diminution, étant payés un an avant l'échéance du terme, il est clair qu'une somme plus ou moins forte éprouvera une diminution plus ou moins grande, de sorte que dans les questions d'escompte en dedans, ce n'est plus 100 fr. et l'intérêt de 100 fr. qui servent de terme de comparaison, mais bien 100f + *l'intérêt de* 100f, et *l'intérêt de* 100f.

Ainsi, pour résoudre la question proposée ci-dessus, on a 106 : 848 :: 6 : x. D'où la diminution demandée = $\frac{848 \times 6}{106}$ = 48 fr.

On a d'ailleurs 100, *antécédent*; 848, *somme des conséquents*; 6, *autre antécédent*; donc (n° 90) *l'antécédent* 100 + l'antécédent 6 : *la somme des conséquents* 848 :: *l'antécédent* 6 : *au conséquent* x. D'où la proportion énoncée n° 142, est rendue évidente.

II. *A combien se réduirait un billet de 848 fr., escompté en dedans pour* 3 *ans, l'escompte pour* 100 *étant* 6 *fr.?*

Le capital 100 fr. étant placé pour 3 ans, donnerait 6 fr. × 3 d'intérêt; c'est donc ici 100 + 6 × 3 qui règle l'escompte. On a conséquemment 100 + 6 × 3 : 848 :: 6 × 3 : x. D'où la diminution demandée = $\frac{848 \times 18}{118}$ = 129 fr. $\frac{21}{59}$.

Or, l'escompte étant $129^f,\frac{21}{59}$, le billet se réduira à 848 fr. — $129,\frac{21}{59} = 718^f,\frac{38}{59}$, c.-à-d., à $718^f,64$, à moins d'un centime près.

III. *Combien gagnera-t-on si l'on paie 848 fr. 7 mois avant terme, l'escompte en dedans étant 6 % ?*

Le capital 100 fr. étant placé pour 7 mois ne donnerait que les $\frac{7}{12}$ de 6 fr. d'intérêt; c'est donc ici $100 + 6 \times \frac{7}{12}$, qui règle l'escompte. On a, d'après cela, $100 + 6 \times \frac{7}{12} : 848 :: 6 \times \frac{7}{12} : x$. Ainsi le gain demandé $= \frac{848 \times 42 \times 12}{1242 \times 12} = \frac{848 \times 42}{1242} = 28^f,67$, à moins d'un centime près.

En calculant d'avance l'escompte p. % pour les 7 mois, on aurait $6 \times \frac{7}{12} = 3^f,50$. Alors la proportion serait $103,5 : 848 :: 3,5 : x$.

Si l'on connaissait l'escompte pour 100 pour un mois, on aurait à multiplier cet escompte par le nombre de mois. Ainsi, dans la question qui nous occupe, l'escompte p. % étant 6 fr. par an, est $\frac{6}{12}$ ou $0^f,50$ par mois, et $0,5 \times 7$ pour 7 mois. On aurait donc $100 + 0,5 \times 7 : 848 :: 0,5 \times 7 : x$.

Cela fait voir que, dans la pratique, l'escompte p. % est quelquefois donné pour un an, quelquefois pour un mois, et que d'autres fois, il est donné tout calculé pour le temps en question ; il faut donc, dans ces diverses occurrences, agir, suivant les données d'après l'un ou l'autre des exemples qui précèdent.

IV. *Trouver la somme qui donnerait 48 fr. d'escompte, si cette somme, ne devant être payée qu'au bout d'un an, était payée comptant, l'escompte p. % en dedans étant d'ailleurs fixée à 6 fr. ?*

D'après la proportion énoncée nº 142, on a $106 : x :: 6 : 48$. Donc, la somme demandée $= \frac{106 \times 48}{6} = 106 \times 8 = 848$.

V. *A quel taux a-t-on escompté 848 fr., l'escompte de cette somme pour 6 mois étant 24 fr. ?*

D'après la proportion nº 142, j'ai

$100 + x \times \frac{6}{12} : 848 :: x \times \frac{6}{12} : 24$; ou bien, en profitant de la propriété, nº 93, $100 : 824 :: x \times \frac{6}{12} : 24$; d'où $x = \frac{24 \times 100 \times 12}{824 \times 6} = \frac{3 \times 100 \times 2}{103} = 5^f,8252$.

VI. *On demande de trouver par une seule proportion ce que vaut au comptant une somme de 848 fr. payable dans un an 6 mois, l'escompte p. % étant 6 f.*

Remarquons d'abord que 1 an 6 mois valent 18 mois, ou $\frac{3}{2}$ d'un an. Or, si nous avions à calculer l'escompte pour 18 mois, nous aurions (nº 142) $100 + 6 \times \frac{3}{2} : 848 :: 6 \times \frac{3}{2} : x$ ou $109 : 848 :: 9 : x$. Mais on demande le conséquent 848 diminué du conséquent x; donc, ôtons l'antécédent 9 de l'antécédent 109, nous aurons : *l'antéc. du 1er rapport : son conséq. :: la différence des antéc. : la différence des conséq.*, c'est-à-dire $109 : 848 :: 109 - 9 : x$, ou $109 : 848 :: 100 : x$. Donc la valeur du billet payé comptant est $\frac{848 \times 100}{109} = 777^f,98$, à moins d'un centime près.

ESCOMPTE EN DEHORS.

143. L'escompte en dehors a lieu lorsque l'escompteur retient l'intérêt de toute la somme qu'on lui fait escompter, d'où il suit que la règle d'escompte en dehors n'est autre chose qu'une règle d'intérêt. Ainsi, toute question d'escompte en dehors *se résoudra par la proportion énoncée*, nº 132.

Exemple I. *Dire à combien se réduit un billet de 620 fr. escompté en dehors pour 8 mois, l'escompte étant* $0^f,50$ *par mois?*

On trouve l'escompte du billet, par $100 : 620 :: 0,5 \times 8 : x$; donc $x = \frac{620 \times 0,5 \times 8}{100} = 24^f,80$.

La valeur du billet après escompte est $620 - 24,8 = 595^f,20$.

Exemple II. *Trouver par une seule proportion ce que valent 620 fr. après escompte en dehors pour 8 mois, l'escompte p. % calculé pour le temps énoncé étant 4 fr.*

Prenons la proportion précédente et remarquons qu'on

demande le conséquent 620 diminué du conséquent x égal à 24,8 ; ôtons donc l'antécédent, $0,5 \times 8$ de l'antécédent 100, et nous aurons : *l'anté.* du 1er rapport : *son conséq.* :: *la différence des anté.* : *la différence des conséq.* (n° 93). D'où $100 : 620 :: 100-4 : x$ ou $100 : 620 :: 96 : x$. Donc la valeur du billet après escompte$=\frac{620 \times 96}{100}=595^f,20$.

Nota. Pour toute autre question d'escompte en dehors, voyez les exemples, n° 132.

144. Dans certains cas compliqués d'intérêt et d'escompte, on peut se servir très-avantageusement de la méthode enseignée, n° 123, pour la résolution des règles de trois composées ; en voici deux exemples :

I. *Trouver l'intérêt que donneront dans 4 mois 20 jours 2000 fr. placés au taux de 6 p. °/o.*

Remarquons d'abord que 4 mois 20 jours valent $30 \times 4 + 20 = 140$ jours.

Première partie de la question 100 fr., 360 j., 6 fr.
Seconde partie............. 2000 fr., 140 j., x fr.

Raisonnement. 1° Si 100 fr. donnent 6 fr. d'intérêt dans 360 j. 2000 fr. donneront plus ; donc a est plus grand que 6. Donc j'ai $100 : 2000 :: 6 : a$.

2° Si 2000 fr. donnent a d'intérêt dans 360 j., dans 140 j. ils donneront moins ; donc x est moindre que a. Donc j'ai $360 : 140 :: a : x$.

Rapprochant maintenant mes 2 prop. $\left\{\begin{array}{l}100 : 2000 :: 6 : a \\ 360 : 140 :: a : x\end{array}\right\}$

et multip. terme par terme, il vient $36000 : 280000 :: 6 : x$ ou $36 : 280 :: 6 : x$. Donc l'intérêt demandé $= \frac{280 \times 6}{36} = \frac{280}{6} = 46^f,66\frac{2}{3}$.

II. *Quel est le capital qu'il faut placer pendant 4 mois 20 jours pour avoir 46 fr. $\frac{2}{3}$ d'intérêt, le taux p. °/o étant 6 fr. ? On sait que 4 mois 20 jours valent 140 jours.*

Première partie de la question 360 j., 6 fr., 100 fr.
Seconde partie............. 140 j., $\frac{140}{3}$ fr., x fr.

Raisonnement. 1° Si, pour avoir 6 fr. de rente, je place 100 fr. durant 360 j, je placerai plus durant 140 j. ; donc a est plus grand que 100 ; j'ai donc $140 : 360 :: 100 : a$.

2° Si pour avoir 6 fr. de rente au bout de 140 j., je place un capital a, pour avoir $\frac{140}{3}$ fr. de rente, je placerai un capital plus grand que a ; donc x est plus grand que a ; j'ai donc $6 : \frac{140}{3} :: a : x$.

Rappr. à présent mes 2 prop. j'ai $\begin{cases} 1^o\ 140 : 360 :: 100 : a \\ 2^o\ \ 6 : \frac{140}{3} :: a : x. \end{cases}$

et multip. terme par terme, il vient $840 : \frac{50400}{3} :: 100 : x$ ou $84 : \frac{5040}{3} :: 100 : x$. Donc le capital demandé $= \frac{5040 \times 100}{84 \times 3} = \frac{60 \times 100}{3} = 20 \times 100 = 2000$ fr.

LETTRES DE CHANGE.

145. La règle d'escompte prend le nom de règle de change, quand elle a pour but de déterminer le profit que l'on accorde à un banquier, qui remet à la place des fonds qu'on lui verse, un billet appelé *lettre de change,* payable dans un certain lieu, par une certaine personne et à une époque déterminée.

Exemple I. *Un voyageur se trouvant embarrassé d'une somme de* 70000 *fr. qu'il devait verser à Paris, s'en alla chez le banquier de sa ville et lui demanda une lettre de change sur Paris, payable à son arrivée dans cette ville. Le banquier ayant acquiescé au désir du voyageur, moyennant un intérêt de* 0f,20 *p.* %, *on demande combien le voyageur a payé sa lettre de change de* 70000 *fr. ?*

En raisonnant comme on a fait n° 132, Exemple I, on trouve 100 et 70000, capitaux ; 0f,20 et x, intérêts ; on a donc $100 : 70000 :: 0{,}20 : x$. D'où l'intérêt demandé $= 700 \times 0{,}2 = 140$ fr. Donc, le voyageur a compté 70140 fr. pour avoir une lettre de change de 70000 fr.

Mais faisant usage de la propriété énoncée n° 90, on trouvera la somme que le voyageur a versée, par cette proportion : $100 : 70000 :: 100{,}2 : x$.

Exemple II. *Un Français prêt à partir pour l'Italie, veut se procurer une lettre de change de* 300 *écus ro-*

mains ; combien la paiera-t-il, en admettant que l'écu romain vaille $5^f,36$, le banquier demandant d'ailleurs un salaire de 0^f40, p. % ?

Un écu romain valant $5^f,36$, les 300 valent $5,36 \times 300$. Donc on a $100 : 5,36 \times 300 :: 0,4 : x$. D'où le salaire demandé $= \frac{5,36 \times 300 \times 0,4}{100} = 6^f,432$.

Donc, pour avoir une lettre de change de 300 écus romains, le voyageur comptera à son banquier $5,36 \times 300 + 6,432 = 1608$ fr. $+ 6,432 = 1614^f,432$.

Mais, faisant l'application du principe énoncé n°.90, on trouvera par la proportion $100 : 5,36 \times 300 :: 100,4 : x$; $x =$ la somme à verser entre les mains du banquier.

146. Nous pensons qu'il n'est pas hors de propos de dire ici que, *pour convertir en francs une somme de monnaie étrangère, il suffit de multiplier par cette somme la valeur en francs de l'une des pièces qui composent cette somme.* Ainsi, la guinée d'Angleterre valant $26^f,27$, 15 guinées vaudront $26,27 \times 15 = 394^f,05$. La pièce de 20 kreutzers d'Autriche valant 0^f865, trois cent vingt-cinq kreutzers vaudront $\frac{0,865}{20} \times 325 = \frac{0,865 \times 325}{20} = 140^f,562....$

EPOQUES POUR LES PAIEMENTS.

147. Lorsque les transactions commerciales ne se font pas au comptant, les commerçants déterminent entre eux des époques où devront se faire les paiements ajournés. D'après convention, ces paiements se font à plusieurs reprises, ou ils se font dans une seule fois ; d'où deux cas ayant trait aux époques pour les paiements.

PREMIER CAS.

148. Dans le premier cas, on se propose de trouver à quelle époque on pourra effectuer un seul paiement qui tienne lieu de plusieurs autres qui se feraient dans des temps divers, le temps moyen étant calculé de manière que la perte d'intérêt éprouvée par le débiteur, en avançant le paiement de certaines sommes, soit compensé par le retard du paiement de certaines autres.

149. Expliquons cela par un exemple, et cherchons un procédé pour résoudre les questions qui se rapportent à ce premier cas.

EXEMPLE I. *Une personne doit 1800 fr. payables ainsi qu'il suit : 1° 400 fr. dans 7 mois ; 2° 800 fr. dans 8 mois ; 3° 600 dans 6 mois ; trouver à quelle époque cette personne pourra payer le tout, sans qu'elle éprouve ni perte ni profit dans les intérêts.*

ANALYSE. Comparons d'abord chaque somme partielle avec la somme totale ; comparons aussi le temps auquel chaque somme partielle doit être payée, avec le temps auquel la somme totale devrait être payée pour donner un même intérêt que chacune.

Si 400 fr. donnent un certain intérêt dans 7 mois, il est évident que 1800 fr. donneront ce même intérêt dans un moindre temps ; donc les deux temps sont en raison inverse des deux sommes. Or, représentant par a le temps cherché, on aura $1800 : 400 :: 7 : a$. Raisonnant d'une manière analogue sur la somme 800 fr. dont nous représenterons le temps par b, il viendra.... $1800 : 800 :: 8 : b$. Et sur la somme 600 fr. dont nous représenterons le temps par c, nous aurons $1800 : 600 :: 6 : c$. Le temps demandé = évidemment $a + b + c$; mais remarquons bien que $a + b + c = \frac{400 \times 7}{1800} + \frac{800 \times 8}{1800} + \frac{600 \times 6}{1800} = \frac{4 \times 7 + 8 \times 8 + 6 \times 6}{18} =$ 7 mois 3 jours $\frac{1}{3}$.

150. Donc, *pour résoudre les questions ayant trait à ce premier cas, multipliez chaque somme partielle par le temps de son crédit, additionnez les produits divers et divisez leur somme par le total des sommes partielles.*

Exempe II. *Les trois sommes* 620 *fr.*, 924 *fr.*, 1206 *fr.*, *dues par une même personne sont payables ainsi qu'il suit : la* 1re *dans* 13 *mois, la* 2de *dans* 18 *mois, et la* 3e *dans* 2 *ans. Trouver à quelle époque le débiteur pourra payer le tout, sans que ni lui ni son créancier éprouvent de perte d'intérêt.*

D'après la règle énoncée précédemment, le temps demandé $= \frac{620 \times 13 + 924 \times 18 + 1206 \times 24}{620 + 924 + 1206} = 19$ mois 15 jours, à moins d'un jour près.

SECOND CAS.

151. Dans le second cas, on se propose de trouver de combien il faut retarder le paiement d'une certaine partie d'une somme payable à époque fixe, mais sur laquelle on a donné un ou plusieurs à-comptes avant échéance; le temps du retard étant calculé de manière à ce qu'il n'y ait de part ni d'autre ni perte ni profit.

152. Expliquons cela par un exemple, comme nous l'avons fait pour le 1er cas, et cherchons également par l'analyse la règle à suivre pour résoudre ces sortes de questions.

Exemple I. *On doit* 1200 *fr. payables dans* 10 *mois; combien de temps gardera-t-on* 300 *fr. pour compenser les intérêts qu'on perd en payant* 300 *fr. au bout de* 2 *mois et* 600 *fr. au bout de* 5 *mois?*

Analyse. La somme totale 1200 fr. donne dans 10 mois un certain intérêt; les deux sommes avancées donnent aussi dans leurs temps respectifs chacune un certain intérêt. Or, admettons que le taux d'intérêt soit 1 fr. *pour franc* par mois, l'intérêt de la somme totale 1200 fr. sera 1 fr. $\times$ 10 $\times$ 1200 pour les 10 mois; celui de la première somme avancée sera 1 fr. $\times$ 2 $\times$ 300 pour les 2 mois; celui de la seconde sera 1 fr. $\times$ 5 $\times$ 600 pour les 5 mois.

Maintenant faisons attention que les 2 intérêts 2×300 et 5×600 sont acquis au débiteur; donc, si nous ôtons leur somme de l'intérêt général 10×1200, la différence exprimera l'intérêt que doivent compenser les 300 fr. qui restent à payer : or, au même taux 1 fr. *pour franc* par mois, 300 fr. donneront 1 fr. $\times$ 300 ou 300 fr. dans un mois ; d'où la différence ci-dessus mentionnée étant divisée par 300, c'est-à-dire par la somme totale 1200 fr. diminuée du total des sommes avancées, le quotient exprimera le temps demandé. Donc, l'expression $\frac{1200 \times 10 - (300 \times 2 + 600 \times 5)}{1200 - (300 + 600)} = 28$ mois, satisfait à la question. Ainsi, on ne paiera les 300 fr. qu'au bout de 28 mois, c.-à-d., 18 mois après l'époque stipulée pour le paiement des 1200 fr.

153. Donc, *pour résoudre les questions qui se rattachent au second cas, multipliez la somme totale par le temps de son crédit, et du produit retranchez le total des sommes avancées multipliées chacune par le temps écoulé depuis la fixation de l'époque jusqu'au paiement de chacune; puis divisez la différence par la somme totale diminuée du total des sommes avancées.*

Exemple II. *Un marchand fait une emplette se montant à 2400 fr. et on lui accorde 11 mois de crédit; mais au bout de 3 mois, il peut payer 400 fr., et au bout de 9 mois 400 fr. encore : combien de temps gardera-t-il le reste pour se dédommager de ses avances ?*

$$\text{Le temps demandé} = \frac{2400 \times 11 - (400 \times 3 + 400 \times 9)}{2400 - (400 + 400)}$$

$= 13$ mois $\frac{1}{2}$, c.-à-d. 2 mois $\frac{1}{2}$ après le temps convenu.

PARTAGES PROPORTIONNELS. (Arith. élé., n° 284.)

154. Partager proportionnellement, c'est partager un nombre en parties qui soient entre elles comme des

nombres donnés; d'où il suit que les parties cherchées forment avec les nombres donnés auxquels elles sont proportionnelles, une suite de rapports égaux.

155. Expliquons cela par un exemple, et cherchons la règle à suivre pour résoudre les questions ayant trait aux partages proportionnels.

Soit à partager le nombre 24 en parties qui soient entre elles comme les nombres 5, 4, 3.

Représentons par a, b, c, les parties proportionnelles demandées, et nous aurons $\frac{5}{4} = \frac{a}{b}$ et $\frac{4}{3} = \frac{b}{c}$, ce qui nous donne la suite de rapports égaux $5 : a :: 4 : b :: 3 : c$. Mais (nº 91) dans toute suite de rapports égaux, *la somme des antéc. : la somme des conség. :: un antéc. : son conség.;* donc, puisque nous connaissons la somme des conség. $= 24$, il nous suffit pour trouver les valeurs des parties a, b, c, de former trois proportions dont chacune ait pour 1er terme la somme des *antéc....* Donc, nous aurons pour trouver a, $5 + 4 + 3 : 24 :: 5 : a$; pour b, $5 + 4 + 3 : 24 :: 4 : b$, et pour c, $5 + 4 + 3 : 24 :: 3 : c$. D'où $a = \frac{24 \times 5}{12} = 10$; $b = \frac{24 \times 4}{12} = 8$; $c = \frac{24 \times 3}{12} = 6$.

Ainsi, les parties du nombre 24, proportionnelles aux nombres 5, 4, 3, sont 10, 8, 6, et ce qui le prouve, c'est que $\frac{10}{8} = \frac{5}{4}$ et $\frac{8}{6} = \frac{4}{3}$.

156. D'après cela, *pour résoudre une question de partages proportionnels, on a à effectuer autant de règles de trois qu'il y a de parties proportionnelles à trouver ; d'où la proportion suivante, répétée autant de fois que l'exige la question :* LA SOMME DES NOMBRES PROPORTIONNELS : AU NOMBRE A PARTAGER :: UN NOMBRE PROPORTIONNEL : SA PARTIE.

APPLICATION. RÈGLE DE SOCIÉTÉ.

157. La règle de société a pour but de partager entre plusieurs associés, proportionnellement à la mise de fonds de chacun, le bénéfice ou la perte résultant de leur association. On distingue la règle de société simple et la composée.

RÈGLE DE SOCIÉTÉ SIMPLE. (*Arith. élém.*, nº 285.)

158. La règle de société est dite *simple*, lorsque les mises sont toutes placées pour le même temps dans la société.

Exemple I. *Deux marchands, qui avaient fait un fonds commun de* 2000 *fr., ont gagné* 700 *fr. avec ce fonds : trouver la part de chacun du bénéfice, l'un ayant mis* 1200 *fr. et l'autre* 800 *fr. dans la communauté.*

Il est évident que la question actuelle revient à partager 700 en deux parties proportionnelles à 1200 et à 800. Ici donc, la somme des nombres proportionnels, c'est la somme des mises 2000 fr. ; la somme des parties proportionnelles, c'est le bénéfice 700 fr; les nombres proportionnels, ce sont les mises particulières 1200 fr. et 800 fr. ; les parties proportionnelles demandées, ce sont les quantités inconnues a et b.

Donc, en vertu de la règle nº 156, résultant de l'analyse nº 155, nous avons pour trouver a ou la part du 1er, $2000 : 700 :: 1200 : a$. Donc $a = \frac{120 \times 7}{2} = 420$ fr. Et pour trouver b ou la part du 2e, $2000 : 700 :: 800 : b$. Donc $b = \frac{80 \times 7}{2} = 280$ fr.

159. Preuve. $420 + 280 = 700$ fr. D'où l'on voit que la preuve des règles de société se fait en additionnant les parties proportionnelles trouvées ; leur somme doit être égale au nombre partagé, ou n'en différer, à cause des restes qu'il peut y avoir aux diverses divisions, que d'un

nombre d'unités de la plus petite espèce calculée moindre que le nombre des partageants.

Exemple II. *Quatre négociants ont gagné* 6000 *fr. dans une entreprise où le premier avait placé* 7000 *fr., le second* 5000 *fr., le troisième* 4000 *fr. et le quatrième* 2000 *fr. : trouver la part de chacun du gain* 6000 *fr.*

La somme des *antéc*, c'est la somme des mises 7000 fr. + 5000 + 4000 + 2000, c.-à-d. 18000 fr.; les nombres proport., ce sont les mises partielles 7000, 5000, 4000, 2000; les parties proport., ce sont les quantités inconnues *a*, *b*, *c*, *d*.

On a donc	1er...	18000 : 6000 :: 7000 : a;	a =	2333f,33
—	2e...	18000 : 6000 :: 5000 : b;	b =	1666f,67
—	3e...	18000 : 6000 :: 4000 : c;	c =	1333f,33
—	4e...	18000 . 6000 :: 2000 : d;	d =	666f,67
		Preuve............		6000f,00

RÈGLE DE SOCIÉTÉ COMPOSÉE. (*Arith. élé.*, n° 287.)

160. La règle de société est dite composée lorsque les mises ne sont pas toutes placées pour un même temps dans la société; telle est la question :

Un industriel avait commencé seul une entreprise où il avait déjà dépensé 50000 *fr., lorsqu'il s'aperçut qu'il ne pouvait continuer seul. Il chercha donc des associés, et* 6 *mois après avoir commencé, il s'en présenta un qui mit* 30000 *fr., et au bout d'un an, un autre qui mit* 20000 *fr. Avec ce surcroît de fonds, l'entreprise marcha rondement, de sorte qu'à la fin de la* 3e *année, les associés ayant réglé leurs comptes et payé leurs dettes, se trouvèrent possesseurs d'un bénéfice net de* 10000 *fr. : combien chacun eut-il?*

Cherchons par l'analyse une règle qui puisse être suivie dans tous les cas analogues à celui-ci.

Si toutes les sommes avaient été placées pour les trois années, la question n'offrirait aucune difficulté, car elle se résoudrait par le procédé énoncé n° 156. Eh bien, nous pouvons le ramener à ce cas, en exprimant les temps divers au moyen d'une même unité. En effet, supposons que l'entreprise ait donné dans un mois le bénéfice 10000 fr., et que chaque associé ait placé pendant ce mois une somme égale à celle qu'il a effectivement placée, multipliée par le nombre de mois qu'elle est restée dans la société, nous trouverons que le premier aurait dû placer 50000 fr. × 36 ou 1800000 fr., le second 30000 fr × 30 ou 900000 fr., et le troisième 20000 fr. × 24 ou 480000 fr. Cette combinaison ramène évidemment la question à une règle de société simple que l'on peut énoncer ainsi :

Quatre associés ont gagné 10000 *fr.; le premier a mis* 1800000 *f., le second* 900000 *f, et le troisième* 480000 *f.: quel est la part de chacun du gain* 10000 *fr.?*

D'après cela, les nombres proportionnels étant 1800000, 900000 et 480000, leur somme, c.-à-d., la somme des *anté.*, est 1800000 + 900000 + 480000 ou 3180000; la somme à partager étant d'ailleurs 10000 fr. et les parties proportionnelles étant *a*, *b*, *c*, nous aurons les trois proportions suivantes :

3180000 : 10000 :: 1800000 : *a*; *a* = la part du 1er 5660f,38.
3180000 : 10000 :: 900000 : *b*; *b* = ... du 2e 2830 19.
3180000 : 10000 :: 480000 : *c*; *c* = ... du 3e 1509 43.

161. De ce qu'on vient de lire résulte la règle générale suivante :

Pour effectuer une règle de société composée, multipliez chaque mise particulière par le temps qu'elle est restée dans la société, puis considérant les produits comme des mises placées pour un même temps, opérez comme il est enseigné n° 156.

Exemple II. *Des industriels ont éprouvé dans* 10 *ans* 2854 *f. de perte : trouver la perte de chacun,* a *ayant mis* 700 *fr. dès la* 1re *année;* b 800 *fr., la seconde;*

c 1200 *fr., la troisième;* d 500 *fr., la quatrième,* e 300 *fr. durant 5 ans.*

Somme des nombres proposés : 700 × 10 + 800 × 9 + 1200 × 8 + 500 × 7 + 300 × 5 ou 7000 + 7200 + 9600 + 3500 + 1500 = 28800.

1° 28800 : 2854 :: 7000 : *a*; *a* = la perte du 1er 693f,68.
2° 28800 : 2854 :: 7200 : *b*; *b* = ... du 2e 713 50.
3° 28800 : 2854 :: 9600 : *c*; *c* = ... du 3e 951 33.
4° 28800 : 2854 :: 3500 : *d*; *d* = ... du 4e 346 84.
5° 28800 : 2854 :: 1500 : *e*; *e* = ... du 5e 148 65.

MÉTHODE ABRÉGÉE POUR OPÉRER LES PARTAGES PROPORTIONNELS.

162. Lorsque les partageants sont très-nombreux, il est long et fort pénible de résoudre les partages proportionnels par les méthodes que nous enseignons ici, ainsi que par celles que nous donnons dans notre arith. élémentaire; mais voici un nouveau procédé qui permet de résoudre en beaucoup moins de temps et avec bien plus de facilité les questions où figureraient, par exemple, une ou plusieurs centaines d'associés.

PROCÉDÉ. *Divisez la somme à partager par le total des mises, le quotient sera le gain ou la perte sur 1 fr.* (Arith. élém., n° 285.) *Si la division ne se fait pas sans reste avant d'avoir calculé autant de décimales que la plus forte des mises contient de chiffres à sa partie entière, + autant qu'en exige l'approximation énoncée, calculez-en une ou deux de plus et abandonnez le reste, la perte n'influera pas sur les unités décimales demandées. Cela étant fait, formez par des additions successives les produits de ce quotient par les nombres* 1, 2, 3, 4, 5, 6, 7, 8, 9. *Pour y parvenir, écrivez le quotient, ce sera son produit par* 1*; ajoutez-le à lui-même, ce sera son produit par* 2*; ajoutez le produit par* 1 *au produit par* 2*, vous aurez le produit par* 3*; ajoutez le produit par* 1 *au produit par* 3*, vous aurez le produit par* 4*; et continuez ainsi.*

Soit maintenant proposé de résoudre par ce procédé la question suivante : *Un propriétaire a dix métairies qui lui donnent chaque année les dix sommes ci-après: 2320 fr., 1530 fr., 1200 fr., 1100 fr., 1000 fr., 995 fr., 850 fr., 540 fr., 245 fr., 220 fr. Mais ce propriétaire voulant augmenter ses revenus de* 1673f,10, *on demande de quelle somme chaque ferme sera augmentée.*

L'augmentation totale étant de 1673f,10, l'augmentation sur 1 fr. sera de

$$\frac{1673,10}{2320+1530+1200+1100+1000+995+850+540+245+220} = \frac{1673,10}{10000} = 0^{f},16731.$$

TABLEAU.

1.....	0,16731
2.....	0,33462
3.....	0,50193
4. ...	0.66924
5.....	0,83655
6.....	1,00386
7.....	1,17117
8	1,33848
9 ...	1,50579

Connaissant l'augmentation sur 1f, laquelle est de 0f,16731, je forme le tableau ci-contre, comme il est enseigné plus haut.

USAGE DU TABLEAU. Si, sur 1 fr. l'augmentation (*le profit ou la perte*) est de 0f16731, sur 10 fr., 100 fr., 1000 fr...., elle (il) sera 10 fois, ou 100 fois, ou 1000 fois.... plus forte; c.-à-d., pour le cas actuel, qu'elle sera de 1f,6731 pour 10 fr.; de 16f,731 pour 100 fr, et de 167f,31 pour 1000 fr.. Si, sur 2 fr., elle est de 0f,33462, sur 20 f., 200 f, 2000 f..., elle sera de 3f,3462, de 33f,462, de 334f,62..... Ainsi sur chaque chiffre de la colonne 1, 2....

APPLICATION. Maintenant, pour résoudre la question au moyen du tableau, décomposons la 1re ferme en 2000 fr. + 300 + 20, nous trouverons que son augmentation égale 334f,62 + 50f,193 + 3f,3462, c.-à-d. 388f,1592.

En opérant ainsi sur toutes les sommes, on trouvera que l'augmentation de la 2e ferme = 167f,31 + 83f,655 + 5f,0193 = 255f,9843, parce que 1530 se décompose en 1000 + 500 + 30; que celle de la 3e = 167f,31 + 33f,462 = 200f,772, parce que 1200 se décompose en 1000+200; que celle de la 4e = 167f,31 + 16f.731 = 184f,041, parce que...; que celle de la 5e = 167f,31, parce que...; que celle de la 6e = 150f,579 + 15f,0579 + 0f,83655 = 166f,47345....; que celle de la 7e = 133f,848 + 8f,3655 = 142f,2135....; que celle de la 8e = 83f,655 + 6f,6924 = 90f,3474...; que celle de la 9e = 33f,462 + 6f6924 + 0f83655 = 40f,99095....; que celle de la 10e enfin = 33f,462 + 3f,3462 = 36f,8082....

Prenons chaque résultat à un demi-centime près : pour cela supprimons le 3e chiffre décimal et les suivants; mais augmentons d'un le 2e chiffre décimal, lorsque le 3e sera 5 ou plus grand que 5.

On voit que l'avantage de ce procédé consiste en ce qu'on ne fait qu'une seule division et que les multiplications sont changées en additions.

1°.....	388,16
2°.....	255,98
3°.....	200,77
4°.....	184,04
5°.....	167,31
6°.....	166,47
7°.....	142,21
8°.....	90,35
9°.....	40,99
10°.....	36,81
	1673,09

ALLIAGES ET MÉLANGES. (1)

163. On appelle alliage le mélange de diverses matières combinées ensemble de manière à ne former qu'un seul tout.

164. Dans une question d'alliage, on peut se proposer : 1° de trouver le prix moyen de plusieurs substances mélangées ensemble, lorsqu'on connaît le nombre des unités et la valeur de chacune d'elles (*Arith. élém., n° 288, règle des moyennes*); 2° de trouver dans quelle proportion on peut mélanger plusieurs substances à différents prix, pour que l'unité du mélange ait un prix déterminé. C'est de ce second cas que nous allons nous occuper présentement.

Abréviations. Nous représenterons par les lettres *a*, *b*, *c*...., en suivant l'ordre des grandeurs, les prix donnés ou les qualités représentées par ces prix. Le prix moyen sera représenté par *m*.

165. Exemple I. *Dans quelle proportion faut-il mélanger du blé à 20 fr. l'hectolitre avec du seigle à*

(1) On dit *alliage* quand il s'agit de métaux et *mélange* quand il s'agit d'autre chose.

15 fr., pour que l'hectolitre du mélange ne vaille que 18 fr.?

Analyse. En vendant 18 fr. un hectol. de blé qui en vaut 20, on perd 2 fr.; mais en vendant 18 fr. un hectol. de seigle qui n'en vaut que 15, on gagne 3 fr. Donc, si l'on met dans le mélange 3 hectol. de blé, on perdra 2 × 3 ou 6 fr.; mais, d'autre part, si l'on y met 2 hectol de seigle, on gagnera 3 × 2 ou 6 fr., d'où la perte sera compensée par le gain. On peut donc, sans perte ni profit, vendre à 18 fr. un mélange composé de 3 mesures d'une marchandise à 20 f. la mesure et de 2 mesures d'une autre marchandise à 15 fr.; ce qui constitue un mélange total de 5 mesures.

Règle I. *Donc, pour composer un mélange dont l'unité ait un prix moyen avec 2 substances, l'unité de chacune ayant un prix différent, prenez la différence du prix moyen au prix supérieur, cette différence marquera la quantité de la substance du prix inférieur qu'il faudra mettre dans le mélange; prenez également la différence du prix inférieur au prix moyen, et cette différence marquera la quantité de la substance du prix supérieur qu'il faudra y mettre. La somme des 2 différences donnera la masse du mélange. Pour vérifier, on multiplie le prix moyen par la masse du mélange d'une part, et d'autre chaque prix particulier par la quantité de ce prix qui entre dans la masse; la somme de ces derniers produits doit être égale au premier produit.*

OPÉRATION DU 1er EXEMPLE.

a 20 3, différence du prix inférieur au prix moyen.
m 18
b 15 2, différence du prix moyen au prix supérieur.
.... 5, hectol., masse du mélange.

Preuve de l'opération 18×5=20×3+15×2=90 fr.

166. EXEMPLE II. *Dans quelle proportion pourra-t-on mêler des vins qui valent* 0f,95, 0f,80, 0f,75, 0f,30, 0f,20 *le litre, pour avoir un mélange qui vaille* 0f,55 *le litre?*

ANALYSE. Voyons si, comme dans l'exemple I, nous pourrons agir sur les différences. La différence de 55 à 95 est 40, la différence de 55 à 80 est 25, la différence de 55 à 75 est 20; la différence de 30 à 55 est 25, et celle de 20 à 55 est 35. La somme des différences du prix moyen aux prix supérieurs est donc 40 + 25 + 20 ou 85, et celle des différences des prix inférieurs au prix moyen est 25 + 35 ou 60. Il suit de là qu'en vendant 0f,55 un litre de *a*, on perd 0f,40; un litre de *b*, 0f,25; un litre de *c*, 0f,20; donc, on perd sur les 3 litres 0f,85.

D'autre part, en vendant 0f,55 un litre de *d*, on gagne 0f,25, et un litre de *e*, 0f,35; donc, on gagne 0f,60 sur les 2 litres. Maintenant, si nous mettons dans le mélange 60 litres de chacune des qualités *a*, *b*, *c*, nous perdrons $40^c \times 60 + 20^c \times 60 + 25^c \times 60 =$ (nº 37) $(40^c + 20^c + 25^c) \times 60$ ou 51 fr.; si, d'autre part, nous y mettons 85 litres de chacune des qualités *d* et *e*, nous gagnerons $35^c \times 85 + 25^c \times 85 =$ (nº 37) $(35^c + 25^c) \times 85$ ou 51 fr. D'où l'on peut, sans perte ni profit, mettre dans le mélange proposé 60 litres de chacune des 3 qualités *a*, *b*, *c*, et 85 litres de chacune des 2 qualités *d* et *e*, ce qui forme un total de $60 \times 3 + 85 \times 2$ ou de 350 litres.

RÈGLE II. *D'après cela, pour effectuer un mélange, quelque soit le nombre des prix donnés, on peut, d'une part, prendre les différences du prix moyen aux prix supérieurs, la somme de ces différences indique ce qu'il faut prendre de chacune des espèces des prix inférieurs; et, d'autre part, prendre les différences des prix inférieurs au prix moyen, la somme de ces différences indique ce qu'il faut prendre de chacune des espèces des prix supérieurs.* Toutes les différences ou leurs sommes étant multipliées ou divisées par un même nombre ne changeraient rien à ce qui vient d'être dit.

OPÉRATION DE L'EXEMPLE II.

95 — 55 = 40, différence de *m* à *a*.
80 — 55 = 25, différence de *m* à *b*.
75 — 55 = 20, différence de *m* à *c*.

85, somme des 3 différences.

55 — 30 = 25, différence de *d* à *m*.
55 — 20 = 35, différence de *e* à *m*.

60, somme des 2 différences.

Ainsi il entrera dans le mélange demandé 60 litres de la qualité *a*, 60 de *b*, 60 de *c*; 85 litres de la qualité *d* et 85 de la qualité *e*; en tout 350 litres.

167. On conçoit que les deux règles que nous venons de donner ne sont que des opérations préparatoires; car, dans une question de mélange, on a évidemment en vue une quantité déterminée, un chargement. Ainsi, reprenons l'exemple I, et ajoutons-y: *qu'on veut former un mélange de* 325 *hectolitres.*

ANALYSE. Nous avons trouvé que sur un mélange de 5 hectolitres, il en faut 3 de *a* et 2 de *b*; or, si sur 5 hect., il en faut 3 de la qualité *a*, sur une quantité plus ou moins grande, il en entrera plus ou moins de cette même qualité; et si, sur 5 hectol, il en entre 2 de la qualité *b*, sur une quantité plus ou moins grande, il en entrera aussi plus ou moins. Mais on veut un chargement de 325 hectol. ; donc la quantité de la qualité *a* à y faire entrer est plus grande que 3, et la quantité de la qualité *b* est plus grande que 2; d'où il suit que les quantités de chaque qualité qui doivent composer le mélange 325 sont proportionnelles aux nombres 3 et 2. Nous avons donc la proportion 3 : *a* :: 2 : *b*; mais la somme des nombres proportionnels est 5, et la somme des parties proportionnelles $a + b$, est 325 ; donc (n° 91) nous avons les 2 proportions suivantes : Pour *a*, 5 : 325 :: 3 : *a*. D'où *a* ou la quantité à prendre de la qualité $a = \frac{325 \times 3}{5} = 195$ hectol.

Pour *b*, 5 : 325 :: 2 : *b*. Et *b* ou la quantité à prendre de la qualité $b = \frac{325 \times 2}{5} = 130$ hectol.

Reprenons également notre exemple II, et ajoutons-y : *qu'on veut composer avec ce mélange une barrique contenant 260 litres.*

ANALYSE. Nous avons trouvé que sur un mélange de 350 litres, on mettra 60 l. de chacune des qualités a, b, c, et 85 litres de chacune des qualités d, e; donc nous connaissons les nombres proportionnels $60+60+60+85+85$ et leur somme 350, nous connaissons en outre la somme des parties proportionnelles 260, donc nous avons les 2 proportions suivantes : Pour a, b, c, $350 : 260 :: 60 : a : b : c$; $a, b, c = \frac{260 \times 60}{350} = 44$ litres $\frac{4}{7}$ de a, b, c.

Pour d, e, $350 : 260 :: 85 : d : e$; $d, e, = \frac{260 \times 85}{350} = 63$ litres $\frac{1}{7}$ de d, e.

Preuve $44 \frac{4}{7} \times 3 + 63 \frac{1}{7} \times 2 = 260$ litres.

RÈGLE III. *D'après ce qui précède, on voit que pour composer un mélange dont le nombre des unités est déterminé, il faut d'abord former un mélange arbitraire, comme on a vu nos 165 et 166, puis former autant de proportions qu'il entre de qualités dans le mélange proposé, ces proportions ayant toutes pour 1er terme la masse du mélange arbitraire, pour 2e terme la quantité déterminée, pour 3e terme la quantité de l'espèce sur laquelle on opère actuellement qui entre dans le mélange arbitraire, et enfin, pour 4e terme, la lettre qui représente la qualité qu'on envisage.*

168. EXEMPLE III. *Un boulanger qui a de la farine à 58 fr., à 75 fr. et à 80 fr. le sac, voudrait faire un mélange qu'il pût vendre 70 fr.; mais il voudrait en même temps qu'il n'entrât dans ce mélange que 2 sacs de la qualité à 80 fr. : combien doit-il prendre des deux autres qualités ?*

Opérons le mélange arbitraire comme il est enseigné nº 166 :

$$\begin{array}{ll} 80 - 70 = 10 & 70 - 58 = 12 \\ 75 - 70 = \ \ 5 & \\ \overline{15} \ldots\ldots\ldots\ldots\ldots\ldots & \overline{12} \end{array}$$

Analyse. Il résulte de notre opération qu'il entre dans le mélange arbitraire 15 sacs de la qualité c, 12 de la qualité a, et 12 de la qualité b ; car le gain 12 fr. $\times$ 15 $=$ la perte $10 \times 12 + 5 \times 12 = (10 + 5) \times 12$. Donc la masse du mélange est $12 + 12 + 15$ ou 39 sacs.

Ici nous connaissons les nombres proportionnels 12, 12, 15 et l'une des 3 parties proportionnelles 2, et l'on demande les 2 autres. Mais les parties proportionnelles sont entre elles comme les nombres proportionnels ; d'où

les 2 proportions $\left\{\begin{array}{l} 12 : 12 :: 2 : b;\ b = 2 \text{ sacs.} \\ 12 : 15 :: 2 : c;\ c = 2 \text{ sacs } \frac{1}{2}. \end{array}\right.$

Donc $a + b + c = 2 + 2 + 2\frac{1}{2} = 6$ sacs $\frac{1}{2}$; donc 2 sacs à 80 fr., 2 à 75 fr. et $2\frac{1}{2}$ à 58 fr.

Règle IV. *D'après cela, pour trouver la quantité de certaines qualités qui doivent être mélangées avec une quantité connue d'une autre qualité, opérez d'abord le mélange arbitraire comme si aucune quantité n'était déterminée; voyez ensuite combien il entre de la qualité déterminée dans le mélange arbitraire, puis faites de cette quantité le 1er terme d'autant de proportions qu'il y a de qualités indéterminées; le 2e terme de chacune sera la quantité de chaque espèce indéterminée qui entrera dans le mélange arbitraire; le 3e terme de toutes sera la quantité déterminée; et enfin elles auront pour 4e terme autant de lettres qu'il y aura de qualités indéterminées; les calculs donneront les valeurs des lettres.*

169. **Exemple IV.** *Combien faut-il prendre d'hectolitres de blé à 14 et à 17 fr. pour mêler avec 25 hectol. à 13 fr. et 35 hectol. à 19 fr., de manière à avoir un mélange qu'on vende 15 fr. l'hectol. ?*

Analyse. Ici, deux quantités étant déterminées, il faut

faire en sorte qu'il n'y en ait qu'une, et pour y réussir, cherchons le prix moyen des 2 qualités déterminées, ce prix moyen égale évidemment $\frac{13 \times 25 + 19 \times 35}{25 + 35} = 16^f,50$. (*Arith. élém.*, nº 290.)

Maintenant, considérons $16^f,50$ comme le prix de l'unité d'une seule espèce, et la quantité déterminée de cette espèce comme composée de 25+35 ou de 60 hectol. : la question sera changée en celle-ci : ***Dans quelle proportion faut-il mélanger 2 sortes de blé qui valent 14 et 17 fr. avec 60 hectol. d'autre blé qui vaut 16ᶠ,50 l'hectol. pour avoir un mélange à 15 fr.***

OPÉRATION.

17 — 15 = 2	15 — 14 = 1
16,5 — 15 = 1,5	
3,5	1

Le mélange arbitraire se compose de 1 + 1 + 3,5 ou de 5 hectol 5, car la perte $2\times1+1,5\times1 = (2+1,5)\times1$ = le gain $1 \times 3,5$. Maintenant, pour découvrir les quantités à faire entrer avec les 60 hectol. déterminés, je dis : 1 hectol. de la qualité *b* prend 1 hectol. de la qualité *a*; donc 60 hectol. de la qualité *b* prendront 60 hectol. de la qualité *a*. Un hectolitre de la qualité *b* prend 3 hectol. 5 de la qualité *c*, donc 60 hectol. de la qualité *b* prendront $3,5 \times 60$ ou 210 hect. de la qualité *c*; on a donc 25 hect. de la qualité à 13 fr., 35 hectol. de la qualité à 19 fr., 60 hectol. de la qualité à 17 fr. et 240 hectol. de la qual. à 14 fr. ; en tout 330 hectol. à 15 fr.

Ces mêmes résultats peuvent aussi se trouver par

$$1 : 1 :: 60 : a.$$
$$1 : 3,5 :: 60 : c.$$

RÈGLE V. *Donc, pour opérer un mélange, lorsque la quantité de plusieurs qualités est déterminée, multipliez chaque quantité déterminée par son prix respectif, formez la somme des produits et divisez cette somme par la somme des unités déterminées ; il n'y aura plus alors qu'une qualité déterminée dont le prix de l'unité sera exprimé par le quotient de la susdite division. Opérez d'ailleurs comme il est enseigné n° 168.*

470. Exemple V. *On veut composer une barrique de vin de 230 litres avec des vins à 75, 65 et 15 cent. le litre, de manière que le litre de mélange vaille 40 centimes; mais on veut qu'il n'entre dans la barrique que 40 litres de la qualité à 0f,75 : combien en mettra-t-on des deux autres qualités?*

OPÉRATION PRÉPARATOIRE.

$75 - 40 = 35 \qquad 40 - 15 = 25$
$65 - 40 = 25$
$\overline{60} \ldots\ldots\ldots\ldots\ldots\ldots \overline{25}$

$60 + 25 \times 2 = 110$ litres, mélange arbitraire.

Raisonnement. Ayant effectué le mélange, je trouve que, sur un mélange arbitraire de 110 litres, il entre 25 litres de *a*, 25 de *b* et 35+25 ou 60 de *c*. Je dis donc : si 25 litres de *a* prennent 25 litres de *b* et 60 litres de *c*, et que le prix moyen du litre soit 0f,40, il est évident que 40 litres de *a* prendront proportionnellement plus de *b* et de *c*. Donc

$25 : 25 :: 40 : b; \quad b = \frac{40 \times 25}{25} = 40$ litres.
$25 : 60 :: 40 : c; \quad c = \frac{40 \times 60}{25} = 96$ litres.

J'ai un mélange composé de 40 + 40 + 96 ou de 176 lit.; mais la quantité demandée est de 230 litres, il y manque donc 54 litres que je vais répartir entre les 2 qualités *b* et *c*.

Je sais que la différence entre 40 et 65 est 25 et que la différence entre 15 et 40 est aussi 25; donc les deux qualités *b*, *c* entrent en quantités égales dans le mélange arbitraire qui est de 50 litres. J'ai conséquemment $50 : 54 :: 25 : b : c$; d'où *b* et $c = \frac{54 \times 25}{50} = 27$ litres de chaque qualité.

Ainsi les 230 litres demandés se composent de 40 litres de *a*, de 40 + 27 de *b* et de 96 + 27 de *c*, ce qui fait bien 230 litres.

Règle VI. *D'après cela, pour opérer un mélange lorsque la totalité de ce mélange étant déterminée, on désigne en outre le nombre d'unités de certaines qualités à y introduire, opérez d'abord le mélange arbitraire (n° 166). Voyez ensuite combien il doit entrer des qualités indéterminées avec celles qui le sont, en suivant la règle n° 167, s'il n'y en a qu'une seule, et la règle n° 168, s'il y en a plusieurs. Après cela, joignez la somme des résultats à la quantité déterminée, retranchez cette somme de la totalité du mélange demandé et partagez le reste en parties proportionnelles aux quantités indéterminées, après avoir formé entre elles un mélange arbitraire qui serve de base à vos opérations. Enfin, joignez les résultats de la dernière opération aux résultats de la première en ce qui concerne les quantités indéterminées.*

171. Exemple VII. *On a 4 lingots d'or aux titres* $\frac{925}{1000}$, $\frac{885}{1000}$, $\frac{795}{1000}$, $\frac{780}{1000}$; *trouver dans quelle proportion il faut les allier pour avoir de l'or au titre légal* $\frac{900}{1000}$, *et combien on en prendra de chaque titre pour former une pièce de 40 fr., qui, comme on le sait, pèse 12 grammes* 9032.

Raisonnement. Les prix respectifs des 4 lingots sont évidemment proportionnels aux titres; donc on peut supposer que le gramme du titre *a* vaut 925 fr.; du titre *b*, 885 fr.; du titre *c*, 795 fr.; du titre *e*, 780 fr.; or, dans la même hypothèse, le gramme du titre légal vaudrait 900 fr.; d'où il suit que lorsqu'il s'agit d'or ou d'argent, on opère sur les titres comme on opère sur les prix lorsqu'il s'agit des autres métaux ou de toute autre chose.

OPÉRATION.

Ayant effectué le mélange arbitraire, je trouve que la somme des différences des titres inférieurs au titre	$925-900=25$	$900-885=15$
		$900-795=105$
		$900-780=120$
	25	240

moyen égale 240; donc on mettra dans l'alliage 240 gr. du lingot au titre *a*, et 25 grammes de chacun des lingots *b*, *c*, *d*, en tout $240+25\times 3=315$ gram. Et, en effet, sur un gram. du titre *a* on perd 25 fr., donc sur 240 gr., on perd 25×240 ou 6000 fr.; mais sur le titre *b* on gagne 15 fr. par gram., sur le titre *c* 105 fr. et sur le titre *d* 120 fr.; donc, si l'on en met 25 gram. de chacun de ces titres, on gagne $15 \times 25 + 105 \times 25 + 120 \times 25 = (15 + 105 + 120) \times 25 = 240 \times 25$ ou 6000 fr. D'où il suit qu'en combinant ainsi le mélange, il n'y a ni perte ni profit.

Maintenant, pour trouver la quantité à prendre de chaque lingot pour former une pièce de 40 fr., j'ai

315 : 12,9032 : : 240 : a.....; a ... $= 9$ gr. $8310\frac{6}{63}$

315 : 12,9032 : : 25 : b : c : d; $b, c, d = 1$ gr. $0240\frac{40}{63}$

Preuve $9,8310\frac{6}{63} + 1,0240\frac{40}{63} \times 3 = 12$ gr. 9032.

172. Exemple VIII. *On veut faire un mélange de 401 hectol. avec des blés à 32 fr., à 28 fr., à 26 fr., à 21 fr. et à 18 fr. l'hectol., de manière que l'hectolitre du mélange puisse être donné à 25 fr.; mais on veut que les quantités à prendre de* a, b, c, *soient entre elles comme les nombres 2, 4, 6, et que les quantités de* d, e *soient entre elles comme les nombres 7 et 9 : trouver combien il y en entrera de chaque qualité.*
a = 32 *fr.*, b = 28 *fr.*, c = 26 *fr.*, d = 21 *fr.*, e = 18 *fr.*, m = 25 *fr.*

Analyse. Les quantités des qualités a, b, c à mettre dans le mélange proposé sont entre elles comme les nombres 2, 4, 6, c'est-à-dire, que sur 12 hectol., on veut en mettre 2 de a, 4 de b et 6 de c.... Or, les 2 de a valent 32×2 ou 64 fr., les 4 de b valent 28×4 ou 112 fr. et les 6 de c valent 26×6 ou 156 fr.; les 12 valent donc $64 + 112 + 156$ ou 332 fr.

Mais les 12 au prix m ne valent que 25×12 ou 300 fr., donc on perd $332 - 300$ ou 32 fr. sur les 12; donc $\frac{32}{12}$ de fr. sur 1. D'autre part, les quantités des qualités d et e sont entre elles comme les nombres 7 et 9; donc sur $7 + 9$ ou 16 hect., on veut en mettre 7 de d et 9 de e. Or les 7 de d valent 21×7 ou 147 fr., et les 9 de e valent 18×9 ou 162 fr.; les 16 valent donc $147 + 162$ ou 309 fr. Mais les 16 au prix m valent 25×16 ou 400 fr.; donc sur les 16 on gagne $400 - 309$ ou 91 fr.; donc $\frac{91}{16}$ de fr. sur 1.

Maintenant, faisons en sorte que le gain compense la perte et la question sera résolue : sur un hectolitre de *a*, *b*, *c*, on perd $\frac{32}{12}$; donc sur les 2 de *a*, on perd $\frac{32}{12} \times 2$, sur les 4 de *b*, on perd $\frac{32}{12} \times 4$, et sur les 6 de *c*, on perd $\frac{32}{12} \times 6$; mais mettons-en 91 fois 2 + 91 fois 4 + 91 fois 6, on perdra $\frac{32}{12} \times 2 \times 91 + \frac{32}{12} \times 4 \times 91 + \frac{32}{12} \times 6 \times 91 = \frac{32}{12} \times (2+4+6) \times 91 = \frac{32 \times 12 \times 91}{12} = 32 \times 91$.

D'autre part, le gain sur un hectol. des qualités *d* et *e* $= \frac{91}{16}$ de fr.; donc le gain sur 7 hectol. $= \frac{91}{16} \times 7$ et le gain sur 9 $= \frac{91}{16} \times 9$; mais mettons-en 32 fois 7 + 32 fois 9, et le gain total sera $\frac{91}{16} \times 7 \times 32 + \frac{91}{16} \times 9 \times 32 = \frac{91}{16} \times (7+9) \times 32 = \frac{91 \times 16 \times 32}{16} = 91 \times 32$. Le profit fait sur les qualités *d*, *e* compensant la perte éprouvée sur les qualités *a*, *b*, *c*, il s'ensuit qu'on a :

Pour *a* $91 \times 2 = 182$ hect.		Pour trouver ce qu'il entrera de chaque qualité dans le mélange demandé 401 hect., je n'ai plus qu'à me conformer à la règle III, n° 167.
.... *b* $91 \times 4 = 364$		
.... *c* $91 \times 6 = 546$		
.... *d* $32 \times 7 = 224$		
.... *e* $32 \times 9 = 288$		
Tot. du mél. arb. 1604 hect.		

D'où les 5 proportions : 1604 : 401 :: 182 : *a*; *a* = 45 h. $\frac{1}{2}$.
.... : ... :: 364 : *b*; *b* = 91 h.
.... : ... :: 546 : *c*; *c* = 136 h. $\frac{1}{2}$.
.... : ... :: 224 : *d*; *d* = 56 h.
.... : ... :: 288 : *e*; *e* = 72 h.

RÈGLE. *D'après cela, pour effectuer une question de mélange, lorsque les quantités de chacune des qualités proposées sont entre elles comme des nombres donnés, ou sont proportionnelles à des nombres donnés, on commence par examiner combien on doit former de séries d'après l'énoncé de la question* (1); *on multiplie dans chaque série chaque prix par le nombre*

(1) Ici on appelle série la réunion des quantités qui sont proportionnelles entre elles. Dans l'exemple VIII, la 1re série est formée par les nombres 2, 4, 6 et les quantités qui y ont rapport, la seconde est formée par les nombres 9 et 7 et les quantités qui s'y rapportent. Il peut y avoir dans une question un nombre quelconque de séries.

proportionnel correspondant; on réduit le nombre des séries à deux, en calculant d'une part la somme des produits qui donnent une perte, et d'autre, la somme des produits qui donnent un profit; de la 1re somme, on retranche le produit du prix moyen par la somme des nombres proportionnels de la 1re série, et le reste multiplié par chacun des nombres proportionnels de la 2e série, indique ce qu'il faut prendre de chacune des qualités de cette seconde série; on retranche la 2de somme du produit du prix moyen par la somme des nombres proportionnels de la 2de série, et le reste multiplié par chacun des nombres proportionnels de la 1re série, indique ce qu'il faut prendre de chacune des qualités de cette 1re série.

Lorsque certaines qualités entrent en quantités égales dans le mélange, on leur donne 1 pour nombre proportionnel.

Exemple IX. *Trouver dans quelle proportion on mêlera des vins à 60, à 40, à 15, à 10 et à 5 centimes le litre pour que le prix du litre soit 30 centimes, les quantités des qualités à 60, à 40 et à 5 centimes étant entre elles comme les nombres 8, 4, 2, et les quantités des qualités à 10 et à 15 centimes étant égales.*

1re *Série.*	2e *Série.*
60 × 8 = 480	10 × 1 = 10
40 × 4 = 160	15 × 1 = 15
5 × 2 = 10	25
650	

650 — 30 × (8 + 4 + 2) = 230;... 30 × (1 + 1) — 25 = 35.

La quantité de la qualité	à 60 centimes	= 35 × 8	= 280
— —	à 40........	= 35 × 4	= 140
— —	à 5.......	= 35 × 2	= 70
— —	à 15.	= 230 × 1	= 230
— —	à 10.......	= 230 × 1	= 230
	Total........		950 lit.

Preuve : 0,30 × 950 = 0,6 × 280 + 0,4 × 140 + 0,05 × 70 + 0,15 × 230 + 0,1 × 230 = 285 fr.

PROGRESSIONS.

173. On appelle *progression* une suite de nombres qui ont entre eux le même rapport. De même qu'il y a deux sortes de rapports, ainsi il existe deux sortes de progressions : la *progression par différence* et la *progression par quotient*.

174. On appelle *terme* d'une progression les nombres qui concourent à former cette progression. Or, dans toute progression, le premier et le dernier terme s'appellent *extrêmes*, et tous les termes intermédiaires portent le nom de *moyens*.

PROGRESSIONS PAR DIFFÉRENCE.

175. On appelle *progression par différence* une suite de nombres, tels que chacun surpasse celui qui le précède ou en est surpassé d'une même quantité qu'on appelle *raison de la progression*.

176. Pour marquer que plusieurs nombres forment une progression par différence, on écrit devant la suite deux points séparés par un trait $\div$ (ce signe s'énonce *comme*), puis on sépare chaque terme par un point qu'on énonce *est à*. Ainsi les deux suites

$$\begin{cases} \div 4 . 7 . 10 . 13 . 16 . 19 . 22 \\ \div 22 . 19 . 16 . 13 . 10 . 7 . 4 \end{cases}$$ forment 2 progressions par différence.

Le 1re est dite *croissante*, parce que le 2e terme = le 1er + la raison 3, le 3e = le 2e + la même raison 3; ainsi de suite. La 2de est dite *décroissante*, parce que le 2e terme = le 1er — la raison 3, le 3e = le 2e — la même raison 3; ainsi de suite.

D'où il suit qu'une progression est dite croissante quand ses termes vont en augmentant et qu'elle est dite décroissante quand ils vont en diminuant.

Pour énoncer la 1re de ces 2 prog., dites : *4 est à 7, comme 7 est à 10, comme 10 est à 13...*

Pour énoncer la 2de, dites : 22 *est à* 19 *comme* 19 *est à* 16, *comme* 16 *est à* 13...

PRINCIPALES PROPRIÉTÉS DES PROGRESSIONS PAR DIFFÉRENCE.

177. PROPRIÉTÉ FONDAMENTALE. ***Dans toute progression par différence, un terme quelconque est égal au 1er plus ou moins la raison multipliée par le nombre des termes qui précèdent le terme qu'on a en vue.***

Ainsi, dans la prog. croissante énoncée ci-dessus, le 1er terme étant 4, la raison 3 et le nombre des termes 7, il s'ensuit que le 7e terme $= 4 + 3 \times 6 = 22$. Dans la prog. décroissante, le 1er terme étant 22, la raison 3 et le nombre des termes 7, il s'ensuit que le 7e terme $= 22 - 3 \times 6 = 4$.

Ce principe est évident, puisque dans toute progression par différence croissante, le 2e terme = le 1er + une fois la raison, le 3e = le 2e + une fois la raison, le 4e = le 3e + une fois la raison.... (no 175). Donc, le 2e terme = le 1er + une fois la raison, le 3e = le 1er + 2 fois la raison, le 4e = le 1er + 3 fois la raison....

Et, dans toute prog. par diff. décrois., le 2e terme = le 1er = une fois la raison, le 3e = le 2e — une fois la raison, le 4e = le 3e — une fois la raison..., il s'ensuit que le 2e = le 1er — une fois la raison, le 3e = le 1er — deux fois la raison, le 4e = le 1er — trois fois la raison....

Donc, dans toute progression par différence, un terme quelconque = le 1er + ou — autant de fois la raison qu'il y a de termes avant lui.

178. De la propriété que nous venons de démontrer se déduisent les règles suivantes :

1° *Pour calculer le dernier terme d'une prog. par*

différence, lorqu'on connaît le premier terme, la raison et le nombre des termes, il suffit de multiplier la raison par le nombre des termes moins un *et d'ajouter le produit au premier terme si la prog. est croissante, ou de l'en retrancher si la prog. est décroissante.*

Exemple I. *Calculez le 100e terme de la progression* ÷ 6 . 9...

On voit que la raison est 3, car $6 + 3 = 9$; le terme demandé = donc $6 + 3 \times 99 = 6 + 297 = 303$. (Démon. nº 177.)

Exemple II. *Calculez le 49e terme de la progression* ÷ 539 . 528...

Le 1er terme étant 539 et le second 528, on voit que la raison est 11, et que la progression étant décroissante, le 49e terme $= 539 - 11 \times 48 = 11$.

2° *Pour calculer le premier terme d'une prog. par diff. lorsqu'on en connaît le dernier terme, la raison et le nombre des termes, il suffit de multiplier la raison par le nombre des termes* moins un *et de retrancher le produit du dernier terme, si la prog. est croissante, ou de l'y ajouter, si la prog. est décroissante.*

Exemple I. *Quel est le 1er terme de la progression croissante qui a pour 28e terme le nombre 204, la raison étant 7.*

D'après la règle précitée nous avons : le 1er terme $= 204 - 7 \times 27 = 15$ (nº 177).

Exemple II. *Quel est le 1er terme d'une prog. décroissante dont le dernier terme est 9, la raison 12 et le nombre des termes 20.*

Le terme demandé $= 9 + 12 \times 19 = 237$. (Dém. nº 177.)

3° *Pour trouver la raison d'une progression par différ., lorsqu'on connaît 2 termes quelconques et le nombre des termes compris entre les 2 termes connus, il suffit d'ôter le plus petit des termes connus du plus grand et de diviser le reste par le nombre des termes compris entre les 2 termes donnés + 1. Si la prog. était entière et qu'on connût le premier et le dernier terme, il suffirait d'ôter le premier du dernier et de diviser la différence par le nombre des termes moins un.*

EXEMPLE. *Trouver la raison d'une prog. par diff. dont le 1er terme est 9 et le 8e terme 51.*

La raison étant multipliée par 8 — 1 ou 7, et le produit étant ajouté au 1er terme 9, donne le dernier terme 51 ; donc, la raison $= \frac{51-9}{8-1} = 6$. Autrement, le terme 51 égalant 9 + la raison × (8 — 1) (nº 177), il s'ensuit que la raison $= \frac{51-9}{8-1}$.

4º *Pour calculer le nombre des termes d'une prog. par diff., quand on connaît les 2 extrêmes et la raison, il suffit de retrancher le plus petit extrême du plus grand, puis de diviser la différence par la raison et d'ajouter 1 au quotient.*

EXEMPLE. *On demande quel est le nombre des termes d'une prog. par diff. dont le 1er terme est 4, et le dernier 46, la raison étant 3.*

Pour trouver le terme 46, on a 4 + 3 × (le nombre des termes — 1) ; donc le nombre des termes — 1 $= \frac{46-4}{3}$. D'où le nombre des termes $= \frac{46-4}{3} + 1 = 14 + 1 = 15$.

5º *Pour insérer un nombre quelconque de moyens différentiels entre 2 nombres donnés, on cherche d'abord la raison (3º), puis on retranche cette raison du plus grand des 2 nombres donnés, et successivement, des divers restes jusqu'à ce qu'on arrive au plus petit ; les divers restes sont les moyens différentiels demandés. Ou bien on ajoute la raison au plus petit des 2 nombres donnés et, successivement, aux diverses sommes, jusqu'à ce qu'on arrive au plus grand, les sommes diverses sont les moyens différentiels demandés.*

179. On appelle *moyens différentiels*, des nombres qui forment avec les nombres donnés une prog. par diff., d'où il suit que, insérer un nombre de moyens différentiels entre 2 nombres, c'est chercher tous les termes compris entre ces 2 nombres. Si donc c'est le 1er et le dernier terme qui sont donnés, c'est chercher tous les termes compris entre le 1er et le dernier ; c'est donc déterminer tous les moyens d'une prog. par différence.

EXEMPLE. *Insérer 10 moyens différentiels entre 4 et 37.*

Le 1er terme étant 4 et le dernier terme étant 37, la raison est (37 — 4) divisé par (le nombre des termes — 1). Mais on demande 10 moyens, donc la progression se compose de 12 termes ; d'où il suit que la raison $= \frac{37-4}{12-1} = \frac{33}{11} = 3$.

Or, la raison étant 3, le 1er moyen différentiel $= 37 - 3 = 34$, le $2^{e} = 34 - 3 = 31$, le $3^{e} = 31 - 3 = 28$, le $4^{e} = 28 - 3 = 25$, le $5^{e} = 25 - 3 = 22$, le $6^{e} = 22 - 3 = 19$, le $7^{e} = 19 - 3 = 16$, le $8^{e} = 16 - 3 = 13$, le $9^{e} = 13 - 3 = 10$, le $10^{e} = 10 - 3 = 7$, et ce qui le vérifie, c'est que $7 - 3 = 4$. On a donc la progression $\div$ 4 . 7 . 10 . 13 . 16 . 19 . 22 . 25 . 28 . 31 . 37.

En opérant par l'addition, on aurait $4 + 3 = 7$, $7 + 3 = 10$, $10 + 3 = 13$, $13 + 3 = 16$, $16 + 3 = 19$, $19 + 3 = 22$, $22 + 3 = 25$, $25 + 3 = 28$, $28 + 3 = 31$, $31 + 3 = 34$, et ce qui le vérifie, c'est que $34 + 3 = 37$.

Cela n'a pas besoin de démonstration, puisque c'est l'application de la définition elle-même (nº 175).

180. *Dans toute prog. par différence, la somme de 2 termes également distants des extrêmes est égale à la somme des extrêmes.*

Soit la prog. $\div$ 2 . 5 . 8 . 11 . 14 . 17 . 20. Je dis que $5 + 17 = 8 + 14 = 11 + 11 = 2 + 20$.

Pour comprendre cette propriété, rappelons-nous que chaque terme égale le 1er + ou — la raison $\times$ (le nombre des termes qui précèdent celui qu'on a en vue) (nº 177). Or, admettant une prog. à 7 termes, le 7e terme = le 1er + la raison $\times$ 6 ; donc, la somme du 1er + le dernier = le 1er + le 1er + la raison $\times$ 6. Cela posé, prenons le 2e terme et le 6e ; le 2e = le 1er + la raison $\times$ 1, le 6e = le 1er + la raison $\times$ 5 ; leur somme vaut donc le 1er + le 1er + la raison $\times$ 6.

On démontrerait, d'une manière analogue, que la somme du 3ᵉ terme + le 5ᵉ, que celle du 4ᵉ + celle du 4ᵉ sont égales à celle du 1ᵉʳ + le 7ᵉ, à celle du 2ᵉ + le 6ᵉ. *Donc, le principe est vrai pour tous les cas, et on le démontrerait semblablement quel que fût le nombre des termes.*

Cette propriété peut être démontrée de la même manière dans une prog. décroissante, mais alors il faut renverser l'ordre des termes. On peut aussi démontrer par la soustraction.

181. *Dans toute prog. par diff. la demi-somme des extrêmes ou la demi-somme de deux termes également distants des extrêmes est égale à un moyen différentiel (nº 78) qui tient le milieu entre les 2 extrêmes, et entre chaque couple de termes pris à égale distance des extrêmes. D'où il suit que ce moyen est le terme du milieu, quand les termes de la progression sont en nombre impair, et qu'il se place entre les 2 moyens qui tiennent le milieu, quand ils sont en nombre pair.*

Soient les 2 prog. ÷ 2 . 5 . 8 . 11 . 14 et ÷ 3 . 5 . 7 . 9 . 11 . 13. Dans la 1ʳᵉ, le terme 8, qui tient le milieu entre tous, $= \frac{2+14}{2} = \frac{5+11}{2}$; c.-à d. qu'il est moyen différentiel entre 2 et 14, entre 5 et 11; et ce qui le vérifie, c'est qu'on peut former les 2 équidifférences continues (nºˢ 73 et 77, 2º) ÷ 2 . 8 . 14 et ÷ 5 . 8 . 11.

Dans la seconde, le moyen différentiel $= \frac{3+13}{2} = \frac{5+11}{2} = \frac{7+9}{2} = 8$. Or, sa place est entre les deux termes 7 et 9, car nous avons les équidifférences continues ÷ 3 . 8 . 13; ÷ 5 . 8 . 11; ÷ 7 . 8 . 9.

Pour expliquer cette propriété, supposons une progression à 5 termes et partageons-la en deux parties, telles que la 1ʳᵉ contienne les 2 premiers termes et la 2ᵉ les 2 derniers; celui du milieu restera seul. Or, ce terme étant le 3ᵉ = le 1ᵉʳ + la raison × 2. Mais le 1ᵉʳ + le 5ᵉ = le 2ᵉ + le 4ᵉ (nº 177), et chaque somme étant égale au 1ᵉʳ + le 1ᵉʳ + la raison × 4 (nº 177), il s'ensuit que chacune d'elles est le double du terme moyen.

Un raisonnement analogue étant applicable à toute autre prog. dont le nombre des termes serait impair, quel que soit d'ailleurs le nombre des termes, *il en résulte que dans ces sortes de prog. le terme du milieu est égal à la demi-somme des extrêmes, ou, etc.*

Supposons maintenant une prog. à 6 termes. Nous aurons $1^{er} + 6^{e} = 2^{e} + 5^{e} = 3^{e} + 4^{e}$; or (n° 177), chacune de ces sommes étant égale au $1^{er} + 1^{er} +$ raison $\times 5$, leur moitié est égale au $\frac{1^{er} + 1^{er} + raison \times 5}{2} = 1^{er} +$ raison $\times 2\frac{1}{2}$; donc le terme moyen est placé entre le 3e terme et le 4e. *Donc, dans toute prog. dont les termes sont en nombre pair, le moyen différentiel se place entre les 2 termes du milieu.*

182. *Dans toute prog. par diff. la somme de tous les termes est égale à la demi-somme des extrêmes ou à la demi-somme de 2 termes également distants des extrêmes, multipliée par le nombre des termes.*

Prenons une progression quelconque telle que, par exemple : ÷ 2 . 6 . 10 . 14 . 18..., et écrivons-la 2 fois, de manière que nous ayons, d'une part, une prog. croissante, et de l'autre une prog. décroissante $\left\{ \begin{array}{l} \div 2 . 6 . 10 . 14 . 18... \\ \div 18 . 14 . 10 . 6 . 2... \end{array} \right\}$. Si maintenant nous calculons les sommes des termes correspondants, la première et la dernière seront égales, chacune, à la somme des extrêmes; chacune des sommes intermédiaires sera aussi égale à la somme des extrêmes, puisqu'elle sera formée de termes également distants des extrêmes ; donc nous aurons autant de fois la somme des extrêmes qu'il y a de termes dans la prog. ; et le total de toutes ces sommes sera égal à la somme des extrêmes $\times$ le nombre des termes. Mais ce produit représente le double de la somme de tous les termes, puisque chacun y entre deux fois; *donc la somme de tous les termes d'une prog. par diff. est égale à (la somme des extrêmes $\times$ le nombre des termes) divisé par 2; donc elle est égale à la demi-somme des extrêmes $\times$ le nombre des termes.*

183. De ces trois dernières propriétés résultent les règles suivantes :

1° *Pour trouver un moyen différentiel qui tienne le milieu entre les deux extrêmes d'une prog. par diff., il suffit de calculer la somme des extrêmes ou de deux termes quelconques également distants des extrêmes et de la diviser par 2, le quotient sera le moyen cherché.*

Exemple. *L'un des extrêmes étant 6534 et l'autre 138, trouver le terme qui tient le milieu dans la prog.* ÷ 6534.... 138.

Le terme demandé $= \frac{6534+138}{2} = 3336$. Preuve ÷ 6534 . 3336 . 138 ou bien 6534 — 3336 = 3336 — 138.

2° *Pour trouver la somme de tous les termes d'une prog. par diff., il suffit de calculer le moyen différentiel qui tient le milieu entre tous les termes et de le multiplier par le nombre des termes, le produit sera la somme demandée.*

Exemple. *Trouver la somme de tous les termes de la prog.* ÷ 6534....138, *les 2 nombres donnés étant les 2 extrêmes et le nombre des termes étant 13.*

Nous connaissons le 1er terme 6534 et le dernier 138, nous connaissons aussi le nombre des termes 13; donc, en vertu du principe n° 181 et de la règle sus-énoncée, la

$$\text{somme demandée} = \frac{(6534 + 138) \times 13}{2} = 43368.$$

Le moyen différentiel entre 6534 et 138 étant 3336, on a aussi : *somme demandée* $= 3336 \times 13 = 43368$.

QUELQUES EXEMPLES PRATIQUES SUR LES PROGRESSIONS PAR DIFFÉRENCE.

Question 1re. *On veut faire creuser un puits à 15 mètres de profondeur; mais, à cause de l'augmentation du travail, l'ouvrier, qui ne demande que 4 fr. pour le 1er mètre, exige que ce prix soit progressivement augmenté de 3 fr. à mesure qu'il approchera du fond : combien paiera-t-on pour le 15e mètre?*

Il s'agit évidemment de trouver le dernier terme d'une prog. par différ., et cette prog., dont le 1er terme est 4, est croissante, puisque chaque terme y surpasse de 3 unités le terme qui le précède. Or, le 1er terme étant 4, la raison 3, et le nombre des termes 15, on a (n° 178, 1°) : Prix du 15e m. $= 4 + 3 \times (15 - 1) = 46$ fr.

QUESTION 2e. *Le 15e mètre d'un puits ayant coûté 46 fr., on demande ce qu'a coûté le 1er, l'accroissement progressif du prix étant de 3 fr. par mètre.*

On demande ici le 1er terme d'une prog. par différence dont le dernier terme est 46, la raison 3 et le nombre des termes 15. On a donc (no 178, 2o) : Prix du 1er mètre $= 46 - 3 \times (15 - 1) = 46 - 3 \times 14 = 4$ fr.

QUESTION 3e. *Le 1er mètre d'un puits, qui en a 15 de profondeur, ayant coûté 4 fr. et le 15e 46 fr., on demande quelle a été l'augmentation progressive du prix pour chaque mètre.*

Ici on demande la raison d'une prog. par diff. dont le 1er terme est 4, le dernier 46 et le nombre des termes 15. On a donc (no 178, 3o) : Augmentation demandée $= \frac{46-4}{15-1} = \frac{42}{14} = 3$ fr.

QUESTION 4e. *On a creusé un puits à 15m de profondeur et l'on a augmenté uniformément le prix de chaque m., trouver ce qu'on a payé pour chacun, le premier ayant coûté 4 fr. et le dernier 46 fr.*

Il est évident que pour calculer les prix inconnus, il faut insérer 13 moyens différentiels entre 4 et 46. Or (no 178, 3o), la raison étant $\frac{46-4}{13+1}$ ou $\frac{46-4}{15-1}$ ou $\frac{42}{14} = 3$, ces moyens sont (no 178, 5o) :

1o 7f ;	4o 16f ;	7o 25f ;	10o 34f ;	13o 43f.
2o 10 ;	5o 19 ;	8o 28 ;	11o 37 ;	—
3o 13 ;	6o 22 ;	9o 31 ;	12o 40 ;	—

On comprend que 7 fr. est le prix du second mètre, 10 fr. le prix du troisième.....

QUESTION 5e. *Un bourgeois voulant faire creuser un puits à 15m de profondeur, demande ce qu'il paiera par mètre, terme moyen, sachant que les prix des mètres augmentent uniformément et qu'il est convenu de payer 4 fr. pour le 1er m. et 46 fr. pour le 15e.*

On demande le moyen différentiel qui tient le milieu entre 4 et 46 ; or, en vertu du principe no 181 et de la règle no 183, 1o, qui en résulte, le prix moyen demandé $= \frac{46+4}{2} = \frac{50}{2} = 25$ fr.

QUESTION 6e. *Un bourgeois veut faire creuser un puits à 15 m. de profondeur et il convient avec son ouvrier de payer 4 fr. pour le 1er m.; mais à cause de l'augmentation des difficultés dans le travail, il consent à ajouter progressivement 3 fr. au prix de chaque m. : trouver la somme qu'il aura à payer.*

On ne connaît qu'un terme 4 fr., mais on connaît la raison 3 fr., le nombre des termes 15 m. et l'on demande la somme de tous les termes. Or (no 183, 2o), cette somme $= \frac{4+4+3\times14}{2} \times 15 = \frac{50}{2} \times 15 = 25 \times 15 = 375$ fr.

QUESTION 7e. *On demande quelle est la profondeur d'un puits dont le 1er m. a coûté 4 fr. et le dernier 46, sachant que l'augmentation progressive du prix était de 3 fr. par mètre?*

On demande ici le nombre des termes d'une prog. dont le 1er est 4, le dernier 46 et la raison 3; or (no 178, 4o), le nombre des termes $= \frac{46-4}{3} + 1 = 14 + 1 = 15$: donc la profondeur demandée $= 15$ m.

PROGRESSIONS PAR QUOTIENT.

184. On appelle *progression par quotient* une suite de nombres tels que chacun égale celui qui le précède multiplié par un même nombre appelé *raison de la progression.*

185. Pour marquer que plusieurs nombres forment une progression par quotient, on fait précéder la suite de ce signe $\div\!\div$, puis on sépare les termes par 2 points.

Ainsi les 2 suites $\left\{\begin{array}{l} \div\!\div\ 4 : 8 : 16 : 32 : 64 \\ \div\!\div\ 64 : 32 : 16 : 8 : 4 \end{array}\right\}$ forment 2 prog. par qt. La 1re est dite croissante, parce que ses termes vont en grandissant; la 2de est dite décroissante, parce que ses termes vont en diminuant.

186. On énonce une prog. par q[t] comme on énonce une proportion continue. Ainsi, pour énoncer la 1re des deux prog. indiquées ci-dessus, dites :

4 *est à* 8 *comme* 8 *est à* 16 *comme* 16 *est à* 32 *comme* 32 *est à* 64.

PRINCIPALES PROPRIÉTÉS DES PROGRESSIONS PAR QUOTIENT.

187. Propriété fondamentale. ***Dans toute prog. par quotient un terme quelconque est égal au 1er multiplié par la raison élevée à la puissance marquée par le nombre des termes qui précèdent celui que l'on a en vue.***

Ainsi dans la prog. croissante énoncée ci-dessus, le 1er terme étant 4, la raison 2, et le nombre des termes 5, il s'ensuit que le 5e terme $= 4 \times 2^4 = 4 \times 16 = 64$.

Dans la prog. décroissante, le 1er terme étant 64, la raison étant $\frac{1}{2}$ et le nombre des termes 5, il en résulte que le 5e terme $= 64 \times (\frac{1}{2})^4 = 64 \times \frac{1}{16} = 4$.

Pour comprendre ce principe, rappelons-nous (n° 184) que le 2e terme = le 1er × la raison; que le 3[e] = le 2e × la raison, que le 4[e] = le 3e × la raison... Or, admettant une prog. à 5 termes, nous trouverons que le 2e terme = le 1er × la raison; que le 3[e] = le 1er × la raison^2 ; que le 4[e] = le 1er × la raison^3 ; que le 5[e] = le 1er × la raison^4. *Tout autre cas pouvant se démontrer d'une manière analogue, il s'ensuit que le principe énoncé est vrai.*

188. De ce principe résultent les règles suivantes :

1° *Pour calculer le dernier terme d'une prog. par quotient, quand on connaît le 1er terme, la raison et le nombre des termes, il suffit de multiplier le 1er terme par la raison élevée à la puissance marquée par le nombre des termes, moins un.*

Exemple. *Calculez le 7e terme d'une prog. par q[t] dont le 1er terme est 12 et la raison 3.*

D'après la règle précitée, le terme demandé $= 12 \times 3^6 = 12 \times 729 = 8748$.

2° *Pour trouver le 1er terme, quand on connaît le dernier, la raison et le nombre des termes, il suffit de diviser le dernier terme par la raison élevée à la puissance marquée par le nombre des termes, moins un.*

Exemple. *Calculez le 1er terme d'une prog. qui en a 7, le 7e étant 8748 et la raison étant 3.*

Pour trouver le dernier terme 8748, on a $1^{er} \times 3^6 = 8748$; donc le $1^{er} = \frac{8748}{3^6} = 12$.

3° *Pour calculer la raison, quand on connaît deux termes quelconques et le nombre des termes compris entre le plus grand et le plus petit des 2 termes connus, il suffit de diviser le plus grand par le plus petit et d'extraire du quotient une racine d'un degré marqué par le nombre des termes compris entre les 2 termes donnés plus un.*

Exemple. *Trouver la raison dans la progression ∺ 12....8748, le nombre des termes étant 7.*

Si nous avions à calculer le dernier terme, nous aurions : le dernier terme $= 12 \times \text{raison}^6 = 8748$; donc $\text{raison}^6 = \frac{8748}{12} = 729$; or la raison $= \sqrt[6]{729} = \sqrt{\sqrt[3]{729}} = 3$.

Nota. On sait (n° 52) que pour extraire une racine 6e, il suffit d'extraire d'abord la r. carrée du nombre proposé, puis la r. cubique du résultat; ou bien la r. cubique du nombre proposé, puis la r. carrée du résultat.

4° *Pour calculer le nombre des termes d'une prog. par quotient, quand on connaît les 2 extrêmes et la raison, il suffit de diviser le plus grand des extrêmes par le plus petit et d'élever la raison à ses puissances, jusqu'à ce qu'on atteigne le quotient, le nombre des multiplications effectuées, plus 2 unités, marque le nombre des termes.*

Exemple. *Trouver le nombre des termes d'une prog. dont la raison est 3 et les 2 extrêmes 12 et 8748.*

Pour trouver l'extrême 8748, on a 12 × 3 élevé à la puissance marquée par le nombre des termes — 1 (1°) = 8748; donc $\frac{8748}{12}$ = 3 élevé à la puissance susdite = 729.

Elevant 3 à ses p^ces, jusqu'à ce que j'atteigne 729, j'ai....	1°...	3 × 3 = 9
Ayant effectué 5 multiplications, je vois que la raison 3 a	2°...	9 × 3 = 27
été élevée à sa 6e p^ce, car (n° 5)	3°...	27 × 3 = 81
pour élever un nombre à l'une	4°...	81 × 3 = 243
quelconque de ses puissances,	5°...	243 × 3 = 729

on a toujours autant de multiplications *moins une*, que le degré compte d'unités.

Donc, ajoutant 2 à 5, je vois qu'il s'agit d'une prog. à 7 termes.

5° *Pour insérer un nombre de moyens proportionnels entre deux nombres donnés, cherchez d'abord la raison* (3°), *puis multipliez par la raison le plus petit des termes donnés, le p^t sera le 1er moyen proportionnel, multipliez ce 1er moyen par la même raison, le p^t sera le 2^d moyen proportionnel... Ainsi successivement : le dernier moyen obtenu étant multiplié par la raison, doit reproduire le plus grand des 2 termes donnés. On peut aussi opérer par des divisions successives, en commençant par le plus grand des 2 termes proposés.*

Nota. On appelle moyens proportionnels les nombres qui forment avec 2 autres nombres, considérés comme extrêmes, une prog. par q^t : dans ∺ 2 : 8 : 32 : 128, 8 et 32 sont les moyens proportionnels de la prog.

Exemple. *Insérer 5 moyens proportionnels entre 12 et 8748.*

La raison n'étant pas connue, il faut d'abord que je la calcule, et pour cela, considérant que la prog. a 5 moyens, j'en conclus qu'elle a 7 termes ; donc, usant de la règle 3°, j'ai : Raison $= \sqrt[6]{\frac{8748}{12}} = \sqrt{\sqrt[3]{729}} = \sqrt{9} = 3$, ou $\sqrt[3]{\sqrt{729}} = \sqrt[3]{27} = 3$ (3°, *Nota*).

Maintenant que je sais que la raison est 3, je n'ai plus qu'à me conformer à ce qui est enseigné par la règle 5°, laquelle n'est au reste que l'application de la définition (n° 184). J'ai donc : 1er moyen $= 12 \times 3 = 36$.

2e ..... $= 36 \times 3 = 108$.
3e ..... $= 108 \times 3 = 324$.
4e ..... $= 324 \times 3 = 972$.
5e ..... $= 972 \times 3 = 2916$.

Preuve : $2916 \times 3 = 8748$. D'où j'ai la progression ∺ 12 : 36 : 108 : 324 : 972 : 2916 : 8748.

189. *Dans toute prog. par q^t le p^t de 2 termes moyens pris à égale distance des extrêmes est égal au produit des extrêmes.*

Soit la prog. déjà citée, ∺ 4 : 8 : 16 : 32 : 64. Je dis que $8 \times 32 = 16 \times 16 = 4 \times 64$.

Pour comprendre ce principe, il suffit de se rappeler (n° 184) que le dernier terme égale le premier multiplié par la raison élevée à la puissance marquée par le nombre des termes qui le précèdent. Or, admettant une prog. à 5 termes, on a : le 5e = le 1er × la raison^4; donc le 1er × le 5e = le 1er × le 1er × la raison^4, = conséquemment le carré du 1er × la raison élevée à sa 4e p^{ce}. Prenons maintenant le 2e et le 4e, on a : le 2e × le 4e = le 1er × la raison × le 1er × la raison élevée à sa 3e puissance, ce qui équivaut évidemment au 1er × le 1er × la raison^4, ou au carré du 1er × la 4e puissance de la raison. Or le dernier produit étant composé des mêmes facteurs que le premier, il s'ensuit que les deux sont égaux.

Et comme on démontrerait, d'une manière analogue, que le 3e × le 3e = le 1er × le 5e, il en résulte que le principe est vrai pour une prog. à 5 termes Or, le raisonnement serait semblable pour toute progression par quotient : donc *dans toute progression, etc.*

190 *Dans toute prog. par quotient, la racine carrée du produit des extrêmes ou de 2 termes également distants des extrêmes est moyen proportionnel* (n° 82) *entre les 2 extrêmes et entre chaque couple de termes pris à égale distance des extrêmes.* De plus, ce moyen tient le milieu entre tous les termes lorsqu'ils sont en nombre im-

pair, et il se place entre les 2 termes du milieu lorsqu'ils sont en nombre pair.

Ainsi, dans ∺ 4 : 8 : 16 : 32 : 64, le moyen proportionnel en question $= \sqrt{4 \times 64} = \sqrt{8 \times 32} = \sqrt{16 \times 16} = 16$.

Dans ∺ 4 : 8 : 16 : 32 : 64 : 128, ce moyen $= \sqrt{4 \times 128} = \sqrt{8 \times 64} = \sqrt{16 \times 32} = 22,62$ ..; il est irrationnel.

Cette propriété est une conséquence nécessaire du principe démontré précédemment (n° 189); car si, comme nous l'avons vu, dans une prog. à 5 termes, le 1er × le 5e = le 2e × le 4e = le 3e × le 3e; la racine carrée de tous ces produits doit être la même. Elle est terme moyen entre les 2 facteurs de chaque p^{t}, parce qu'elle contient la moitié des facteurs premiers de chacun. Et, en effet, si nous analysons ces produits, nous trouverons que $\sqrt{1^{er} \times 1^{er} \times r^4} = 1^{er} \times \text{raison}^2$; que $\sqrt{1^{er} \times r. \times 1^{er} \times r^3} = \sqrt{1^{er} \times 1^{er} \times r^4} = 1^{er} \times r^2$; que $\sqrt{1^{er} \times r^2 \times 1^{er} \times r^3} = \sqrt{1^{er} \times 1^{er} \times r^4} = 1^{er} \times r^2$.

Ce moyen proportionnel une fois trouvé, on peut former autant de proportions continues (n° 74) que la prog. contient de fois 2 termes, pris par ordre en partant des deux extrêmes. Ainsi, si nous prenons ∺ 4 : 8 : 16 : 32 : 64, dont le moyen proportionnel est 16, nous pourrons former les 2 proportions continues ∺ 4 : 16 : 64 et ∺ 8 : 16 : 32, dont les rapports sont $\frac{1}{4}$ et $\frac{1}{2}$.

191. De ces deux dernières propriétés résulte la règle suivante :

Pour calculer le moyen proportionnel qui, dans une prog. par quotient, tient le milieu entre tous les termes et le milieu entre chaque couple de terme, pris à égale distance des extrêmes, calculez le p^{t} des extrêmes, ou le p^{t} de 2 termes également distants des extrêmes, et extrayez la r. carrée de ce pt; le résultat sera le moyen demandé.

Exemple. *Trouver le moyen proportionnel d'une prog. dont le 1er terme est 12, la raison 3 et le nombre des termes 7.*

Le 1er terme étant 12, la raison 3 et le nombre des termes 7, nous trouverons l'autre extrême par 12×3^6 (nº 188, 1º) = 8748.

Les 2 extrêmes étant 12 et 8748, le moyen demandé = $\sqrt{12 \times 8748} = 324$.

192. *Dans toute prog. par quotient, la somme de tous les termes est égale à la différence entre le premier terme et le dernier × la raison, divisée par la différence entre la raison et l'unité.*

Ainsi, dans ∺ 4 : 8 : 16 : 32 : 64, la somme de tous les termes $= \frac{64 \times 2 - 4}{2 - 1} = 124$.

Pour comprendre cette propriété, faisons attention que la somme de tous les termes = 1er + 2e + 3e + 4e + 5e + ... + dernier.

Or (nº 187) 2e = 1er × raison
3e = 2e × raison
4e = 3e × raison
5e = 4e × raison
.. = .. × raison

Enfin, le dernier égale l'avant-dernier × raison.

Si, d'une part, nous formons la somme des quantités 2e + 3e + 4e + 5e + ... + dernier, et de l'autre la somme des quantités (1er + 2e + 3e + 4e +.... + avant-dernier) × raison, les deux résultats seront égaux, car ils seront composés de quantités égales.

Or, si au 1er résultat on ajoute le 1er *terme*, il deviendra égal à la somme de tous les termes; donc le 1er résultat = la somme — le 1er terme.

Si, d'autre part, on ajoute au 2d résultat le dernier terme × la raison, il deviendra égal à la somme de tous les termes × la raison; donc le 2d résultat = la somme de tous les termes × la raison — le dernier terme × la raison. D'où il suit que la somme — le 1er terme = la somme × raison — le dernier terme × raison. Ces deux différences donnent lieu à l'équidifférence (nº 68): LA SOMME DE TOUS LES TERMES . AU PREMIER TERME : LA SOMME DE TOUS LES TERMES × LA RAISON . AU DERNIER TERME × RAISON. D'où l'on conclut : LA SOMME × LA RAISON — LA SOMME = LE DERNIER TERME × LA RAISON — LE PREMIER ; et enfin : LA SOMME $= \frac{\text{DERNIER} \times \text{RAISON} - 1^{\text{er}}}{\text{RAISON} - 1}$.

193. *D'après cela, pour calculer la somme de tous les termes d'une prog. par quotient, multipliez le der-*

nier terme par la raison, prenez la différence entre le p^t et le 1er terme, puis divisez-la par la différence entre la raison et l'unité.

Exemple. *Calculez la somme de tous les termes de la prog.* $\div\div$ 12 : .... : 8748, *dont la raison est* 3.

Le 1er terme étant 12, le dernier 8748, et la raison 3, on a *somme demandée* : $\frac{8748 \times 3 - 12}{3 - 1} = 13116$.

QUELQUES EXEMPLES PRATIQUES SUR LES PROGRESSIONS PAR QUOTIENT.

Question 1re. *Combien valent, au bout de 4 ans, 30000 fr. placés au taux de 5 p. %, si l'on exige l'intérêt composé joint au capital?*

On sait (n° 136) que dans une question d'intérêt composé le capital donné est le capital de la 1re année, que le capital de la 2de est le capital de la 1re + son intérêt annuel, que le capital de la 3e est le capital de la 2de + son intérêt annuel, et ainsi de suite. Eh bien, soit 1 fr. le capital de la 1re année : si le taux est 5 fr., l'intérêt du capital 1 fr. sera 5 centimes; donc le capital pour la 2e année sera $1^f,05$, celui de la 3e sera $0^f.05 \times 1,05 + 1^f,05 = (0^f,05 + 1^f) \times 1,05 = 1^f,05 \times 1,05 = 1,05^2$....; d'où, continuant à raisonner ainsi, on trouve que 1 fr. plus ses intérêts composés, au bout d'un nombre d'années, vaut (1 fr. + son intérêt annuel) élevés à la p^{ce} marquée par le nombre d'années. Connaissant ce que vaut 1 fr. plus ses intérêts composés pour le temps convenu, il ne reste plus qu'à multiplier cette valeur par la somme proposée. Les questions d'intérêt composé, où l'on demande intérêt et capital, sont donc des prog. par q^t : le 1er terme, c'est le capital proposé, la raison, c'est 1 fr. + son intérêt annuel, et le nombre des termes — 1, c'est le nombre d'années. D'après cela, pour résoudre la question proposée, nous avons, en vertu de la règle n° 188, 1° : le capital pour la 5e année, c.-à-d. le capital primitif augmenté de ses intérêts composés de 4 ans $= 1,05^4 \times 30000 = 36465^f,1875$.

Question 2e. *On a touché* $36465^f,1875$; *intérêts* *composés et capital d'une somme placée pendant 4 ans au taux de 5 p. %, trouver la valeur de cette somme.*

On connaît le 5e terme 36465^f,1875, on connaît la raison 1^f,05, et l'on demande le 1er terme. J'ai donc (n°188, 2°)
$$\frac{36465{,}1875}{1{,}05^4} = 30000 \text{ fr.} = \textit{somme demandée.}$$

Question 3e. *On a placé 30000 fr. pour 4 ans, et au bout de ce temps, on a retiré 36465^f,1875, composant le capital et les intérêts composés : à quel taux a-t-on prêté?*

Il s'agit ici de trouver la raison d'une prog. par q^t dont le 1er terme est 30000 et le 5e 36465^f,1875; or, en vertu de la règle n° 188 3°, la raison $= \sqrt[4]{\frac{36465{,}1875}{30000}} = \sqrt{\sqrt{1{,}21550625}} = \sqrt{1{,}1025} = 1{,}05$. Mais, dans ces sortes de prog., la raison est 1 fr. + l'intérêt annuel de 1 fr., donc ici l'intérêt annuel de 1 fr. est 5 centimes; or si l'intérêt de 1 fr. est 5 centimes, l'intérêt de 100 fr. est 5 fr.; donc le taux demandé est 5 p. %

Question 4e. *On a placé 30000 fr. à intérêt, et au bout du temps convenu, on a retiré 36465^f,1875 composant intérêts et capital : trouver le temps que cette somme est demeurée chez l'emprunteur, le taux pour cent étant 5 fr.*

On demande le nombre des termes — 1 d'une prog. par quotient; donc, en vertu de la règle n° 188, 4°, le nombre des années = le nombre des multiplications à effectuer pour que la quantité 1,05, élevée à ses p^{ces}, atteigne $\frac{36465{,}1875}{30000}$ ou 1,21550625. Or, on trouve que $(1{,}05)^4 = 1{,}21550625$; donc, le temps demandé = 4 ans.

Question 5e. *Une somme de 30000 fr. a produit intérêt durant 4 ans, et l'on demande quels ont été les capitaux de chaque année, sachant que chacun s'est augmenté de l'intérêt de l'année précédente, le taux étant d'ailleurs* 5 *p.* °/o.

On demande ici les 5 termes d'une progression dont le 1er terme est 30000 fr. et la raison 1,05. Donc (n° 188)

le 1er capital étant................		30000 fr.
le 2e sera......	30000 × 1,05	= 31500
le 3e sera......	31500 × 1,05	= 33075
le 4e sera......	33075 × 1,05	= 34728f,75
le 5e sera......	34728,75 × 1,05	= 36465f,1875.

QUESTION 6e. *On a touché* 36465f,1875, *intérêt composé et capital d'une somme de* 30000 *fr. placée pour* 4 *ans au taux de* 5 *p.* °/o *: quelle somme eût-on retirée, si l'on eût retiré à mi-temps ?*

Il s'agit ici de trouver le terme qui tient le milieu entre 30000 et 36465,1875. Donc (n° 191), la somme demandée $= \sqrt{36465,1875 \times 30000} = 33075$ fr.

QUESTION 7e. *Trouver la somme de tous les capitaux, le* 1er *étant* 30000 *fr. et le dernier, qui comprend le* 1er *plus les intérêts des intérêts de* 4 *ans, étant* 36465f,1875 *; le taux étant* 5 *p.* °/o.

D'après la règle (n° 193) la somme de tous les capitaux

$$= \frac{36465,1875 \times 1,05 - 30000}{1,05 - 1} = 165768^f,9375.$$

TRAITÉ DES POIDS ET MESURES.

Système métrique; Calendriers; Divisions du cercle; Anciens poids et mesures; Mesures et poids usuels créés en 1812.

SYSTÈME MÉTRIQUE. *(Arith. élé. n° 49 et suiv.)*

Mesures effectives et termes de comparaison.

1. Les mesures métriques sont de 2 sortes : 1° celles qui existent en réalité et qui, pour cela, sont appelées *mesures réelles;* 2° celles qui n'existent pas en réalité, qui ne sont que des multiples des mesures effectives, ou qui sont prises pour unités dans les opérations géométriques, et auxquelles on donne le nom de *termes de comparaison*.

LONGUEURS.

2. Les mesures effectives pour les longueurs sont :

1° Le *double décamètre*, qui contient 20 mètres.
2° Le *décamètre* (c'est la chaîne d'arp.) 10
3° Le *demi-décamètre*............ 5
4° Le *double mètre*.............. 2
5° Le *mètre* (base du système)..... 1
6° Le *demi-mètre*................ 5 décimètres.
7° Le *double décimètre*........... 2
8° Le *décimètre*................. 1

Toutes ces mesures sont ou en fer, ou en cuivre, ou en bois. Elles sont ou pliantes ou formées d'une seule pièce; les subdivisions y sont marquées par des traits ou par des anneaux particuliers. Le double décamètre, le décamètre et le demi-décamètre sont des chaînes de gros fil d'archal ou de fer.

3. Les termes de comparaison pour les longueurs sont :

1° L'*hectomètre*, qui s'obtient en portant 5 fois le double décamètre ou 10 fois le décamètre sur la ligne qu'on veut mesurer ;

2° Le *kilomètre*, qui s'obtient en déplaçant 50 fois le double décamètre ou 100 fois le décamètre.

3° Le *Myriamètre*, qui s'obtient en déplaçant 500 fois le double décamètre ou 1000 fois le décamètre..

SURFACES.

4. Pour évaluer les surfaces, il n'existe aucune mesure effective: on n'a que des termes de comparaison, et c'est la géométrie qui enseigne à trouver les *mètres carrés*, les *ares* et les *hectares* contenus dans une surface quelconque (Arith. élém. n° 292 et suiv.)

SOLIDES.

5. La loi n'admet que trois mesures effectives pour les solides, ce sont :

1° Le *demi-décastère*, qui vaut 5 stères.
2° Le *double stère*............. 2 —
3° Le *stère* .... 1 —

Ces mesures sont des châssis formés de pièces de bois ajustées les unes aux autres, et laissant entre elles des espaces capables de contenir 5 m. cubes, 2 m. cubes, 1 m. cube.

Le décistère et le centistère ne sont que des termes de comparaison qui servent à évaluer les bois de charpente, Une solive de 10 mètres de longueur, ayant un décimètre d'équarrissage, contient un décistère; une solive d'un mètre de long sur un décimètre d'équarrissage contient un centistère.

Au reste, pour trouver les décistères contenus dans une pièce de bois, il suffit de se rappeler (Arith. élé., n° 90) que le décistère est égal au dixième du mètre cube. Si j'avais, par exemple, à trouver les décistères contenus dans une poutre contenant 1 m. cube, 700 décimètres cubes, je raisonnerais ainsi : 1 m. cube vaut 10 dixièmes de m. cube; avec 7 dixièmes, cela fait 17 dixièmes; mais chaque dixième de m. cube vaut un décistère, donc la poutre en question contient 17 décistères.

Le mètre cube et ses subdivisions ne sont non plus que des termes de comparaison; c'est encore la géométrie qui enseigne à trouver les mètres cubes et parties de m. cube contenus dans un volume quelconque (Arith. élé., n° 112).

CAPACITÉS.

6. Les mesures effectives de capacité sont de différentes matières ; elles sont toutes de forme cylindrique, mais elles varient sous le rapport des dimensions, suivant les usages qu'on en fait.

MESURES EN BOIS POUR LES GRAINS.

Noms des mesures.	*Contenance,*	*profondeur et diamètre intérieurs.*
1° L'*hectolitre*.......	100 litres....	503 milli. $\frac{1}{10}$.
2° Le *demi-hectolitre*.	50.........	399... $\frac{1}{10}$.
3° Le *double décalitre*.	20.........	294... $\frac{2}{10}$.
4° Le *décalitre*......	10.........	233... $\frac{5}{10}$.
5° Le *demi-décalitre*..	5.........	185... $\frac{3}{10}$.
6° Le *double litre*....	2.........	136... $\frac{6}{10}$.
7° Le *litre*..........	1.........	108... $\frac{4}{10}$.
8° Le *demi-litre*.....	5 décilitres.	86......
9° Le *double décilitre*.	2.........	63... $\frac{4}{10}$.
10° Le *décilitre*.......	1.........	50... $\frac{3}{10}$.
11° Le *demi-décilitre*..	5 centilitres	39... $\frac{9}{10}$.

MESURES EN FER BLANC POUR LE LAIT ET L'HUILE.

1° Le *double litre*....	2 litres....	136 mill. $\frac{6}{10}$.
2° Le *litre*..........	10 décil.....	108... $\frac{4}{10}$.
3° Le *demi-litre*.....	5 décil.....	86......
4° Le *double décilitre*.	2 décil.....	63... $\frac{4}{10}$.
5° Le *décilitre*.......	10 centil....	50... $\frac{3}{10}$.
6° Le *demi-décilitre*..	5 centil....	39... $\frac{9}{10}$.
7° Le *double centilitre*	2 centil....	29... $\frac{4}{10}$.
8° Le *centilitre*......	1 centil....	23... $\frac{4}{10}$.

MESURES EN FER, EN CUIVRE, EN TÔLE.... POUR LES LIQUIDES.

1° L'*hectolitre*.............	503 mill. $\frac{1}{10}$.
2° Le *demi-hectolitre*......	399... $\frac{2}{10}$.
3° Le *double décalitre*......	294... $\frac{2}{10}$.
4° Le *décalitre*............	233... $\frac{5}{10}$.
5° Le *demi-décalitre*	185... $\frac{3}{10}$.

PETITES MESURES POUR LES BOISSONS.

Noms des mesures.	*Profondeur.*	*Diamètre.*
1° Le *double litre*.....	216$^{mill.}$ $\frac{8}{10}$...	108$^{mill.}$ $\frac{4}{10}$.
2° Le *litre*...........	172........	86
3° Le *demi-litre*.......	136... $\frac{6}{10}$...	68... $\frac{3}{10}$.
4° Le *double décilitre*..	100... $\frac{6}{10}$...	50... $\frac{3}{10}$.
5° Le *décilitre*.........	79... $\frac{9}{10}$...	39... $\frac{9}{10}$.
6° Le *demi-décilitre*...	63... $\frac{4}{10}$...	31... $\frac{7}{10}$.
7° Le *double centilitre*.	46... $\frac{7}{10}$...	23... $\frac{4}{10}$.
8° Le *centilitre*.......	37... $\frac{4}{10}$...	18... $\frac{5}{10}$.

POIDS.

7. On sait que le *gramme* est l'unité principale des poids métriques ; on sait aussi que le gramme est le poids d'un centimètre cube d'eau distillée et pesée à son maximum de densité. Or, pour l'obtenir, on a pesé dans le vide un décimètre cube de cette eau, puis on est convenu que le poids obtenu s'appellerait *kilogramme* et que la millième partie de ce poids s'appellerait *gramme*.

L'eau est à son maximum de densité lorsque le thermomètre marque 4 degrés centigrades au-dessus de zéro, ou environ.

GROS POIDS.

1° de 50 *kilogrammes*.
2° de 20 *kilogrammes*.
3° de 10 *kilogrammes*.

POIDS MOYENS.

1° de 2 *kilogrammes*.
2° d'*un kilogramme*.
3° d'*un* $\frac{1}{2}$ *kilog*. ou de 5 *hectog*.
4° de 2 *hectogrammes*.
5° d'*un hectogramme*.
6° d'*un* $\frac{1}{2}$ *hectog*. ou de 5 *décag*.
7° de 2 *décagrammes*.
8° d'*un décagramme*.
9° d'*un* $\frac{1}{2}$ *décag*. ou de 5 *gram*.

PETITS POIDS.

1° de 2 *grammes*.
2° d'*un gramme*.
3° d'*un* $\frac{1}{2}$ *gram*. ou de 5 *décig*.
4° de 2 *décigrammes*.
5° d'*un décigramme*.
6° d'*un* $\frac{1}{2}$ *décig*. ou de 5 *centig*.
7° de 2 *centigrammes*.
8° d'*un centigramme*.
9° d'*un* $\frac{1}{2}$ *centig*. ou de 5 *millig*.

Ces poids ne sont pas tous d'un même métal, les gros et les moyens sont ordinairement en fer et les petits en cuivre. Ils varient aussi pour la forme.

MONNAIES.

8. Nous avons donné (Arith. élé., p. 23) le tableau des valeurs du poids et du diamètre de nos monnaies ; nous allons parler ici de la tolérance légale, puis nous comparerons entre elles les différentes espèces de monnaies.

TOLÉRANCE LÉGALE.

9. On appelle *tolérance légale* sur le poids des monnaies ce que la loi souffre qu'elles aient en plus ou en moins du poids fixe. Voici cette tolérance pour chaque pièce :

La tolérance, pour les pièces en or, est des $\frac{2}{1000}$ de leur poids.

Ainsi, pour la pièce de 40 fr., c'est 12g,9032 × 0,002 ou 0g,0258064, c.-à-d. 258 dix-milligrammes. D'après cela, cette pièce ne peut peser plus de 12g,9032 + 0,0258 = 12g,9290, ni moins de 12g,9032 — 0,0258 = 12g,8774.

Pour la pièce de 20 fr., c'est 6g,4516 × 0,002 ou 0g,0129032, c.-à d. 129 dix-milligrammes. Donc la pièce de 20 fr. ne peut peser plus de 6g,4516 + 0.0129 = 6g,4645 ; ni moins de 6g,4516 — 0,0129 = 6g,4387.

La tolérance sur les monnaies d'argent varie suivant le poids de chaque pièce.

Ainsi la tolérance pour la pièce de 5 fr. est des $\frac{3}{1000}$ du poids de cette pièce ; c'est donc 25 × 0,003 ou 0g,075, c.-à-d. 75 milligrammes.

Donc la pièce de 5 fr. ne peut peser plus de 25g,075 ; ni moins de 25g — 0,075 = 24g,925.

Pour la pièce de 2 fr, la tolérance est des $\frac{5}{1000}$ du poids de la pièce, c'est donc 10 × 0,005 ou 5 centigrammes.

Ainsi, la pièce de 2 fr. ne peut peser plus de 10g,05 ; ni moins de 10g — 0,05 = 9g,95.

Pour la pièce d'un fr., la tolérance est aussi de $\frac{5}{1000}$ du poids de la pièce ; c'est donc 5 × 0,005 ou 25 millig r.

D'après cela, la pièce d'un fr. ne peut peser plus de 5g,025 ; ni moins de 5g — 0,025 = 4g,975.

Pour la pièce d'un demi-franc, la tolérance est des $\frac{7}{1000}$ du poids de la pièce ; c'est donc 2,5 × 0,007 ou 175 dix-milligrammes.

Cette pièce ne peut donc peser plus de 2g,5 + 0,0175 = 2g,5175, ni moins de 2g,5 — 0,0175 = 2g,4825.

Pour la pièce d'un quart de franc, la tolérance est 1 centième du poids de la pièce; c'est donc $1^g,25 \times 0,01$ ou 125 dix-milligrammes.

Ainsi, cette pièce ne peut peser plus de $1^g,25 + 0,0125 = 1^g,2625$; ni moins de $1^g,25 - 0,0125 = 1^g,2375$.

NOUVELLES PIÈCES DE MONNAIE EN BRONZE.

Notre gouvernement vient de démonétiser les anciennes monnaies de cuivre qu'il remplace par 4 pièces en bronze, dont voici les valeurs, les poids et les diamètres.

Valeurs.	Poids.	diamètres.
1 cent.	1 gramme	15 millim.
2 cent.	2 grammes	20 millim.
5 cent.	5 grammes	25 millim.
10 cent.	10 grammes	30 millim.

Le poids de ces nouvelles pièces se compose de 100 parties, dont 95 de cuivre, 4 d'étain et une de zinc.

La tolérance est des $\frac{5}{1000}$ du poids d'une pièce pour les pièces de 1 et de 2 centimes; elle est de $\frac{1}{100}$ du poids d'une pièce pour les pièces de 5 et de 10 centimes.

COMPARAISON ENTRE LES DIFFÉRENTES ESPÈCES DE MONNAIES.

10. Un poids quelconque de monnaie d'or vaut 15 fois $\frac{1}{2}$ plus qu'un même poids de monnaie d'argent, et 310 fois plus qu'un même poids de monnaie de bronze. Donc, avec un kilogramme de monnaie d'or, on peut payer 15 kilog. 500 gram. de monnaie d'argent; et avec un kilog. de monnaie d'or, on paiera 310 kilog. de monnaie de bronze.

Un poids quelconque de monnaie d'argent vaut 20 fois un même poids de monnaie de bronze. Donc, pour un kilog. de monnaie d'argent, on aura 20 kilog. de monnaie de bronze.

D'après cela, 2 k. 230 gr. de monnaie d'or valent en monnaie d'argent $2,230 \times 15,5 = 34$ kil 565 g.; et 12k.,4 de monnaie d'argent ne valent en monnaie d'or que $\frac{12,4}{15,5} = 8$ hectog.

CALENDRIER GRÉGORIEN.

11. L'année astronomique se compose de 365 jours 5 heures 48 minutes 51 secondes $\frac{6}{10}$: c'est le temps que la terre met à accomplir une révolution autour du soleil, par rapport au 1er point du bélier.

En faisant l'année civile de 365 jours, tous les 4 ans, le 1er de l'an se trouverait avancé d'à peu près un jour, et cette anticipation, qui serait d'environ 24 jours par siècle, deviendrait de plus en plus considérable : pour obvier à cet inconvénient, on a réglé que toutes les années dont le chiffre ne serait pas divisible par 4, ne compteraient que 365 j., et que toutes celles dont le chiffre serait divisible par 4 en compteraient 366.

Mais, comme les 5 h. 48 m. 51 s. $\frac{6}{10}$, qui se trouvent en plus des 365 jours, ne forment pas tout-à-fait un jour dans 4 ans, on a réglé en outre qu'à partir de l'an 1600, sur 4 siècles, 3 des années terminant un siècle ne seraient que de 365 j., et une seulement de 366. Ainsi, sur les années séculaires 1600, 1700, 1800, il n'y a eu que 1600 qui ait compté 366 j. ; 1900 n'en comptera non plus que 365, mais 2000 en aura 366. (1)

Les années de 365 j. sont appelées *années communes* et les années de 366 j. sont appelées *années bissextiles.*

Le 366e jour est ajouté au mois de février qui, pour cette cause, est de 29 jours dans les années bissextiles, tandis qu'il ne compte que 28 jours dans les années communes.

L'année se divise en 12 mois qui se partagent les 365 j. ou les 366 j. de la manière suivante :

Janvier 31 j., *février* 28 ou 29 j., *mars* 31 j., *avril* 30 j., *mai* 31 j., *juin* 30 j., *juillet* 31 j., *août* 31 j., *septem.* 30 j., *Octobre* 31 j., *Novembre* 30 j., *décembre* 31 *j.*

CALENDRIER RÉPUBLICAIN.

12. Du 22 septembre 1793 au 1er janvier 1806 on s'est servi, en France, d'un calendrier où l'année était divisée en douze mois de chacun 30 j.; mais, comme cela ne faisait que 360 j., on était convenu que, dans les années ordinaires, on ajouterait 5 jours complémentaires après le 12e mois et 6 dans les années bissextiles.

Les noms des jours étaient :

Primidi, duodi, tridi, quartidi, quintidi, sextidi, septidi, octidi, nonidi, decadi.

---

(1) Cet arrangement porte le nom de Calendrier grégorien, parce que nous le devons au pape Grégoire XIII. Le calendrier grégorien a commencé à avoir cours en 1582, et de nos jours, il est suivi par tous les Européens, excepté les Russes.

Le jour se divisait en 10 heures, l'heure en 100 minutes et la minute en 100 secondes.

Le 1er jour de l'an variait du 22 au 24 septembre ; ainsi l'année commençait avec l'automne.

Les noms des mois étaient :

AUTOMNE.

Vendémiaire, du 22 septembre au 22 octobre.
Brumaire, du 22 octobre au 21 novembre.
Frimaire, du 21 novembre au 21 décembre.

HIVER.

Nivôse, du 21 décembre au 20 janvier.
Pluviôse, du 20 janvier au 19 février.
Ventôse, du 19 février au 21 mars.

PRINTEMPS.

Germinal, du 21 mars au 20 avril.
Floréal, du 20 avril au 20 mai.
Prairial, du 20 mai au 19 juin.

ÉTÉ.

Messidor, du 19 juin au 19 juillet.
Thermidor, du 19 juillet au 18 août.
Fructidor, du 18 août au 17 septembre.

Les 5 ou les 6 jours complémentaires étaient compris entre le 17 ou le 18 août et le 22 ou le 23 septembre.

Lorsque le 1er de l'an variait, le 1er jour de chaque mois variait aussi par rapport au calendrier grégorien.

DIVISION DU CERCLE.

13. Nous avons parlé (Arithm. élém., n° 110) de la division du cercle le plus généralement en usage ; nous parlerons ici d'une certaine division suivie par quelques auteurs et qu'il n'est pas hors de propos de connaître.

Dans cette nouvelle division, on partage la circonférence du cercle en 400 parties égales, appelées *grades* ; chaque grade se subdivise en 100 minutes, et chaque minute en 100 secondes. Ainsi, la circonférence contenant 400 grades vaut 40000 minutes et 4000000 de secondes.

Un grade n'étant que les $\frac{360}{400}$ ou les $\frac{9}{10}$ d'un degré, on réduit des grades en degrés en multipliant le nombre donné par $\frac{9}{10}$; et réciproquement, on réduit des degrés en grades en divisant par $\frac{9}{10}$ le nombre de degrés proposé.

14. *Anciennes mesures avec leurs valeurs approximatives en mesures métriques.* (1)

LONGUEURS.

1° La toise (unité princip.) mesure de 6 p.	vaut 1 m.,9490 +
2° Le pied égal au $\frac{1}{6}$ de la toise, se divisait en 12 pouces	vaut 0 m., 3248 +
3° Le pouce égal au $\frac{1}{12}$ du pied, se divisait en 12 lignes	vaut 0 m., 02707 —
4° La ligne égale à la 12e partie du pouce, se divisait en 12 points..............	vaut 0 m., 00226 —
5° La lieue de 25 au deg., qui val. 2280 tois. $\frac{74}{225}$	vaut 4444 m. $\frac{4}{9}$.
6° La lieue de poste, qui valait 2000 t ...	vaut 3898 m. +
7° L'aune, mesure pour les tissus, de 3 pieds 7 pouces 10 lignes $\frac{5}{6}$....................	vaut 1 m., 118 +

15. SURFACES

1° La toise carrée, égale à 36 p. carrés...	vaut 3 m. c., 7987 +
2° Le pied carré, qui val. 144 pouces carrés	vaut 0 m.c., 10552 +
3° Le pouce carré, qui val. 144 lignes carr.	vt 0 m. c , 000732 +
4° La ligne carrée.....................	vt 0 m. c., 000005 +

16 MESURES AGRAIRES.

1° La perche carrée des eaux-et-forêts, qui avait 22 pieds de côté................	vaut 0 are, 5107 +
2° L'arpent des eaux-et-forêts, qui avait 220 p. de côté et qui conten. 100 perch. c.	vaut 51 ares, 07 +

17. SOLIDES.

1° La toise cube, qui valait 216 pieds cub.	7 m. c., 4039 —
2° Le pied cube, qui valait 1728 pouces c..	0 m. c., 034277 —
3° Le pouce cube, qui valait 1728 lignes c.	0 m.c., 00001 9837 —
4° La ligne cube	0 m. c., 000000011

18. BOIS DE CHAUFFAGE.

La corde des eaux-et-forêts, qui avait 8 pieds de long, 3 pi. 6 po. de large et 4 pi. de ht	vaut 3 stères 839 +

19. BOIS DE CHARPENTE.

La solive, égale à la 72e partie de la toise cube, ou à 3 pieds cubes.............	vaut 1 décist., 028 +

---

(1) Nous mettrons le signe + à droite des rapports qui seront en moins, et le signe — a droite des rapports qui seront en plus. (Lire le nota qui termine ce traité, no 52.)

20. CAPACITÉS POUR LES GRAINS.

1° Le muid de Paris, qui se divisait en 12 setiers, 24 mines 48 minots, 144 boisseaux, 2304 litrons. vt 18 hectol., 732—
2° Le setier, qui se divisait en 2 mines, 4 minots, 12 boisseaux............... vaut 1 hect., 561 —
3° La mine, qui se divisait en 6 boisseaux.. vaut 7 décal., 805+
4° Le minot, qui se divisait en 3 boisseaux vaut 3 décal., 902+
5° Le boisseau, qui se divisait en 16 litrons, et qui contenait 655 pouces cubes, 78.. vaut 1 décal., 301—
6° Le litron.......................... vaut 8 décilit., 13+

21. CAPACITÉS POUR LES BOISSONS.

1° Le muid de Paris, qui se divis. en 2 feuillettes, 4 quartauts, 36 veltes, 288 pintes. vaut 2 hect., 682+
2° La feuillette, qui se divis. en 2 quartauts vaut 1 hect., 341+
3° Le quartaut qui se divisait en 9 veltes.. vaut 67 litres, 05 +
4° La velte, qui valait 8 pintes........... vaut 7 litres, 45 +
5° La pinte, qui se divisait en 2 chopines, contenait 46 pouces cubes, 95......... vaut 0 litre, 931 +

22. POIDS.

1° La livre poids de marc, qui se divisait en 2 marcs ou demi-liv., 16 onc., 128 gros 384 deniers, 9216 grains v. 489 gr., 5 +
2° Le marc ou la $\frac{1}{2}$ livre, qui se div. en 8 onc. vaut 244 gr., 75 +
3° L'once, qui se div. en 8 gros ou drachmes vaut 30 gr., 594 —
4° Le gros ou la drachme, qui se divis. en 3 deniers ou scrupules................. vaut 3 gr., 824 +
5° Le denier, qui se divisait en 24 grains.. vaut 1 gr., 274 +
6° Le grain......................... vaut 0 gr, 053 +
7° Le quintal, qui valait 100 livres....... vaut 48 kilog., 950+
8° Le tonneau de mer, qui pesait 2000 liv. vaut 979 kilog. +

23. MONNAIES.

1° La livre tournois, qui se div. en 20 sous, vaut $\frac{80}{81}$ d'1f ou 0f,987+
2° Le sou, qui val. 4 liards.... on lui a donné la valeur de 5 cent.
3° Le liard, qui valait 3 deniers......... vaut 0f,0125.

Les pièces de monnaie étaient : 1° le *louis d'or* de 48 livres et le *louis d'or* de 24 livres; ils étaient l'un et l'autre au titre $\frac{901}{1000}$; 2° les pièces de 6 livres, de 3 livres, de 12 sous, de 6 sous, en argent, qui étaient au titre $\frac{906}{1000}$; 3° les pièces de 30 sous, de 15 sous, en argent, qui étaient au titre $\frac{660}{1000}$; 4° les pièces de 2 sous, d'un sou, de 2 liards, d'un liard et d'un denier, en cuivre.

Abréviations. — Dans l'ancien système on écrivait T. pour toise, P. pour pied, p. pour pouce, l. pour ligne.
℔ pour livre (poids), m. pour marc.
tt pour livre (monnaie), s. pour sou, d pour denier.

CONVERSIONS.

24. ***Pour convertir des mesures anciennes en nouvelles mesures, il suffit de multiplier les unités données par la valeur d'une de ces unités exprimée en nouvelles mesures. Et pour convertir des mesures nouvelles en mesures anciennes, il suffit de diviser les unités données par la valeur d'une des unités demandées exprimée en nouvelles mesures.***

EXEMPLE I. *Combien 32 pieds valent-ils de mètres?*
R. 32 pieds valent $32 \times 0{,}3248 = 10^{m},39$ (n° 14).

EXEMPLE II. *Réduire 13 pieds 7 pouces en mètres et centimètres.*
R. 13 pieds 7 pouces valent $13 \times 12 + 7$ ou 163 pouces. Or, multipliant 163 par $0^{m},02707$, valeur d'un pouce en mètre (n° 14), on a $163 \times 0{,}02707 = 4^{m},41$.

EXEMPLE III. *Combien 7 toises carrées valent-elles de mètres carrés?*
R. 7 toises carrées valent $7 \times 3{,}7987 = 26$ m. carrés 591 (n° 15).

EXEMPLE IV. *Un mur a 18 toises 2 pieds 7 pouces car. de surface, trouver ce que cela vaut de mètres carrés.*
R. 18 toises 2 pieds 7 pouces carrés valent $(18 \times 36 + 2) \times 144 + 7 = 650 \times 144 + 7 = 93607$ pouces carrés. Or, multipliant 93607 par 0 m. carré 000732, valeur d'un pouce carré en mètre, on a $93607 \times 0{,}000732 = 68$ m. car. 52 (n° 15).

EXEMPLE V. *Réduire 45 mètres en pieds.*
R. 45 m. valent $\frac{45}{0{,}3248} = 138$ pieds 6 pouces, à peu près.

REMARQUE. Quand, dans ces sortes de divisions, on a obtenu l'unité principale demandée, on multiplie le reste par le nombre qui exprime combien il faut d'unités de l'ordre secondaire pour faire une unité principale, puis on continue la division. Ainsi pour chaque reste, car chaque nouvelle subdivision qu'on obtient au quotient peut être considérée comme unité principale, par rapport à l'espèce immédiatement inférieure.

EXEMPLE VI. *Réduire $12^{m},17$ en pieds.*
R. $12^{m},17$ valent $\frac{12{,}17}{0{,}3248} = \frac{121700}{3248} = 37$ p. 5 p. 7 lig.

EXEMPLE VII. *Réduire 26 m. car. 5909 en pieds car.*
R. 26 m. car. 5909 valent $\frac{26{,}5909}{0{,}105521} = \frac{2659090}{105521} = 25$ P. c. 29 pouces c. à peu près.

6

25. Nous n'insisterons pas davantage sur ces réductions que nous regardons comme étant d'un rare usage dans la pratique, parce que les mesures qu'elles ont pour objet sont peu connues de nos jours. Il est vrai que, dans les campagnes, les gens d'un certain âge mesurent toujours à la toise, au pied, à l'aune, etc., etc, pèsent à la livre, à l'once... Ils sont excusables, puisqu'ils n'ont pas appris le système métrique ; et cependant leurs mesures, leurs poids sont, sans qu'ils s'en doutent, basés sur le mètre, et voici comment : En 1812, on créa un système de mesurage et de pesage dont les unités, quoique dérivant du mètre, conservèrent toutefois les anciennes dénominations ; et, en effet, chacune correspondait, à peu de chose près, à celle de l'ancien système dont elle portait le nom. Des mesures effectives furent fabriquées d'après les prescriptions de ce nouveau système, et l'on obligea les marchands ainsi que les ouvriers d'en faire usage. On leur donna le nom de *mesures usuelles*, et elles ont eu cours dans le commerce de détail de 1812 à 1840. Nul doute qu'aujourd'hui, lorsqu'il est question d'anciens poids et mesures, c'est des poids et mesures usuels qu'il s'agit.

Mesures et Poids usuels avec leurs valeurs vraies ou approximatives en mesures métriques. (1)

26 LONGUEURS.

1° La *toise*.......... vaut 2 mètres.
2° Le pied .... vaut $\frac{1}{3}$ du m ou 0 m. 333 +
3° Le *pouce* .... vaut $\frac{1}{36}$ du m. ou 0 m. 028 —
4° La *ligne* .... vaut $\frac{1}{432}$ du m. ou 0 m. 0023+
5° La *lieue* métrique.. vaut 4 kilomètres.
6° L'*aune* métrique .. vaut 1 m. 20.

27. SURFACES.

1° La *toise carrée*.... vaut 4 mètres carrés.
2° Le *pied carré*..... vaut $\frac{1}{9}$ du m. car. ou 0 m. car. 111111 +
3° Le *pouce carré*.... vaut $\frac{1}{1296}$ du m. car. ou 0 m. carré 000771 +
4° La *ligne carrée* ... vaut $\frac{1}{186624}$ du m. car. ou 0 m. carré 000005 +

(1) Lorsque le rapport sera exact, il ne sera suivi d'aucun signe, lorsqu'il sera en plus, il sera suivi du signe — et lorsqu'il sera en moins, il sera suivi du signe +.

28. *Mesures agraires.*

1° L'*arpent usuel* avait 300 pieds de côté; il valait 100 perches carrées, ou 10 boisselées.

2° La *perche carrée usuelle*, qui avait 30 pieds de côté et qui était le 10e de la boisselée... vaut 1 are.

3° La *boisselée usuelle*, qui avait 94 pieds 10 pouces $\frac{1}{2}$ de côté, à peu de chose près... vaut 10 ares.

29. *Solides.*

1° La *toise cube*... vaut 8 m. cubes.

2° Le *pied cube*... vaut $\frac{1}{27}$ du m. cube ou 0 m. cube, 037037037 +

3° Le *pouce cube*.. vaut $\frac{1}{46656}$ du m. cube ou 0 m. cube, 000021433 +

4° La *ligne cube*... vaut $\frac{1}{80621568}$ du m. cube ou 12 millimètres cubes 4 dixièmes.

30. *Bois de Chauffage.*

La *corde* usuelle, qui contenait 108 pi. cub. vaut 4 stèr.

31. *Bois de Charpente.*

La *solive* usuelle, qui contenait 2 pieds cubes 7 dixièmes, vaut 1 décistère.

32. *Capacités pour les Grains.*

1° Le *grand boisseau*, égal au quart de l'hectolitre, vaut 25 litres.

2° Le *petit boisseau*, égal au huitième de l'hectolitre, vaut 12 litres $\frac{1}{2}$.

3° Ce dernier, qui était la moitié du 1er, se divisait en *demis* et *quarts*, dont il est facile de connaître les valeurs en litres.

33. *Capacités pour les Boissons.*

La *pinte usuelle*, qui se divisait en 2 chopines et en 4 demi-chopines, vaut 1 litre.

34. *Poids.*

1° La *livre* usuelle... vaut $\frac{1}{2}$ kilogramme ou 5 hectog.

2° Le *marc* usuel.... vaut $\frac{1}{4}$ du kilog. ou 250 gram.

3° L'*once* usuelle..... vaut $\frac{1}{3}$ du kilog. ou 31 gr. 25.

4° Le *gros* usuel .... vaut $\frac{1}{256}$ du kilog ou 3 gr. 906 +.
5° Le *denier* usuel... vaut $\frac{1}{768}$ du kilog. ou 1 gr. 302 +.
6° Le *grain* usuel... vaut $\frac{1}{18432}$ du k ou 54 milligr. à p. pr.
7° Le *quintal* usuel.. vaut 100 livr. us. c.-à-d. 100 demi-kilogr.
8° Le *tonneau de mer* vaut 2000 livres ou 2000 demi-kilog.

CONVERSIONS.

35. *Pour convertir des mesures usuelles en mesures métriques ou des mesures métriques en mesures usuelles, faites comme il est enseigné n° 24.*

EXEMPLE I. *Réduire 7 toises usuelles en mètres.*

R. 7 toises usuelles valent 7 × 2 ou 14 m. (n° 26).

EXEMPLE II. *Réduire 32 pieds usuels en mètres et parties de mètre.*

R. 32 pieds valent en réalité 32 × $\frac{1}{3}$ ou 10 m. 666 $\frac{2}{3}$, et approximativement 32 × 0,333 = 10 m. 66 (n° 26).

EXEMPLE III. *Combien 13 pieds 7 pouces usuels valent-ils de mètres et parties de mètre?*

R. 13 pieds 7 pouces valent 13×12+7 ou 163 pouces; or, multipliant 163 par $\frac{1}{36}$, valeur du pouce en mètre, j'ai, valeur réelle, 163 × $\frac{1}{36}$ = 4 m. 527 $\frac{7}{9}$, ou valeur approximative 163 × 0,028 = 4 m. 5 (n° 26).

EXEMPLE IV. *Combien 7 toises carrées usuelles valent-elles de m. carrés?*

R. 7 toises carrées valent 7 × 4 ou 28 m. carrés.

EXEMPLE V. *Un mur contient 18 toises 2 pieds 7 pouces carrés : combien contient-il de mètres carrés?*

R. 18 toises 2 pieds 7 pouces carrés valent (18×36+2) × 144 + 7 ou 93607 pouces carrés ; or, multipliant 93607 par $\frac{1}{1296}$, valeur d'un pouce carré en mètre, il vient, valeur réelle, 72 m carrés. 227623 $\frac{37}{81}$, ou, valeur approximative 93607 × 0 000771 = 72 m. car., 17.

EXEMPLE VI. *Réduire 12 m. 17 en pieds, pouces et lignes usuels.*

R. 12 m. 17 valent rigoureusement 12,17 : $\frac{1}{3}$ ou 36 pieds 6 pouces 1 ligne $\frac{11}{25}$; ou approximativement 12,17 : 0,333 = 36 pieds 6 pouces.

EXEMPLE VII. *Réduire 26 m. carrés 5909 en pieds et pouces carrés.*

R. 26 m. carrés 5909 valent en réalité 26,5909 : $\frac{1}{9}$ =

239 pieds carrés 45 pouces carrés $\frac{504}{625}$, et par approximation, ils valent 26,5909 : 0,111111 = 239 pieds carrés 46 pouces carrés.

EXEMPLE VIII. *Un bûcher contient 7 cordes $\frac{2}{3}$; combien contient-il de stères ?*

R. $\frac{23}{3} \times 4 = 30$ stères $\frac{2}{3}$.

EXEMPLE IX. *Combien y a-t-il de mètres cubes dans un tas de bois qui contient 7 toises 6 pieds cubes?*

R. 7 toises 6 pieds cubes valent $7 \times 216 + 6 = 1518$ pieds cubes ; or, multipliant 1518 par $\frac{1}{27}$, valeur d'un pied cube, en mètre cube, il vient, valeur réelle, 56 m. cub. 222 $\frac{2}{9}$.

EXEMPLE X. *Trouver en kilog. le poids d'un objet qui pèse 2 livres 12 onces 3 gros.*

R. 2 livres 12 onces 3 gros valent $(2 \times 16 + 12) \times 8 + 3$ ou 355 gros. On a donc poids, valeur réelle, $= 355 \times \frac{1}{256} =$ 1kg,386gr,718 $\frac{3}{4}$; et, valeur approx. $= 355 \times 0,003906 =$ 1kg,387.

36. SÉRIE DE QUESTIONS SUR LES PRIX COMPARATIFS.

1° *La toise usuelle valant 6 fr. : quel est le prix du m. ?*

R. Le mètre n'est que la moitié de la toise, donc le prix du m. n'est que la moitié du prix de la toise. Donc, prix dem. $6 \times \frac{1}{2} = 3$ fr.

2° *Le pied usuel coûtant 95 centimes, à combien revient le mètre ?*

R. Le mètre vaut 3 fois le pied usuel, donc le prix du mèt. égale 3 fois le prix du pied usuel : Donc, prix dem. $0,95 \times 3 = 2$ fr. 85.

3° *Le prix de la toise carrée usuelle étant 10 fr., trouver le prix du mètre carré.*

R. Le mètre carré n'est que le quart de la toise carrée, donc le prix du m. carré n'est que le quart du prix de la toise carrée. J'ai donc, prix du m. carré $\frac{10}{4} = 2$ fr. 50.

4° *A 18 fr. l'aune usuelle, combien le mètre ?*

R. L'aune usuelle vaut 1m,20 (n° 26); c'est donc 1m,20 qui coûte 18 fr. : donc le mètre revient à 18 : 1,2 = 15 fr.

5° *A 15 fr. la toise cube, combien le mètre cube ?*

R. Le mètre cube n'est qu'un huitième de la toise cube, donc le prix du mètre cube n'est qu'un huitième du prix de la toise cube. Donc, prix dem. $15 \times \frac{1}{8} = 1$ fr. 875.

6° *Le mètre se payant 3 fr., combien la toise usuelle ?*

R. La toise égale 2 fois le mètre, donc le prix de la toise = 2 fois le prix du m. Donc, prix dem. $3 \times 2 = 6$ fr.

7° *Le mètre coûtant 2 fr. 85, combien le pied usuel ?*

R. Le pied n'est que le tiers du mètre, donc le prix du pied n'est que le tiers du prix du m. Donc, prix dem. $2{,}85 \times \frac{1}{3} = \frac{2{,}85}{3} =$ 0 fr. 95.

8° *Lorsqu'on paie 2 fr. 50 pour 1 m. carré, combien pour une toise carrée ?*

R. La toise carrée vaut 4 m. carrés, donc le prix de la toise car. vaut 4 fois le prix du m. carré. Donc, prix dem. $2{,}5 \times 4 = 10$ f.

9° *Le mètre se vendant 15 fr., combien l'aune usuelle ?*

R. L'aune vaut $1^{m},20$; donc elle coûte $15 \times 1{,}2 = 18$ fr.

10° *Le m. cube coûtant 1 fr. 50, combien coûtera la toise cube ?*

R. La toise cube est 8 fois plus grande que le m. cube, donc le prix de la toise cube est 8 fois plus grand que le prix du mètre cube. Donc, prix dem. $1^{f},5 \times 8 = 12$ fr.

37. Ces quelques exemples font voir que, *pour trouver le prix d'une nouvelle mesure au moyen du prix d'une mesure usuelle, il suffit de diviser le prix donné par le rapport de la mesure usuelle à la nouvelle mesure.*

Et que, *pour trouver le prix d'une mesure usuelle au moyen du prix d'une mesure nouvelle, il suffit de multiplier le prix donné par le rapport de la mesure usuelle à la nouvelle mesure.*

38. Comme les mesures agraires, ainsi que les mesures pour les bois de chauffage variaient, pour ainsi dire, de commune à commune, voici ce que nous conseillons de faire pour résoudre sans difficulté les questions qui pourraient être adressées sur ce sujet.

39. *Pour trouver ce que vaut en ares une mesure de surface quelconque ancienne, informez-vous quel est en pieds la longueur de ses côtés ; calculez la surface en pieds carrés et réduisez ceux-ci en mètres carrés.*

Exemple. *On demande combien une certaine boisselée vaut d'ares, sachant qu'elle est un carré de 80 pieds de côté?*

La surface en pieds carrés $= 80 \times 80 = 6400$; et, en m. c., elle vaut $6400 \times \frac{1}{9} = 711\frac{1}{9} \doteq 7$ ares 11 centiares.

40. *Pour trouver ce que vaut en stères une mesure quelconque ancienne de solidité, informez-vous quelle est, en pieds, la longueur de ses côtés, calculez la solidité en pieds cubes et réduisez ceux-ci en mètres cubes.*

EXEMPLE. *La corde d'une certaine commune a 6 pieds de base et 4 pieds de haut : dire combien elle contient de stères, la longueur des bûches étant 3 pieds.*

R. Solidité en pieds cubes $6 \times 4 \times 3 = 72$. Solidité en m. cubes $72 \times \frac{1}{27} = 2$ stères, 666.

41. *Pour trouver combien de fois un terrain, dont on connaît la surface en ares, contient une certaine surface ancienne, il suffit de diviser les ares proposés par la valeur en ares de la mesure proposée.*

EXEMPLE. *Trouver les boisselées contenues dans un terrain dont la superficie est de 248 ares, la boisselée étant de 8 ares.* R. $\frac{248}{8} = 31$ boisselées.

42. *Pour trouver combien de fois un volume quelconque, dont on connaît la solidité en stères, contient une certaine mesure de solidité ancienne, il suffit de diviser les stères proposés par la valeur en stères de la mesure proposée.*

EXEMPLE. *Trouver les cordes contenues dans un bûcher qui contient 35 stères, la corde étant de 3 stères 5.*

R. Les cordes demandées $= \frac{35}{3,5} = 10$ cordes.

MANIÈRES DE TROUVER LES RAPPORTS ÉNONCÉS N° 14 *et suivants.*

LONGUEURS.

43. Pour combiner le système métrique, on est d'abord convenu de prendre pour base du nouveau système la dix-millionième partie du quart du méridien terrestre et de donner à cette longueur le nom de *mètre*. Or, la longueur totale du quart du méridien terrestre ayant été calculée, a été trouvée de 5130740 toises.

Cette quantité 5130740 étant divisée par 10000000, donne en toises la valeur du mètre, laquelle égale les 5130740 dix-millioniémes d'une toise, ou 0 toise 513074.

Et comme la toise vaut 6 pieds, si l'on multiplie 6 par 0,513074, on trouve que le mètre vaut 3 pieds 078444, quantité égale à 3 pieds 11 lignes $\frac{296}{1000}$, à très-peu près.

Enfin, le mètre valant les 0,513074 de la toise, il s'ensuit que si l'on divise 1 toise par 0,513074, on trouve que la toise vaut 1m,9490, à moins d'un dix-millième près. La valeur de la toise en mètre une fois déterminée, on en déduit la valeur du pied par $\frac{1,9490}{6}$; celle du pouce par $\frac{1,9490}{72}$; celle de la ligne par $\frac{1,9490}{864}$ (no 14, 1o, 2o 3o.)

On trouve que la lieue de 25 au degré vaut 2280 t. $\frac{74}{225}$, en divisant 5130740 par 25×90; et cela se comprend aisément, puisque le quart du méridien contient 90 degrés et que chaque degré vaut 25 lieues : c'est donc partager les toises qui mesurent cet arc entre les lieues qu'il contient.

La longueur en mètres du quart du méridien terrestre étant 10 000 000, on trouve la valeur d'un degré en mètres par $\frac{10000000}{90}$, et la valeur d'une lieue en mètres par $\frac{10000000}{25 \times 90} = 4444$ m. $\frac{4}{9}$ (no 14, 5o).

La longueur de la lieue de poste étant fixée à 2000 toises, on trouvera sa valeur en mètres par $\frac{2000}{0,513074}$, ce qui donne 3898 m. à peu près.

L'aune valant 3 pieds 7 pouces 10 lignes $\frac{5}{6}$ ou 526 lig.83, on trouve sa valeur en mètre, en divisant 526,83 lignes par la valeur du mètre en lignes, laquelle est de 443 l. 296; donc on a $\frac{526,83}{443,296} = 1$ m. 188.

41. SURFACES.

La toise valant en mètres $\frac{1}{0,513074}$, la toise carrée vaut en mètres carrés $\frac{1}{0,513074^2}$ ou 3,7987. On peut également trouver cette valeur par $1,949^2 = 3$ m car. 798....

Le pied carré vaut en mètre carré $\frac{3,7987}{36}$; le pouce car. vaut $\frac{3,7987}{36 \times 144}$; la ligne carrée vaut $\frac{3,7987}{36 \times 144 \times 144}$.

45. MESURES AGRAIRES.

La perche carrée des eaux-et-forêts ayant 22 pieds de côté, on peut trouver sa valeur en mètres carrés par

$$22^2 \times \frac{3,7987}{36} \text{ ou par } 22^2 \times 0,10552 = 51 \text{ m. car. } 07...$$

L'arpent des eaux-et-forêts valant 100 perches carrées, sa valeur en m. c. est de $51,07 \times 100 = 5107$.

46. SOLIDES.

La toise cube vaut, en mètres cubes, $\frac{1}{0,513074^3} =$ 7 m. cub. 4039... ; ou $1,949^3 = 7$ m. cub. 403...

Le pied cube vaut $\frac{7,4039}{216}$; le pouce cube vaut $\frac{7,4039}{216 \times 1728}$;

la ligne cube vaut $\frac{7,4039}{216 \times 1728 \times 1728}$.

47. BOIS DE CHAUFFAGE.

La corde des eaux-et-forêts, qui avait 8 pieds en longueur, 4 pieds en hauteur et 3 pieds 6 pouces en largeur, vaut évidemment en mètres cubes $8 \times 4 \times 3,5 \times 0,034277$.

48 BOIS DE CHARPENTE.

La solive valant 3 pieds cubes, son rapport au m. cube se trouve par $3 \times \frac{7,4039}{216}$ ou par $3 \times 0,034277$.

49 CAPACITÉS POUR LES GRAINS.

Le boisseau contenant 655 pouces cubes 78, et le pouce cube valant en décimèt. cubes, 0 d. cub. 019837 (n°17,3°), on trouvera que le boisseau vaut en lit. $0,019837 \times 655,78 = 13$ litres 01 . . .

La valeur des autres mesures se déduit aisément de celle d'un boisseau.

50 CAPACITÉS POUR LES BOISSONS.

La pinte de Paris contenant 46 pouces cubes, 95, on trouvera ce qu'elle vaut en litres par $46{,}95 \times 0{,}019837$ $= 0$ litre, 9313...

51 POIDS.

Pour déterminer l'unité de poids du système métrique, on a pesé un décimètre cube d'eau distillée avec des poids anciens, et la valeur du kilog., en poids de marc, s'est trouvée de 2 livres 5 gros 35 grains $\frac{15}{100}$, ce qui fait 18827 grains, 15; or la livre vaut 9216 grains, donc la livre en kilog. vaut $\frac{9216{,}00}{18827{,}15} = 0$ kilog., 4895, à fort peu près.

La division de cette quantité par 2, par 16... donne la valeur en kilog. du marc, de l'once....

52 MONNAIES.

Le kilogramme valant 18827 grains $\frac{15}{100}$, et le franc pesant 5 grammes, on trouve le poids du fr. en grains par $\frac{18827{,}15 \times 5}{1000}$, ce qui donne 94 grains, 13575. Or, le franc contient 9 dixièmes de fin; donc, le poids du fin contenu dans un franc sera exprimé en grains par $94{,}13575 \times 0{,}9$ ou 84 grains, 722...

D'autre part, on a calculé que la livre-monnaie, en argent, contient 83 grains, 676... de fin; donc la fraction $\frac{83676}{84722}$ exprime la valeur en franc d'une livre tournois. Mais, comme cette fraction est fort rapprochée de $\frac{80}{81}$, on est convenu que la livre serait les $\frac{80}{81}$ du franc.

53. NOTA. Nous pensons que les conversions à effectuer sur des données de date postérieure à 1812, doivent être résolues au moyen des rapports énoncés n° 26 et suivants. Quant à celles dont les données seraient de date antérieure à 1812, nul doute qu'elles le doivent être au moyen des rapports énoncés n° 14 et suivants.

Les rapports calculés que nous donnons n° 14 et suivants, n° 26 et suiv. sont presque tous fautifs en plus ou en moins; mais comme l'erreur en plus ou en moins est moindre qu'une demi-unité décimale du dernier ordre, il s'ensuit que le résultat ne peut être fautif dans ses unités principales, tant que la quantité à réduire n'a pas plus de chiffres à sa partie entière que le rapport à employer n'en a à sa partie décimale.

Nous inférons de là : 1° qu'on doit faire usage des rapports calculés dans la plupart des cas, car il est rare qu'on ait à réduire des quantités très-considérables ; 2° que si l'on avait à opérer sur des quantités importantes, il faudrait se servir des rapports non calculés, n° 42 et suivants.

Par exemple, si l'on avait 100000 toises à réduire en mètres, en faisant usage du rapport n° 14, 1°, on aurait $1,9490 \times 100000 = 194900$ mètres; tandis qu'en se servant du rapport non calculé n° 42, 1°, on aurait $\frac{1}{0,513074} \times 100000 = \frac{1000000}{513074} \times 100000 = 194903$ mètres : il y aurait donc, dans le 1er cas, une erreur de 3 mètres, en moins.

PESANTEUR SPÉCIFIQUE DES CORPS.

54. On appelle pesanteur spécifique d'un corps, le quotient qu'on trouve en divisant le poids de ce corps par le poids d'une quantité d'eau distillée, dont le volume est égal à celui du corps.

Nous n'entrerons pas ici dans le détail des opérations à effectuer pour trouver les pesanteurs spécifiques; nous dirons seulement que le décimètre cube d'eau distillée (qui pèse 1 kilog.) ayant été pris pour terme de comparaison, on l'a représenté par 1, et on lui a comparé un décimètre cube de chacune des substances dont on a voulu connaître le poids :

LIQUIDES.

Eau distillée.	1 k.,0000	Huile de navette. . . .	0 k.,9190
Eau de mer.	1, 0263	— de faine	0, 9170
Eau de la Mer-Morte	1, 2403	— de ricin.	0, 9400
Eau glacée	0, 9300	Lait de vache.	1, 0320
Eau-de-vie faible . . .	0, 9230	Lait d'ânesse.	1, 0350
Essence de térébentine	0, 8697	Lait de brebis.	1, 0040
Huile d'amand. douc.	0, 9170	Petit lait clarifié	1, 0190
— d'olives.	0, 9153	Vin de Bordeaux. . . .	0, 9939
— de noix.	0, 9230	— de Bourgogne . .	0, 9915
— de pavot	0, 9280	— de Madère.	1, 0380
— de lin.	0, 9400	— de Malaga	1, 0220

MÉTAUX.

Acier non écroui....	7 k.,	8163
Fer fondu.........	7,	2070
Fer forgé	7,	7880
Cuivre en fil..	8,	8785
Cuivre fondu	8,	7880
Argent fondu.......	10,	4743
Or fondu...........	19,	2581
Or forgé	19,	3617
Etain fondu	7,	2914
Plomb fondu........	11,	3523
Platine forgé.......	20,	3366
— laminé.	22,	0690
— en fil	21,	0417
Zinc fondu	6,	8610

PIERRERIES.

Diam. les plus lourds.	3 k,	5310
— les moins lourds	3,	5010
Eméraude.........	2,	7755
Agathe onix	2,	6380
Agathe d'Orient	2,	5900
Saphir du Brésil....	3,	1038
Rubis Oriental......	4,	2833

PIERRES.

Marbre	2 k.,	6960
Grès..............	2,	4160
Granit............	2,	6430
Silex ou pierre à fusil	2,	5940
Pierre de liais......	2,	6780
Pierre ponce.......	0,	9150

SUBSTANCES DIVERSES.

Mercure	13 k.,	5980
Résine.	1,	0730
Suif.	0,	9420
Beurre.............	0,	9420
Alun	1,	7200
Cire jaune.........	0,	9650
Cire blanche.......	0,	9690
Corail	2,	6800
Perles	2,	7500
Soufre natif	2,	0332

BOIS.

Aulne ou Vergne ...	0 k.,	8000
Bois de Brésil......	1,	0310
Buis	0,	9120
Chêne frais........	0,	9500
Chêne sec..........	1,	1700
Cèdre	0,	5610
Cerisier...........	0,	7150
Cyprès............	0,	5980
Hêtre	0,	8520
Liége	0,	2400
Noyer	0,	6710
Orme.............	0,	8000
Peuplier...........	0,	3830
Sapin	0,	6570
Poirier............	0,	6610
Pommier..........	0,	7330
Prunier	0,	7850
Saule.............	0,	6850
Tilleul.	0,	6040

55. On comprend que, pour évaluer le poids d'un corps quelconque, il suffit de multiplier sa pesanteur spécifique par le nombre de décimètres cubes contenus dans le corps proposé.

Une poutre de chêne sec contient 634 d. cubes, trouvez son poids.

Le poids demandé $= 1,67 \times 634 = 1058$ kilog., 78.

EXERCICES.

ÉLÉVATION DES NOMBRES A LEURS PUISSANCES.

Sur les nos 5....9.

1. Carrez d'abord, puis cubez les nombres ci-dessous :

1°... 1.
2°... 2.
3°... 3.
4°... 4.
5°... 5.
6°... 6.
7°... 7.
8°... 8.
9°... 9.
10°... 10.
11°... 11.
12°... 12.
13°... 13.
14°... 14.
15°... 15.
16°... 16.
17°... 17.
18°... 18.
19°... 19.
20°... 20.
21°... 21.

2. Effectuez les indications ci-après :

1°... 22^2
2°... 75^2
3°... 100^2
4°... 226^2
5°... 1000^2.
6°... 10000^2.

3. Effectuez les indications qui suivent.

1°... 22^3
2°... 75^3
3°... 100^3
4°... 226^3
5°... 1000^3.
6°... 10000^3.

4. Effectuez les expressions ci-dessous.

1°... $(2+1+3+5)^2$.
2°... $2^3+4^2+5^3$.
3°... $(6\times3)^2$
4°... $(7-5)^2$.
5°... $(5\times7\times9\times6)^2$
6°... $9^2\times6^2\times5$.

5. Effectuez les expressions suivantes :

1°... $(2+1+3+5)^3$.
2°... $2^2+4^3+5^2$.
3°... $(6\times3)^3$.
4°... $(7-5)^3$
5°... $(5\times7\times9\times6)^3$.
6°... $9^3\times6^3\times5$.

6. Elevez :

1°... 4 à sa 4e puissance.
2°... 6 à sa 5e
3°... 8 à sa 6e
4°... 7 à sa 9e
5°... 12 à sa 10e

7. Formez le carré des nombres ci-après.

1°... 6,3.
2°... 9,81.
3°... 16,12.
4°... 11,121.

8. Formez le cube des nombres ci-après :

1°... 1,5.
2°... 6,3.
3°... 9,81.
4° 16,12.

9. Evaluez les carrés ci-après :

1°... $\left(\frac{1}{4}\right)^2$

2°... $\left(\frac{3}{5}\right)^2$

3°... $\left(\frac{11}{91}\right)^2$

4°... $\left(\frac{16}{19}\right)^2$

10. Calculez les cubes ci-après :

1°... $\left(\frac{1}{4}\right)^3$

2°... $\left(\frac{3}{5}\right)^3$

3°... $\left(\frac{11}{91}\right)^3$

4°... $\left(\frac{16}{19}\right)^3$

11. Elevez

1°... $\frac{1}{3}$ à sa 8e puissance.
2°... $\frac{7}{9}$ à sa 11e puissance.

12. Elevez :

1°... 0,5 à sa 6e puissance.
2°... 0,42 à sa 5e puissance.

EXTRACT. DE LA R. CARRÉE.

Sur le n° 11.

13. — Extrayez la racine carrée des nombres qui suivent :

1°... de 1
2°... de 4
3°... de 9
4°... de 16
5°... de 25
6°... de 36
7°... de 49
8°... de 64
9°... de 81
10°... de 100

Sur le n° 12.

14. — Trouvez la partie entière de chacune des rac. carrées.

1°... $\sqrt{2}$
2°... $\sqrt{3}$
3°... $\sqrt{5}$
4°... $\sqrt{6}$
5°... $\sqrt{7}$
6°... $\sqrt{8}$
7°... $\sqrt{10}$
8°... $\sqrt{11}$
9°... $\sqrt{15}$

Sur le n° 13.

15. — Extrayez la racine carrée de chacun des nombres qui suivent :

1°... 121
2°... 144
3°... 169
4°... 196
5°... 225
6°... 256
7°... 529
8°... 2025
9°... 7744
10°... 3481

16. Trouvez la partie entière des racines carrées ci-après :

1°... $\sqrt{830}$
2°... $\sqrt{64682}$
3°... $\sqrt{213640}$
4°... $\sqrt{98674}$
5°... $\sqrt{74879}$
6°... $\sqrt{52634}$

Sur le n° 15.

17. — Effectuez :

1°... $\sqrt{484}$
2°... $\sqrt{649636}$
3°... $\sqrt{961}$
4°... $\sqrt{819025}$
5°... $\sqrt{90259525}$
6°... $\sqrt{3617604}$
7°... $\sqrt{32400}$
8°... $\sqrt{3600}$
9°... $\sqrt{400}$
10°... $\sqrt{900}$
11°... $\sqrt{160000}$
12°... $\sqrt{64000000}$
13°... $\sqrt{810000}$

Sur le n° 16.

18. — Extraire la r. carrée :

1° de 89, à moins d'un 10e près.
2° de 264, à m. d'un 10e près.
3° de 448, à m. d'un 100e près.
4° de 890, à m. d'un 100e près.
5° de 999, à m. d'un 1000e pr.

Sur le n° 17.

19. — Calculez la r. carrée :

1°... de 39,69
2°... de 96,2361
3°... de 259,8544
4°... de 123,676641
5°... de 1835,4 à moins d'un millième près.

Sur le n° 18.

20. — Trouvez la r. carrée :

1°... de 0,64
2°... de 0,272584
3°... de 0,0049
4°... de 0,015625
5°... de 0,0130691232, à m. d'un cent-mil. pr.
6°... de 0,5929
7°... de 0,888, à moins d'un dix-millième pr.

Sur le n° 19.

21 — Trouvez la r. carrée :

1°.. de $\frac{4}{25}$
2°.. de $\frac{9}{16}$
3°.. de $\frac{16}{49}$
4°.. de $\frac{81}{4}$
5°.. de $\frac{625}{36}$
6°.. de $\frac{169}{225}$
7°.. de $\frac{289}{361}$
8°.. de $\frac{2}{3}$ à m. d'un 100e près.
9°.. de $\frac{4}{5}$ à m. d'un 100e pr.
10°.. de $\frac{8}{9}$ à m. d'un 1000e pr.
11°.. de $\frac{9}{11}$ à m. d'un 1000e pr.
12°.. de $\frac{3}{4}$ à m. d'un 100e pr.
13°.. de $9\frac{7}{8}$ à m. d'un 100e pr.

PROBLÈMES SUR L'EXTRACTION DE LA RACINE CARRÉE.

22. — Un terrain de forme carrée contient 1936 m. carrés : Trouvez la longueur de ses côtés.

23.—Un polygone irrégulier contient 2976 m. carrés : quelles seraient ses dimensions, à moins d'un millimètre près, s'il était rendu carré ?

24. — On veut entourer de murs un terrain carré qui contient 5 hectares : Quelle sera la longueur de chacun des 4 murs ? Quelle sera leur longueur totale ?

25. — Un colonel fait placer son régiment, lequel est de 3600 hommes, en colonnes serrées et carrées : On désire connaître et le nombre des colonnes et le nombre des hommes qui composent chacune de ces colonnes, et aussi le nombre des carrés.

26 — Une cour carrée a 900 m. carrés de superficie : Combien faut-il de pavés de 0 m. carré, 9 pour former le premier rang ? Combien pour la paver tout entière ?

27. — Quel est le nombre qui étant multiplié par lui-même donne 2500 pour résultat ?

28. — On sait (Arith. élé. n° 302) que la surface d'un cercle égale les $\frac{11}{14}$ du carré de son diamètre ; on sait aussi (Arith. élé. n° 301) que la circonférence égale $\frac{22}{7}$ du diamètre : d'après cela, trouvez la longueur de la circonférence d'un cercle dont la surface est de 176 m. car.

29. — Si l'on multipliait ma fortune par sa moitié, disait un propriétaire, le produit s'élèverait à 39198272 fr. : devinez ce que je possède.

RAISONNEMENT. On sait (Arith. élé. n° 146) que tout produit dont l'un des facteurs est multiplié par un nombre quelconque, est lui-même multiplié par ce nombre ; et que tout produit dont les deux facteurs sont multipliés chacun par un nombre quelconque, est lui-même multiplié par le produit de ces deux nombres : donc, tout produit dont l'un des facteurs est divisé par un nombre quelconque, est lui-même divisé par ce nombre ; etc.. Mais dans la question qui nous occupe, si la fortune demandée était multiplié par elle-même, le nombre donné serait son carré, et la r. carrée serait la réponse. Alors les deux facteurs de ce nombre seraient égaux ; mais l'un est divisé par 2, donc le produit est 2 fois trop faible....

30. — On demandait un jour à un écolier combien il avait mérité de bons points dans son année : à quoi il répondit : Si la quantité que j'ai méritée, était multipliée par son tiers, j'en aurais mérité 1194483 ; calculez maintenant le nombre vrai.

31. — Une pièce de terre contient 2304 m. car. ; dites, à moins d'un centimètre près, les dimensions de ses côtés, la largeur n'étant que les $\frac{3}{4}$ de la longueur.

Si les côtés de ce terrain étaient égaux, le nombre 2304 serait leur carré; mais le plus grand est multiplié par ses $\frac{3}{4}$; donc 2304 n'est que les $\frac{3}{4}$ du carré du grand côté; donc le carré du grand côté $= 2304 : \frac{3}{4}$.

32. — L'âge d'un frère aîné, multiplié par l'âge de sa petite sœur, donne 1029 ans : Trouvez l'âge de l'un et de l'autre, l'âge de la petite n'étant que les $\frac{3}{7}$ de l'âge de son frère. Age du frère aîné $= \sqrt{1029 \times \frac{7}{3}}$; et âge de la petite $= \sqrt{(1029 \times \frac{7}{3})} \times \frac{3}{7}$.

33. — On demandait un jour à un vieillard quel âge ils avaient lui et son épouse; à quoi il répondit : « Le produit de nos 2 âges égale 6075 ans » : Trouvez le reste.... Ah! il faut pourtant que je vous dise que madame est de 6 ans plus jeune que monsieur.

Pour résoudre les questions de ce genre, il faut, quelle que soit la différence donnée, la diviser par 2, former le carré du quotient et l'ajouter au nombre proposé; puis extraire la r. carrée du résultat. Cette racine carrée étant augmentée de la moitié de la différence donnée, exprime le nombre supérieur demandé; et la même racine, étant diminuée de la même demi-différence, exprime le nombre inférieur demandé.

Et voici la raison de ce procédé : Le nombre proposé est le produit de deux facteurs inégaux, mais dont on connaît la différence. Or, retranchant la moitié de la différence du plus grand de ces facteurs et ajoutant cette même moitié au plus petit, les 2 deviendraient égaux, et la rac. carrée de leur produit les reproduirait évidemment. Mais on ôte la moitié de la différence du plus grand facteur du produit proposé, donc, il y reste la moitié de cette différence; elle n'était pas auparavant dans le plus petit, et elle y est ajoutée; donc le produit est augmenté du carré de la demi-différence; donc la rac. car. du nombre proposé, augmenté du carré de la demi-différence donnée, exprime un facteur moyen entre les deux facteurs du nombre proposé; donc ce facteur moyen, augmenté d'une part de la demi-différence, donne le nombre supérieur demandé; et diminué d'autre part, de la même demi-différence, il donne le nombre inférieur.

EXTRACTION DE LA RACINE CUBIQUE.

Sur le n° 22.

34 — Trouvez les racines cubiques des nombres :

1°... 1
2°... 8
3°... 27
4°... 64
5°... 125
6°... 216
7°... 343
8°... 512
9°... 729

Sur le n° 23.

35 — Trouvez la partie entière de la racine cubique des nombres qui suivent :

1°... 2
2°... 3
3°... 4
4°... 5
5°... 6
6°... 7
7°... 24
8°... 49
9°... 120

Sur le n° 24.

36. — Calculez les r. cubiques qui suivent :

1°... $\sqrt[3]{1331}$
2°... $\sqrt[3]{1728}$
3°... $\sqrt[3]{2197}$
4°... $\sqrt[3]{2744}$
5°... $\sqrt[3]{3375}$
6°... $\sqrt{4096}$
7°... $\sqrt[3]{4913}$
8°... $\sqrt[3]{5832}$
9°... $\sqrt[3]{6859}$
10°... $\sqrt[3]{9261}$

37. — Evaluer les expressions qui suivent :

1°... $\sqrt[3]{10648}$
2°... $\sqrt[3]{42150}$
3°... $\sqrt[3]{11543176}$
4°... $\sqrt[3]{753571}$
5°... $\sqrt[3]{2352637}$
6°... $\sqrt[3]{74088}$
7°... $\sqrt[3]{273365749}$
8°... $\sqrt[3]{1879080904}$
9°... $\sqrt[3]{1367631}$
10°... $\sqrt[3]{328509}$

38. — Calculez la partie entière de chacune des racines qui suivent :

1°... $\sqrt[3]{1432}$
2°... $\sqrt[3]{1827}$
3°... $\sqrt[3]{2520}$
4°... $\sqrt[3]{2809}$
5°... $\sqrt[3]{3627}$
6°... $\sqrt[3]{4921}$
7°... $\sqrt[3]{6235}$
8°... $\sqrt[3]{7326}$
9°... $\sqrt[3]{9999}$
10°... $\sqrt[3]{10745}$
11°... $\sqrt[3]{45856}$
12°... $\sqrt[3]{11636814}$
13°... $\sqrt[3]{74099}$

Sur le n° 26.

39. — Extraire les r. suivantes :

1°... $\sqrt[3]{8615125}$
2°... $\sqrt[3]{27543608}$
3°... $\sqrt[3]{1061208}$
4°... $\sqrt[3]{216000000}$
5°... $\sqrt[3]{1000}$
6°... $\sqrt[3]{8000}$

7°... $\sqrt[3]{27000}$
8°... $\sqrt[3]{64000}$
9°... $\sqrt[3]{125000}$
10°... $\sqrt[3]{216000}$
11°... $\sqrt[3]{343000}$
12°... $\sqrt[3]{512000}$
13°... $\sqrt[3]{729000}$
14°... $\sqrt[3]{1000000}$

Sur le n° 27.

40. — Calculez à moins d'un millième près les racines cubiques des nombres qui suiv.

1°... de 2.
2°... de 3.
3°... de 4.
4°... de 5.
5°... de 6.
6°... de 7.
7°... de 10.
8°... de 34.
9°... de 58.
10°... de 112.
11°... de 147.
12°... de 279.
13°... de 990299.
14°... de 19656.

Sur le n° 28.

41. — Extrayez les racines cubiques qui suivent :

1°... $\sqrt[3]{17,576}$
2°... $\sqrt[3]{32,768}$
3°... $\sqrt[3]{766,060875}$
4°... $\sqrt[3]{2015,758224}$
5°... $\sqrt[3]{238674127,427}$
6°... $\sqrt[3]{72,4}$, à moins d'un 10e près.
7°... $\sqrt[3]{81,32}$, à m. d'un 100e près.
8°... $\sqrt[3]{125,6264}$, à m. d'un 1000e pr.
9°... $\sqrt[3]{208399,139}$
10°... $\sqrt[3]{1789,188344}$

Sur le n° 29.

42. — On demande les racines cubiques des fractions décimales qui suivent :

1°... de 0,125
2°... de 0,216
3°... de 0,512
4°... de 0,729
5°... de 0,001331
6°... de 0,001728
7°... de 0,006859
8°... de 0,010648
9°... de 0,273359440
10°... de 0,027

Sur le n° 30.

43. — Trouvez ce que valent les expressions suivantes :

1°... $\sqrt[3]{\frac{8}{64}}$
2°... $\sqrt[3]{\frac{27}{64}}$
3°... $\sqrt[3]{\frac{64}{216}}$
4°... $\sqrt[3]{\frac{125}{729}}$
5°... $\sqrt[3]{\frac{1331}{1728}}$
6°... $\sqrt[3]{\frac{216}{2197}}$
7°... $\sqrt[3]{\frac{512}{4096}}$
8°... $\sqrt[3]{\frac{243000}{512000}}$
9°... $\sqrt[3]{\frac{3627}{4921}}$
10°... $\sqrt[3]{\frac{1074}{45856}}$

Sur le n° 31.

44. — Extraire les racines cubiques suivantes :

1° $\sqrt[3]{\frac{5}{8}}$, à m. d'un 100e pr.

2° $\sqrt[3]{\frac{25}{4}}$, à m. d'un 10e pr.

3° $\sqrt[3]{\frac{6}{30}}$, à m. d'un 1000e pr.

4° $\sqrt[3]{\frac{746}{32}}$, à m. d'un 100e pr.

PROBLÈMES SUR L'EXTRACTION DE LA RACINE CUBIQUE.

45. — Quelles sont les dimensions d'un bassin cubique d'où l'on a extrait 125 mètres cubes de terre ?

46. — Quelle est, à moins d'un centimètre près, le côté d'un cube dont le volume serait double du volume d'un autre cube dont le côté aurait 8 mètres.

47. — Une caisse formant un cube parfait contient 27000000 de certains grains, dont chacun est d'un millimètre cube : Trouver les dimensions de cette caisse.

48. — Trouvez les dimensions d'une caisse cubique dont la capacité est de 32 litres, 768.

49. — Trouvez la largeur, la longueur et la profondeur d'un canal dont les eaux divisées en 24 tranches carrées, égales en épaisseur, formeraient un cube parfait, si ces tranches étaient placées les unes sur les autres; on vous dit seulement que le côté des tranches est égal à la largeur du canal et que la masse des eaux est de 373248 kilolitres.

50. — Si mon âge était élevé à sa 3e puissance, le produit serait 185193; quel est donc cet âge ?

Récapitulation sur l'extraction de la racine carrée et de la racine cubique.

51. — Pour calculer la surface d'un cercle, il suffit de carrer le diamètre et de multiplier ce carré par $\frac{11}{14}$, (Arith. élé. n° 302), d'après cela, trouvez à moins d'un millimètre près, le diamètre d'un cercle lequel aurait 146 m. car. de surface. $\sqrt{146 \times \frac{14}{11}}$.

52. — Pour trouver le volume d'un cylindre, on multiplie la surface de la base par la hauteur. (Arith. élé. n° 313) ; d'après cela, trouvez à moins d'un millimètre près, les dimensions d'un vase cylindrique qui contient 50 litres, 279, la hauteur étant égale au diamètre. $\sqrt[3]{0,050279000 \times \frac{14}{11}}$.

53. — Le propriétaire d'un terrain de 18 hectares, veut échanger ce terrain contre une portion de lande, double en surface, mais il désire que sa nouvelle propriété soit de forme carrée : dites quelle sera la longueur des côtés.

54. — La solidité d'une sphère peut s'obtenir en cubant l'axe ou diamètre et en multipliant ce cube par $\frac{11}{21}$, (Arith élé n° 316), d'après cela, trouvez le diamètre d'une sphère dont le volume est de 6456681 millimètres cubes. $\sqrt[3]{0,006456681 \times \frac{21}{11}}$.

55 — Trouvez les dimensions d'un cylindre de pierre dont le diamètre égale la hauteur, sachant que sa solidité égale 0 m. cub. ,183656704 mil. cub.

56. — Trouver, à moins d'un millimètre près, les dimensions d'un double décalitre, la hauteur étant égale au diamètre.

57. — Trouver les dimensions d'un hectolitre, le diamètre étant égal à la profondeur.

58 — Pour trouver la surface d'un cercle au moyen de la circonférence, on peut former le carré de cette circonférence et le multipliér par $\frac{7}{88}$ (Arith. élé. n° 303); d'après cela, trouvez à moins d'un millimètre près, la circonférence d'un cercle dont la surface serait de 1183 cent. carrés.

59. — Trouvez le côté d'un bloc cubique dont la solidité serait 17 m. cub., 576

60. — Un cube égale en volume 15625 millimètres cubes. Dire quel en est le côté.

RAPPORTS.

Sur le n° 58.

61. — Evaluer les rapports par différence qui suivent :

1°.. 4 . 1
2°. 9 . 6
3°.. 17 . 13
4°.. 24 . 8
5°.. 146 . 127
6°.. 1879 . 977
7°.. 178714 . 99999
8°.. 1119764 . 212526

Sur le n° 59.

62. — Evaluer les rapports par quotient ci-dessous.

1°.. 12 : 3
2°.. 24 : 8
3°.. 30 : 5
4°.. 27 : 9
5°.. 3 : 12
6°.. 5 : 15
7°.. 9 : 54
8°.. 7 : 63
9°.. 7 : 5
10°.. 9 : 8
11°.. 14 : 13
12°.. 116 : 17
13°.. 5 : 7
14°.. 13 : 19
15°.. 99 : 100

PROPORTIONS.

Sur le n° 69.

63.—Les nombres des exemples suivants sont supposés former des équidifférences dans l'ordre où ils sont écrits : Représenter ces équidifférences.

1°. 4, 2, 7, 5.
2°.. 7, 3, 12, 8.

3°.. 6, 1, 15, 10.
4°.. 12, 24, 6, 18.
5°.. 21, 34, 75, 88.
6°.. 191, 8, 1234, 1051.
7°.. 1234, 1051, 191, 8.
8°.. 629, 12836, 15, 12222
9°.. 18, 36, 54, 72.
10°.. 52, 624, 843, 1415.

64. — Pourquoi les quantités qui précèdent forment-elles des équidifférences dans l'ordre où elles sont écrites ?

Sur le n° 71.

65. — Les nombres des exemples suivants sont supposés former des proportions dans l'ordre où ils sont écrits : Représenter ces proportions.

1°.. 3, 9, 4, 12.
2°.. 8, 24, 2, 6.
3°.. 10, 20, 40, 80.
4°.. 45, 90, 455, 910.
5°.. 444, 888, 111, 222.
6°.. 5, 15, 7, 21.
7°.. 8, 18, 4, 9.
8°.. 7, 14, 5, 10.
9°.. 12, 9, 4, 3.
10°.. 48, 12, 16, 4.

66. — Pourquoi les quantités qui précèdent forment-elles des proportions dans l'ordre où elles sont écrites ?

Sur le n° 77, 1°.

67. — Calculez le terme x dans les équidifférences qui suiv. :

1°.. 5 . 7 : 9 . x
2°.. 12 . 15 : 17 . x
3°.. 46 . 10 : 71 . x
4°.. 91 . 79 : x . 7
5°.. 35 . x : 45 . 11.

68. — Trouvez x dans 36×11 . 9×11 : 64×7 . x.

Sur le n° 77, 2°.

69. — Calculez la valeur de x dans les équidiff. qui suivent.

1°.. ÷ 2 . x . 6
2°.. ÷ 16 . x . 15
3°.. ÷ 19 . x . 14
4°.. ÷ 25 . x . 13
5°.. ÷ 46 . x . 2

Sur le n° 81, 1°.

70. — Calculez la valeur de x dans les proport. qui suiv. :

1°.. 9 : 3 :: 12 : x
2°.. 10 : 100 :: 20 : x
3°.. 18 : 24 :: x : 48
4°.. 50 : x :: 300 : 96
5°.. x : 5 :: 500 : 50
6°.. $\frac{1}{12} : \frac{2}{3} :: \frac{1}{6} : x$
7°.. $\frac{1}{10} : \frac{4}{15} :: \frac{3}{4} : x$
8°.. $\frac{7}{13} : x :: \frac{1}{14} : \frac{1}{8}$
9°.. 42×5 : 8 :: 9×3 : x
10°.. x×70 : 9 :: 8×40 : 12×60

Sur le n° 81, 2°.

71. — Calculez la valeur de x dans les proportions continues ci-après :

1°.. ∺ 9 : x : 4
2°.. ∺ 8 : x : 2
3°.. ∺ 16 : x : 4
4°.. ∺ 24 : x : 6
5°.. ∺ 125 : x : 5
6°.. ∺ 2 : x : 2
7°.. ∺ 81 : x : 9
8°.. ∺ 16 : x : 32
9°.. ∺ 7 : x : 343
10°.. ∺ 6 : x : 216.

RÈGLES DE TROIS SIMPLES.

Sur les nos 114, 117, 118.

72. — On a acheté 12 m. de ruban qui ont coûté 3 fr. : Combien coûteront 20 m. du même ruban?

73. — Charles a acheté 15 canifs qui lui ont coûté 20 fr., et son ami Paul veut en acheter 3 semblables : Combien déboursera-t-il?

74. — On a payé 18 fr. pour 6 rasoirs : Combien paiera-t-on pour 9 rasoirs semblables aux premiers?

75. — Quelle est la valeur de 15 chapeaux, sachant que 12 de la même qualité valent 60 fr.?

76. — Un cordonnier a vendu 14 paires de souliers pour la somme de 84 fr. : Combien touchera-t-il pour 10 paires semblables aux premières?

77. — Un sabotier a reçu 37 fr. 80 pour 54 paires de sabots et il a commission d'en faire encore 27 paires : combien recevra-t-il?

78. — Un tailleur a payé 54 fr. pour 18 m. de serge : Combien paiera-t-il pour 15 m. de la même étoffe?

79. — Un coutelier a reçu 45 fr. pour la vente de 18 canifs : Combien recevra-t-il pour 15 canifs de la même qualité qui lui restent encore?

80. — Lorsqu'un ouvrier reçoit 43 fr. 75 pour 25 journées : Combien recevra-t-il pour 15?

81 — Un maître maçon a employé 15 ouvriers pour faire un mur qui contient 105 m. carrés : On demande combien 47 ouvriers pourront en faire pendant le même temps?

82. — Il a fallu 47 ouvriers pour faire 329 habits dans 25 jours : Combien faudra-t-il d'ouvriers pour en faire 105 dans le même temps?

83. — Lorsque 9 mètres de drap valent 54 fr., quelle est la valeur de 36 m. du même drap?

84. — Un ouvrier a fait 35 m. d'ouvrage en 5 jours, combien en fera-t-il dans 21 jours?

85. — On a vendu 21 pelles de jardinier pour 105 fr. : Combien vendra-t-on 7 autres pelles semblables à celles-là?

86. — Pour faire 42 mètres d'ouvrage il a fallu 84 ouvriers pendant 5 jours : Combien en faudra-t-il pour faire 140 m. du même ouvrage dans le même temps?

87. — Si 42 paires de souliers valent 210 fr., combien vaudront 126 paires des mêmes souliers?

88. — Un ouvrier a fait 24 mètres pour 46 fr. : Combien en fera-t-il pour 60 fr. le travail étant le même dans les deux cas?

89. — Si dans un atelier de cordonnerie on fait 329 paires de souliers dans 47 jours, combien peut-on en faire dans 15 jours, les conditions étant les mêmes?

90. — Un voyageur ayant fait 540 kilomètres en 15 jours, on demande combien il en ferait dans 45 jours, marchant avec la même vitesse?

91 — Trouver la hauteur d'une tour qui donne 108 m. d'ombre, un bâton de 3 m. en donnant 6 mètres au même instant.

92. L'officier payeur d'une place a 41400 fr. pour solder 500 hommes : De combien faudrait-il augmenter cette somme, s'il avait 315 hommes de plus à payer?

93. — On demande combien 3 pièces de toile contiennent de mètres, sachant qu'elles ont coûté ensemble 738 fr. 90, et que onze mètres de la même toile ont été vendus 82 fr. 10.

94. — Si 45 kilog de pruneaux se vendaient 27 fr., quelle somme tirerait-on de 67 kilog. des mêmes pruneaux?

95. Avec 105 fr. on a gagné 35 fr, dans 7 mois : Dans combien de temps gagnerait-on 105 fr. avec la même somme?

96 — On a acheté 25 kilog. d'amandes pour la somme de 20 fr. 65 : Combien coûteront 75 kilog. des mêmes amandes?

97. — On a acheté 49 kilog. de raisins pour 17 fr. 15 : Combien en aura-t-on pour 94 fr. 15?

98. — On demande ce que valent 35 kilog. de sucre, lorsque 136 fr. 20 sont le prix de 100 kilog.

99. — Lorsque l'hectolitre de blé vaut 21 fr., on fait payer le pain 0 fr. 18 le kilog. : Combien doit-on le payer lorsque l'hectolitre de blé vaut 14 fr.?

100. — Si 450 gr. de soie ont coûté 90 fr., combien faudra-t-il payer pour 130 gram. 35?

101. — On emploie 300 m. de drap de 0m,84 de laize pour faire un certain nombre d'habits, et l'on demande combien il faudrait de mètres pour faire le même nombre d'habits avec du drap qui n'aurait que 0 m. 72 de laize.

102 Un tailleur a 396 m. d'étoffe avec lesquels il compte faire 46 habits : On demande quelle est la laize de cette étoffe, sachant que s'il faisait ses 46 habits avec de l'étoffe qui eût 1 m. $\frac{4}{8}$ de laize, il ne lui en faudrait que 352 mètres.

103 — Lorsque la rame de papier vaut 18 fr. 45, on a 5 mains pour 4 fr. 625 : Combien la rame coûtera-t-elle, lorsque pour la même somme, on aura 7 mains $\frac{1}{2}$?

104. — Un aubergiste vend 459 litres de vin à raison de 0 fr. 24 le litre; mais s'apercevant que ce vin se gâte, il en diminue le prix, de sorte que 612 lit. ne produisent pas plus que les 459 l. : Dites quel est le prix du litre de la dernière vente.

105. — Un courrier va de Paris à Lisbonne dans 15 jours, courant 14 heures par jour : On demande combien il faut qu'il coure d'heures par jour pour revenir dans 23 jours.

106. — Une personne qui a acheté une pièce de drap ayant 1 m. $\frac{1}{3}$ de laize, en a pris 4 m. pour faire un habit : Combien a-t-elle mis de serge de $\frac{2}{3}$ de m. de laize pour doubler les $\frac{3}{4}$ de cet habit ?

107. — Un marchand ayant vendu 3 kilolitres de blé à raison de 198 fr. 90 le kilol., on demande combien il faut qu'il vende de kilol. de seigle à 132 fr. 60 le kilol. pour toucher deux sommes égales.

108. — Dans 15 jours, six menuisiers plus un apprenti équivalant aux $\frac{2}{3}$ d'un ouvrier, ont fait 127 m. 75 d'ouvrage : combien les six ouvriers auraient-ils mis de temps ?

109. — Si 15 ouvriers ont mis 11 j. $\frac{1}{3}$ à faire un certain ouvrage, combien 13 ouvriers avec deux apprentis, dont chacun ne vaut que les $\frac{2}{3}$ d'un ouvrier, mettront-ils de temps à faire cet ouvrage ?

RÈGLES DE TROIS COMPOSÉES.

(Sur le n° 125.)

110. — On demande combien gagneront 300 ouvriers dans 350 jours, sachant que 30 ouvriers ont gagné 2400 fr. dans 35 jours qu'ils ont passés à exécuter des travaux de même nature.

PREMIÈRE PARTIE DE LA QUESTION... 30 ouv. 35 j. 2400 fr.
DEUXIÈME PARTIE ....300 ouv. 350 j. x fr.

QUESTIONS PRÉPARATOIRES. 1° *Combien les 300 ouvriers gagneraient-ils dans 35 j.* R. a fr.

2° *Si les 300 ouv. gagnent* a *fr. dans 35 j., combien gagneront-ils dans 350 j. ?* R. x fr.

RAISONNEMENT. 1° Si 30 ouvriers gagnent 2400 fr. dans 35 j., 300 ouvriers gagneront plus dans le même temps ; donc a est plus grand que 2400.

2° Si 300 ouv. gagnent a fr. dans 35 j. ; dans 350 j., ils gagneront davantage ; donc x est plus grand que a.

D'où les deux proportions $\begin{cases} 30 : 300 :: 2400 : a \\ 35 : 350 :: a : x \end{cases}$

D'où $30 \times 35 : 300 \times 350 :: 2400 \times a : x$, ou $30 \times 35 : 300 \times 350 :: 2400 : x$.

111. — Deux myriamètres de chemin ont été confectionnés par 96 ouvriers qui y ont travaillé 50 jours à 14 heures par jour, et l'on demande dans combien de jours 21 ouvriers, travaillant 8 heures seulement par jour, feront la même quantité.

112. — Lorsque 500 personnes dépensent 890 doubles décalitres de blé dans 18 jours, combien 1265 en consommeraient-elles dans 365 jours ?

113. —Lorsque 15 grenadiers tirent 1200 coups en 20 minutes, combien 105 doivent-ils en tirer dans 2 heures 20 minutes ?

114. — Si 230 kilog. de pain suffisent à 3 personnes pendant 4 mois, combien en faudra-t-il pour 7 personnes pendant 9 m. ?

115. — On a employé 24 kilog. de fil pour faire 108 m. de toile de $\frac{3}{4}$ de laize : combien fera-t-on de mètres avec 30 kilog. du même fil, si la laize est de $\frac{4}{5}$?

116. — Dans une manufacture, 35 ouv. ont fait 450 m. d'étoffe dans 20 jours, en travaillant 9 heures par jour : combien faudra-t-il de jours à 60 ouvriers pour faire la même quantité d'ouvrage, s'ils ne travaillent que 5 heures par jour ?

117. — Si 9 hommes en 35 jours, travaillant 10 h. par j., ont fait 168 m. de serge, combien faut-il de temps à 18 hommes pour faire le même ouvrage s'ils travaillent 12 h. par jour ?

118. — On a employé 42 ouvriers pendant 28 j. à 10 h. $\frac{2}{7}$ pour jour pour faire un certain travail, et l'on demande le temps que 24 ouvriers auraient mis à faire cet ouvrage, s'ils avaient travaillé 12 h. par jour.

119. Cinq menuisiers ont boisé une salle en 66 jours à 11 h. par jour : combien eût-il fallu d'ouvriers travaillant 12 heures par jour pour la boiser en 30 jours $\frac{1}{4}$?

120. — Plusieurs pièces de toile ont été faites en 12 jours par 14 ouvr., à 9 heures par jour : combien aurait-il fallu d'hommes pour faire le même ouvrage en 16 jours, à 8 h. par j. ?

121. — Un baron a fait faire un bassin de 48 m. de longueur sur 25 de largeur et 4 m. 50 de profondeur ; et comme il en veut faire un autre qui ait 60 m. de long sur 30 de large, on demande quelle profondeur il doit lui donner pour que le déblai soit le même.

122. Un puits (qui a 30 m. de profondeur et 7 m. de circonférence) a été fait par 6 hommes en 64 j. $\frac{1}{2}$, lorsqu'ils travaillaient 11 heures par jour : combien aurait-il fallu d'hommes travaillant 12 h. par jour pour faire ce même ouvrage dans 39 j. $\frac{5}{12}$?

123. — Quelle est la longueur d'un mur qui a 5 m. de haut et 0m,60 d'épaisseur (que 35 ouvr. ont fait en 2 mois), sachant que les mêmes ouvriers, pendant le même temps, ont fait un autre mur long de 96 m., haut de 4 m. et épais de 0m,45.

124. On demande quelle sera la longueur d'un mur qui doit avoir 10 m. de hauteur et 0m,48 d'épaisseur, lequel doit être bâti dans 3 mois $\frac{1}{3}$, sachant que les mêmes ouvriers qui doivent le construire en ont bâti, dans le même temps, un autre ayant 27 m de long, 12 m. de haut, et 0m,25 d'épaisseur.

125. — Si 2 hommes en 6 j. font 30 m. de toile, combien faudra-t-il d'hommes pour en faire 90 m. en 4 jours ?

126. — Il a fallu 9 hommes pour faire 90 m. en 4 j. : combien en faudra-t-il pour faire 30 m. du même ouvrage en 6 j. ?

127. — On sait que 9 hommes ont fait 90 m. d'étoffe en 4 j. :

combien faut-il de jours à 2 ouvriers pour faire 30 m. de la même étoffe?

128. — Lorsque 30 m. de velours ont été faits dans 6 jours par 2 hommes, combien faudrait-il de jours à 9 ouvriers pour faire 90 m. du même velours?

129. — Un entrepreneur a employé 30 ouvriers qui, en 60 j., ont fait 1317 m. de maçonnerie : combien faudrait-il de temps à 20 ouvriers pour en faire 439 m.?

130. — Combien fera-t-on voiturer de myriagrammes l'espace de 20 lieues pour 11f,20, lorsque, pour 12 fr., on a fait voiturer 15 myriagr., l'espace de 30 lieues?

131. — Si, dans 4 ans, on reçoit 48 fr. d'intérêt d'un capital de 240 fr. : combien de temps faudra-t-il pour recevoir 133 fr. d'un capital de 380 fr. placé au même taux?

132. — On sait que 4 hommes, en 9 j., ont fait 216 mètres d'ouvrage; on sait pareillement que 144 m. d'un semblable ouvrage ont été faits en 3 jours : dire le nombre d'ouvriers qui ont produit ce dernier ouvrage?

133. — Lorsque 50 hommes dépensent 408f,50 en 19 jours, on voudrait savoir combien de jours à proportion dureront 817 fr. à 25 personnes.

134. Une poutre de 10 m. de long sur 0m,54 et 0m,48 d'équarrissage coûte 133 fr. : on demande quelle doit être la longueur d'une autre poutre qui coûte 72f,08 et dont l'équarissage est de 0m,43 sur 0m,35.

135. — Un menuisier, ayant 2 salles à boiser, a, pour la première, employé 6 hommes pendant 18 j. à 12 h par jour; pour la seconde, qui n'est que les $\frac{5}{6}$ de la première, il en a employé 10 pendant 8 j. : combien ces derniers ont-ils travaillé d'heures par jour?

136 — On demande combien de temps 7 ouvriers, travaillant 11 h $\frac{4}{7}$ par jour, mettront à faire une charpente, qui ne soit que les $\frac{7}{9}$ d'une autre charpente, faite dans 3 mois $\frac{1}{2}$ (le mois étant compté de 30 journées), par 10 ouvriers travaillant 9 h. $\frac{3}{5}$ chaque jour?

137. — Combien faut-il d'ouvriers pour faire dans 20 jours à 12 h. par jour, 56 m de fossé, sachant que 10 hommes en ont fait 42 m. dans 14 j., à 9 h. par jour?

138. — Un maçon, dans 24 j., à 13 h. $\frac{3}{4}$ par jour, a fait 40 m. d'ouvrage; mais le travail ayant épuisé ses forces, il est contraint de réduire sa journée à 8 heures : combien sera-t-il de jours pour faire les 50 mètres qui lui restent?

139. — On demande combien de temps une famille de 7 personnes pourra subsister avec 2363f,375, en supposant que 50 personnes dépensent 878f,75 dans 19 jours.

140. — Un voyageur qui a fait 126 lieues en 24 jours, mar-

chant 11 h. $\frac{1}{2}$ par jour, en a encore 168 qu'il veut faire en 46 j., combien doit-il marcher d'heures par jour ?

INTÉRÊTS SIMPLES.

(Voir Complément, N° 132 et les exemples qui suivent.)

141. — On voudrait savoir quelle rente annuelle donnerait le capital 875 fr. placé à 5 p %.

142. — On a 846f,19 à placer au 5 p. 100 : Quelle sera la rente annuelle?

143. — Un particulier a placé 800 fr. à constitution à 4 p. % : Quelle sera sa rente annuelle ?

144. — Un particulier a constitué 12000 fr. à 4 p. %, on demande quelle rente annuelle il retirera, déduction faite des impositions qu'on suppose être de 16 fr. pour 100 fr. de rente.

145. — Un officier a placé 24000 fr. au 5 p. %, puis il est parti pour une expédition d'où il n'est revenu qu'au bout de 7 ans : Combien recevra-t-il pour les rentes échues?

146. — Quel sera l'intérêt de 30000 fr. placés à 4 p. % pendant 2 ans?

147. — Un marchand a acheté du blé à raison de 20f,75 l'hect. et il veut le revendre de manière à gagner autant que s'il plaçait son argent au 5 p. % : Combien doit-il revendre l'hectolitre ?

148. — Combien recevra-t-on pour les intérêts de 16 fr. placés au 5 p. % pendant 13 ans.

149. — Trouvez l'intérêt que donneront 2836 fr. au bout de 7 mois, si l'on place au 6 p. %.

150. Trouvez l'intérêt que donneront, dans 12 jours, 6274 fr. placés au 5 p. %.

151. — Quel profit peut produire une somme de 14700 fr. placée à 4 p. % pendant 6 ans 6 mois et 15 jours?

152. — Ce que nous proposons ici n'est qu'une pure curiosité; mais pourtant, combien 25000 fr. donnent-ils de rente dans 9 heures, l'année étant de 365 jours et le taux 5 p. %?

153. — Quel capital faut-il placer au 4 p. % pour retirer une rente annuelle de 32 fr.?

154. — Lorsqu'une vigne produit 450 fr. de rente annuelle, quelle est la valeur du fonds, si l'on vend au 10 p. % ?

155. — Quel est le capital d'une rente annuelle de 151f,25, le taux étant 5 fr. ?

156 — Un voyageur ayant placé une somme au $\frac{100}{24}$ p. %, ne revient qu'au bout de 7 ans et reçoit 7000 fr. pour les arrérages : Quel capital a-t-il placé ?

157. — Quel capital faut-il placer au 6 p. % pour avoir 700 fr. de rente dans 9 mois ?

158 — Trouvez le capital qui donnerait 63 fr. d'intérêt dans 3 ans 9 mois, si le taux était 5 fr.

159. — Trouvez, par forme de passe-temps, quelle somme il faudrait placer au 4 p. °/₀ pour toucher 20 fr. d'intérêt au bout de 25 j. 10 h., l'année étant supposée de 360 jours et le mois de 30 j. — On se contentera d'une approximation à moins d'un millime près.

160. — On demande à quel taux un domestique a placé une somme de 800 fr., sachant que sa rente annuelle est de 32 fr.

161 — A quel taux faut-il placer 3025 fr. pour avoir 151 fr. 25 de rente annuelle ?

162. — Un officier ayant mis 9000 fr. à intérêt, s'est ensuite embarqué pour la Chine, et étant revenu au bout de 8 ans, on lui a remis 3600 fr. pour les arrérages. A quel taux avait-il placé ?

163. — Un capital de 2046 fr. a produit 1125 fr. 30 dans 11 ans : A quel taux a-t-il été placé ?

164. — A quel taux doit-on placer 24080 fr. pour qu'ils donnent 6720 fr. de bénéfice dans 7 ans ;

165. — A quel taux a-t-on placé 336 fr., sachant que ce capital a donné 63 fr. d'intérêt dans 45 mois ?

166. — Trouvez à quel taux ont été placés 1600 fr. qui ont donné 32 fr. d'intérêt dans 6 mois.

167. — A quel taux faut-il placer 8400 fr. pour avoir un bénéfice de 105 fr. au bout de 3 mois ?

168. — Ayant placé 800 fr. à intérêt, on demande le temps qu'il faudra les laisser pour qu'ils produisent 64 fr. de rente, le taux étant de 4 fr.

169. — On demande combien de temps ont été placés 24000 f. au taux de $\frac{25}{6}$ p. °/₀, sachant que les arrérages s'élèvent à 7000 fr.

170 — On a constitué 6600 fr. au taux de $\frac{50}{11}$ p. °/₀ et l'on demande combien de temps le capital est resté entre les mains de l'emprunteur, la rente étant 217 fr. 50.

171. — Combien de temps laisserai-je 4056 fr. 25 c. à intérêt au 4 p. °/₀, pour avoir un même bénéfice qu'avec 5900 fr. que je placerais pendant 30 mois au taux de 5 fr. 5.

172. — Si, dans 4 ans, on reçoit 48 fr. d'intérêt d'un capital de 240 fr., combien faudra-t-il de temps pour recevoir 133 fr. d'un capital de 380 fr. placé au même taux ?

1re partie	240f	48f	4 ans.
2e......	380	133	x

$$\left.\begin{array}{r}380 : 240 :: 4 : a \\ 48 : 133 :: a : x\end{array}\right\} 380 \times 48 : 240 \times 133 :: 4 : x.$$

173. — Une personne veut rembourser 827 fr, 40 et les intérêts de cette somme pour 3 ans 6 mois à raison de 5 p. °[o : Combien doit-elle compter ?

174. — Quelqu'un prend une somme à 4 p °[o et au bout de 3 ans il doit 30000 fr. capital et intérêt : De combien était son emprunt ? (*Complé.* n° 132, *question* IX.)

175. — Un capital plus ses intérêts de 6 ans 8 mois égale la somme de 8760 fr. : Trouvez ce capital, le taux étant de 6 fr. ?

176. — Combien vaudront 6257 fr 14 $\frac{2}{7}$ au bout de 6 ans 8 mois, si l'on place au 6 p. °[o ?

177. — Avec quel capital gagnera-t-on 30 fr. dans 16 mois, si l'on place à 5 p. °[o ?

178. — Si l'on emprunte 8000 fr. à 4 fr. 5 p. 100, quel sera le montant du capital joint à l'intérêt au bout de l'an ?

179. — Combien 360 fr. produiront-ils dans 9 mois, s'ils sont placés à 0 fr. 5 par mois.

580. — Quel est l'intérêt de 66400 fr. placés à 5 p. °[o pendant 4 mois ?

181. — Quelle sera la valeur de 26785 fr. $\frac{5}{7}$ au bout de 3 ans, cette somme étant prêtée au taux de 4 p. °[o ?

PLACEMENTS SUR L'ÉTAT.

(*Complément, n°* 133.)

182. — Combien aura-t-on de rente pour 40000 fr. placés sur l'État à 5 p °[o le cours étant au pair ?

183. Combien aura-t-on de rente pour 9600 fr., si le 5 p. °[o est au cours de 96 fr. ?

184. — Combien se paieront 408 fr. de rente à 6 p °[o, si on les achète au cours 118 fr. ?

185. — Lorsqu'on paie 1200 fr. pour avoir 50 fr. de rente à 4 p. °[o quel est le cours de la rente ?

186. — Quelle rente se fera-t-on avec 1800 fr., le taux étant 4 p. °[o, et le cours 90 fr. ?

187. — A quel taux a-t-on placé 30000 fr., le cours étant 96 fr. et la rente 1562 fr. 50 ?

INTÉRÊTS COMPOSÉS.

(*Complément, n°* 135 *et suivants.*)

188. — On demande quelle somme doit au bout de 4 ans, un homme qui a pris 6000 fr. à intérêt au 4 p. °[o, cet homme s'étant d'ailleurs engagé de rembourser le capital avec les intérêts des intérêts au bout du temps susdit. (*Complém. N°* 139)

189. — Quels sont les intérêts composés de 9000 fr. au bout de 4 ans le taux étant 5 fr.? (N° 136.)

190. — Un mineur exige que son tuteur lui rembourse un fonds de 6000 fr. avec les intérêts des intérêts pour 3 ans : Quelle est la somme que le tuteur devra compter, le taux étant 5 p. °/₀? (N° 139.)

191. — Une personne prête 3000 fr. à 4 p. °/₀, sous la condition que dans 2 ans on lui rendra, intérêt composé et capital : Quelle somme recevra-t-elle?

192. — Un particulier a prêté 8000 fr. pour 5 ans à 4 p. °/₀, à condition qu'en lui remboursant son prêt, on lui paiera les intérêts et leurs intérêts : Combien doit-il recevoir en tout?

193. — Trouvez le capital joint aux intérêts composés, le capital primitif étant de 3200 fr. et le taux 5 fr; on a placé pour 4 ans.

194. — Un médecin demanda un jour à un riche propriétaire la somme de 200 fr. pour une opération très-délicate; le propriétaire contesta et ne voulut donner que 100 fr.; le médecin tint bon, mais au bout de 6 ans, il appela son client et l'obligea de payer le principal avec les intérêts composés, au 5 p. °/₀ : Quelle somme reçut-il? Il se contenta d'une approximation à moins d'une unité près.

195. — On demande quel est le capital primitif, lorsque ce capital, augmenté de ses intérêts composés pour 3 ans, s'élève à 289f,40625, le taux étant 5 fr. (N° 139).

196. — Trouvez le capital primitif, la somme de ce capital, plus les intérêts des intérêts, s'élevant à 1471f,341375 : le temps est 3 ans et le taux 5 fr.

197. — Ceci est un exercice récréatif : Trouvez quel capital il faut placer au 10 p. °/₀ et durant 10 ans, pour que capital et intérêts composés forment, au bout du temps susdit, une somme de 2593742f,4601.

198. — Quelqu'un a reçu 7019f,15136, somme composée des intérêts des intérêts et du capital : A quel taux avait-il prêté, le temps étant 4 ans et le capital 6000 fr. ?

199. — A quel taux a-t-on prêté, l'intérêt obtenu en dernier lieu étant 520f,93125, le dernier capital employé étant 10418f,625 et le temps 4 ans?

200. — Trouvez le temps, l'intérêt composé + le capital étant 9733f,2232192, le capital primitif 8000 fr. et le taux 4 fr:

ESCOMPTES EN DEDANS.

(Complément, N° 141 et suivants.)

201. — Quelle somme paierait-on, si l'on faisait escompter en dedans un billet de 1680 fr., ayant un an de cours, l'escompte p. °/₀ étant fixé à 5 fr. (N° 142)?

202. — Trouvez l'escompte en dedans d'un billet de 824 fr., qui aurait 6 mois de cours, l'escompte p. °/₀ étant 6 fr.

203. — Quel sera l'escompte en dedans d'un billet de 408 fr. escompté pour 4 mois au 6 p. °/₀ ?

204. — L'escompte en dedans étant 7f,50, le temps 7 mois et le taux 6 fr., trouvez la valeur du capital.

205. — L'escompte étant 20 fr., le taux 6 fr. et le temps 5 mois, trouvez la valeur nominale du billet.

206. — L'escompte calculé en dedans est 27 fr., le temps 3 mois et le taux 6 fr., trouvez le capital.

207. — Trouvez le taux, l'escompte étant 12 fr., le capital 636 fr. et le temps 4 mois.

208. — L'escompte étant 19 fr., le temps 8 mois et la valeur nominale du billet 494 fr., trouvez le taux.

209. — Un usurier escompte en dedans un billet de 61 fr. pour 2 mois et retient 1 fr. : A quel taux a-t-il escompté ?

210. — Trouvez par une seule proportion ce que vaudra après escompte en dedans au 5 p. °/₀ un billet de 236 fr. ayant un an de cours.

211. — Trouvez ce que comptera un banquier qui escompte en dedans un billet de 189f,90 pour 4 mois au 6 p. °/₀.

212. — On devait me payer dans 4 mois 20 jours, 724 hectol. de blé à 23f,50 l'hectol., mais ayant besoin de fonds, je demande que l'on me paye comptant, sous escompte de 6 p. °/₀ en dedans : Quelle somme m'a-t-on comptée ?

213. — Trouvez l'escompte en dedans de 2000 fr. pour 7 mois à 0f,35 par mois.

ESCOMPTES EN DEHORS.

(Complément, n° 143)

214. — Trouvez l'escompte en dehors d'une somme de 1680f. payable dans un an, l'escompte pour °/₀ étant 5 fr.

215. — Trouvez ce qu'on retiendra sur une somme de 824 fr. escomptée pour 6 mois à 6 p. °/₀.

216. — Quel sera l'escompte en dehors d'un billet de 408 fr., escompté au 6 p. °/₀, pour 1 an ?

217. — Un négociant accorde une remise de 300 fr. à son débiteur s'il lui paie comptant une somme qui n'est payable qu'en 4 ans : Quelle est cette somme, l'escompte étant 5 p. °/₀ ?

218. — Quelqu'un doit 18000 fr. payables dans 3 ans; mais, pouvant payer comptant, il obtient 6 p. °/₀ d'escompte par an : Combien paiera-t-il (N° 143, Exem. II) ?

219. — On a acheté 10 kilolitres de vin à 20 centimes le litre, payables dans un an : Combien paiera-t-on comptant si l'on obtient 5 p. °/₀ d'escompte ?

220. — Quelle est actuellement la valeur d'un billet de 4425 fr. payable dans 2 ans, si l'on escompte à 5 p. °/₀?

221. — Quelle est aujourd'hui la valeur d'un billet de 1120 fr. payable dans un an, si on l'escompte à 5 p. °/₀ ?

222. — Trouvez ce que vaudra après escompte un billet de 80 fr. ayant 4 mois de cours, si l'escompte est 6 p. °/₀.

223. — On a vendu 100 rames de papier à 7f,60 la rame, le terme est 6 mois, ou bien comptant, sous escompte de 6 p. °/₀ ; le fabricant adopte cette dernière condition : quelle somme touchera-t-il ?

224. — Quelle somme toucherai-je si l'on me paie 760f, vingt-cinq jours avant échéance, et si l'on m'escompte à 0f,50 par mois? (*On sait que le mois vaut 30 jours.*)

225. — Quelle somme toucherai-je si l'on me paie 997 fr. 3 mois 18 jours avant échéance, l'escompte étant 6 p. °/₀ ?

226. — Combien toucherai-je dans un an d'un billet qui n'est payable que dans 5 ans, si, au bout de l'an, on veut bien m'escompter à 6 p. °/₀, le billet étant de 4245 fr. ?

227. — Quelqu'un devait 9000 payables dans 3 ans, mais ayant payé comptant, il ne donne que 7920 fr. : Quel était le taux de l'escompte ?

228. — Si 10000 fr. escomptés pour 20 ans se réduisent à 2000 fr. : Quel est le taux de l'escompte?

229. — Trouvez le temps, l'escompte p. °/₀ étant 5 fr., la somme, avant escompte, 1120 fr., et après l'escompte, 1064 fr.

230. — Trouvez le taux, la somme, avant escompte, étant 600 fr., après escompte 570 fr., et le temps un an.

231. — Quelqu'un devait 9800 fr. payables au bout de 10 jours, mais on lui offre 10 p. °/₀ d'escompte s'il veut payer comptant : Quelle somme paiera-t-il?

232. — Un billet ne vaut plus que 2460 fr., ayant été escompté au 6 p. °/₀ pour 3 ans : Quelle était sa valeur nominale?

233. — Quelle est la valeur actuelle d'une somme de 11025 fr. payables dans un an, le taux étant 5 fr. ?

234. — Quelle est la valeur actuelle d'une somme de 13000 fr. payable dans un an, l'escompte p. °/₀ étant 4 fr. ?

235. — Un ballot de marchandises passe de mains en mains au prix d'achat, diminué de l'escompte en dehors. Le 1er l'a pour 1000 fr. ; le 2e rabat 6 p. °/₀ ; le 3e 5 p. °/₀; le 4e 3 p. °/₀ et le 5e 1 pour °/₀ ; d'après cela, trouvez les sommes payées par chaque acquéreur.

Questions d'intérêt et d'escompte à résoudre par les moyens employés pour résoudre les règles de trois composées. (Complément, N°s 125 et 144.)

236. — Quel intérêt aurait-on si l'on plaçait 369 fr. pour 125 jours, le taux étant 5 fr. ?

De cette question résultent les 2 suivantes :

1° Quel intérêt aurait-on si l'on plaçait 369 f. au 5 p. %, le temps étant 360 j. ? *R. a*............

2° L'intérêt pour 360 j. étant *a*, quel sera celui de 125 j. ? *R. x*..

$$100 : 369 :: 5 : a$$

$$360 : 125 :: a : x$$

$$360 \times 100 : 369 \times 125 :: 5 : x$$

237. — Quel intérêt donneront, dans 11 mois, 629 f. pl. à 4 p. % ?

238. — Trouvez les arrérages que donneront, au bout de 6 ans, 2500 fr. placés à 5 p. %.

239. — Un capital a donné 75 fr. d'intérêt dans 6 mois : Quel est ce capital, le taux étant 5 fr ?

240 — Quel est le capital qui donnerait 1500 fr. d'arrérage dans 10 ans, ce capital étant placé au 5 p. % ?

241. — Quel est le capital qui, étant placé à 4 p. %, donne 40 fr. d'intérêt dans 3 mois ?

242. — A quel taux a été placé le capital 2500 fr., les arrérages de 6 ans s'élevant à 600 fr. ?

243. — A quel taux faut-il placer 1220 fr. pour avoir 42f,70 de rente dans 7 mois ?

244. — A quel taux faut-il placer 3000 fr. pour avoir 135 fr. d'intérêt au bout de 9 mois ?

LETTRES DE CHANGE. (*Comp. N° 145*)

245. — Que donnera-t-on pour avoir une lettre de change de 2812 fr. si le taux est 0f,25 p. % ?

246. — Quelle est la valeur d'une lettre de change qui a coûté 615 fr. le taux d'intérêt étant 0f,40 p. % ?

247. Combien donnerai-je pour avoir une lettre de change de 2000 fr., si l'on prend 0f,25 p. % ?

248. — Combien paierai-je une lettre de change de 2800 fr., si l'on prend 0f15 p. % ?

249. On demande une lettre de change de 100 florins de Hollande : Combien la paiera-t-on, si le florin vaut 1f,93 et si le taux du change est 1f,50 pour 100 fr. ?

250. — Un Autrichien, voulant passer en France, demande à son banquier une lettre de change de 20000 fr. : Combien la

paiera-t-il de ducats, le ducat impérial valant 11f,86, et le taux du change étant de 5 fr. par 100 ducats ?

251. — On demande combien on paiera une lettre de change de 200 guinées, payable à Londres, sachant que la guinée anglaise vaut 26f,47 et que le taux du change demandé est 1f,15 pour 100 fr.

252. — On demande une lettre de change sur Madrid : Combien la paiera-t-on si on la demande de 25000 réals, le réal valant 1f,08, et le taux du change étant 0f,18 pour 100 réals ?

253. — Un Français établi au Mogol veut revenir en France, et, à cet effet, il réalise sa fortune qui se trouve être de 13000 roupies : Combien touchera-t-il de francs à Paris, si on lui prend 0f,50 pour chaque 100 fr. que valent ses 13000 roupies, la roupie d'argent du Mogol valant d'ailleurs 2f,42 ?

Sur le N° 146.

254. — Convertir 838 schillings (Angleterre) en francs, le schilling valant 1f,1614.

255. — Convertir 253 f. en schillings et par suite en guinées, la guinée valant 21 schillings.

256. — Convertir 1000 risdales (Autriche) en francs, la risdale étant de 5f,195.

257. — Convertir 10390 fr. en risdales et 4156 risdales en francs.

258. — Convertir 691 fr. en carolins d'or (Bavière), le carolin valant 25f,66.

259. — Convertir en francs 2836 piastres (Espagne), une piastre valant 5f,43.

260. — Convertir 108f,4 en dolars (Etats-Unis, Amérique), un dolar valant 5f,42.

261. — Convertir en francs 252 kobangs (Japon), un kobang valant 51f,24.

262. — Convertir en francs 6000 fanons (Mogol), le fanon valant 0f,315.

263. — Convertir 600 carlins en ducats (Naples), le ducat valant 10 carlins ; — convertir le résultat en francs, un ducat valant 4f,25.

264. — Combien donnera-t-on de séquins d'or (Parme) pour avoir 239 pièces de 20 fr., le séquin valant 11f,95 ?

265 — Combien aura-t-on de talaros de Raguse pour 78 pièces de 20 fr., si le talaro vaut 3f,90?

266. — Trouver la valeur de 20 florins de Bade, un florin valant 6f,35.

267. — La couronne de Bavière valant 5f,72, trouver en francs la valeur de 1000 couronnes.

268. — La risdale de Danemarck valant 4f,96, combien en aurait-on pour 3368 fr. ?

269. — La piastre d'Espagne valant 5f,43, combien en faut-il pour faire 2715 fr. ?

270. — L'écu de 100 bayoques de Rome valant 5f,39, combien en faut-il pour faire 1078 fr. ?

271. — Combien faut-il de dollars (Etats-Unis) pour valoir 95 pièces de 5 fr., le dollar étant de 5f,42 ?

272. — Convertir en francs 1000 roupies du Mogol, la roupie étant de 2f,42.

273. — Convertir 2420 fr. en roupies du Mogol, la roupie valant 2f,42.

274. — Combien faut-il de carlins de Naples pour valoir 60 pièces de 5 fr., le carlin valant 0f,425?

275. — Combien valent 1000 ducats de Parme, si un ducat vaut 5f,18 ?

276. — L'abassi de Perse valant 97 centimes, trouvez combien il faut d'abassis pour valoir 50 pièces de 40 fr.

277. — Les 100 reis de Portugal valant 6f,12, trouvez la valeur d'un reis et par suite combien il y a de 1000 reis dans 195 pièces de 20 fr.

278. — Combien faut-il de silbergros de Prusse pour valoir 14454 fr., les 100 silbergros valant 11 fr.

279. — L'écu de Sardaigne valant 4f,7, combien en faut-il pour payer une dette de 2000 fr. ?

280. — Le rouble de Russie vaut 4 fr., trouvez ce qu'il en faut pour faire 20000 fr.

281. — Le rouble de Russie valant 4 fr. l'écu de Savoie valant 5 fr. et le franken de la Suisse valant 1f,50, trouvez ce que chacune de ces puissances donnera des pièces sus-mentionnées pour former une somme de 1050000 fr.

ÉPOQUES POUR LES PAIEMENTS. (1er Cas.)

(Complément, N° 148)

282. — Un métayer doit payer sa ferme à deux fois, le 1er paiement, qui est de 600 fr , doit être fait au bout de 3 mois, le second, qui est de 1200 fr., doit l'être à la fin de l'année : Quand faudra-t-il qu'il paie pour ne faire qu'un seul versement, sans qu'il y ait perte ni pour lui ni pour son propriétaire ?

283. — On doit 40 fr. payables dans 6 mois, 80 fr. payables dans 9 mois et 100 fr. payables dans 15 mois : Trouvez le terme moyen, si l'on ne fait qu'un seul paiement.

284. — Georges doit recevoir 6000 fr. chaque année durant 3 ans, à commencer dans un an ; il prie son débiteur de s'acquitter dans un seul paiement : Veuillez en fixer l'époque.

285. — Pif doit 500 fr. payables dans 6 mois, 800 fr. payables

dans 10 mois et 900 dans 12 mois ; mais son créancier le prie de ne faire qu'un seul paiement : Fixez-en l'époque.

286. — Un officier doit toucher 300 fr. à la fin du 1er trimestre, 400 fr. à la fin du 2e, 500 fr. à la fin du 3e et 600 fr. au bout de l'an : Quelle serait l'époque convenable à la solde entière ?

287. — On prend pour 3000 fr. de bois à 9 mois de crédit, pour 4800 fr. à 14 mois, pour 7900 fr. à 18 mois et pour 9000 f. à 2 ans de terme : Trouvez à quelle époque il faut faire un seul paiement pour qu'il n'y ait ni perte ni profit de part ni d'autre.

288. — Un économe doit 650 fr. dans 9 mois, 940 fr. dans 15 mois, 2400 fr. dans 18 mois, 3600 fr. dans 21 mois et 8220 fr. dans 13 mois ; mais, effrayé des intérêts qu'il aura à payer, il se résoud à payer le tout dans un temps qu'il s'agit de trouver.

289. — On doit 75 fr. payables en 3 sommes égales et à trois époques éloignées l'une de l'autre de 5 ans, et l'on demande à quelle époque il faudrait faire un seul paiement, le 1er terme étant au comptant.

290. — Un négociant a trois billets à acquitter, l'un de 3000 f. payable en 9 mois, l'autre de 1500 fr., payable en 18 mois, enfin, le 3e de 2000 fr., payable dans un an : Quand paiera-t-il, s'il veut s'acquitter dans une seule fois ?

291. — Un charpentier a acheté pour 1200 fr. de bois, et il promet de s'acquitter ainsi qu'il suit : 200 fr. dans 3 mois, 300 fr. dans 5 mois, 500 fr. dans 10 mois et le reste dans un an ; à quelle époque paiera-t-il, si le vendeur veut bien recevoir le tout dans une seule fois ?

ÉPOQUES POUR LES PAIEMENTS. (2e Cas.)

(*Complément, N° 151.*)

292. — Un marchand livre pour 900 fr. de marchandise à 6 ans de terme, mais 2 ans après, il accepte 300 fr., et 3 ans plus tard, il reçoit encore 400 fr. : A quelle époque pourra-t-il exiger le reste ?

293. — On livre pour 2520 fr. de marchandise à un an de crédit, mais comme on a besoin d'argent au bout de 6 mois, on reçoit 1260 fr. d'avance : A quelle époque l'acheteur doit-il compter le reste pour qu'il y ait compensation dans les intérêts ?

294. — La Paresse devait 63000 fr. à l'Activité qui reçoit 60000 fr., 9 mois avant l'échéance : A quelle époque la Paresse achèvera-t-elle de se libérer, le temps de son crédit étant 10 ans ?

295. — Lucas me prête 6000 fr. pour 9 mois et 900 fr. pour 3 mois, je lui rends ses fonds et lui prête à mon tour 4000 fr. : Combien de temps les gardera-t-il pour se dédommager ?

296. — On devait 90000 fr. payables dans un an ; on en a payé une partie après 9 mois et le reste au bout de 18 mois ; de

cette manière les intérêts ont été compensés : De combien était chaque paiement ?

297. — Toussaint prend de la marchandise pour 90000 fr. à un an de crédit ; mais s'il avance 67500 fr. au bout de 9 mois, à quelle époque devra-t-il payer le reste ?

298. — Je devais 4800 fr. à Georges, je lui ai payé $\frac{1}{3}$ de cette somme après 9 mois, et $\frac{1}{4}$ après 15 mois : Quand achèverai-je le remboursement, le temps stipulé était 2 ans ?

299. — Louis dit à son frère, qui lui devait 1200 fr. payables dans 15 mois : Si tu veux m'avancer 900 fr., tu pourras garder le reste 2 ans. Le frère ayant accepté la proposition, on demande à quelle époque il a dû verser les 900 fr.

300. — Un créancier dit à son débiteur, qui lui doit 13000 fr. payables dans 2 ans, que s'il veut lui avancer 5000 fr. il pourra garder un an de plus le reste 8000 fr. : Quand le débiteur devra-t-il faire l'avance, s'il accepte la proposition ?

301. — Il manque 900 fr. à un métayer pour payer sa ferme qui est de 1500 fr. ; son maître lui enjoint de se présenter dans le courant de l'année, avec la somme de 2400 fr. et à temps convenable : A quelle époque devra-t-il faire ce paiement pour que justice soit faite ?

PARTAGES PROPORTIONNELS. (*Comp. N° 154 et suiv.*)

302. — Partagez 80 fr. en parties proportionnelles aux nombres 8, 6, 4, 2.

303. — Partagez 50 fr. en parties proportionnelles aux nombres 1, 5 et 4.

304. — Partagez 96 fr. en parties proportionnelles aux nombres 5, 6, 4 et 9.

305. — Pierre et Paul ont chacun un nombre de pommes qu'ils mettent en commun ; le tout s'élève à 28 : Dites quelle quantité chacun a mise. — On vous dit seulement que lorsque Pierre en mettait 3, Paul en mettait 4.

306. — Un nombreux troupeau de moutons paissait paisiblement dans la plaine d'Assais (Deux-Sèvres), tandis que 6 petits bergers s'ébattaient sur la pelouse ; un Monsieur passant par là, leur dit : Mes petits enfants, ce troupeau est-il confié à votre garde ? — Oui, Monsieur. — Êtes-vous tous de la même ferme ? — Non Monsieur. — Chacun de vous garde-t-il une partie du troupeau ? — Oui, Monsieur. — Combien chacun en a-t-il ? — A cette question, le plus âgé prenant la parole, dit : Monsieur, c'est comme si Louis en avait 15, Isaïe 12 $\frac{1}{2}$, François 8, Jean 6 $\frac{1}{2}$, Marcel 6 et Victor 5, et j'ajoute que le troupeau se compose de 106 têtes. A présent, Monsieur, voyez si vous pourrez trouver le troupeau de chacun. Le Monsieur ayant compté résolut aisément la question ; faites comme lui.

307. — Quatre personnes ont ensemble 140 ans : Trouvez l'âge de chacune; les âges différents étant proportionnels aux nombres 1, 1 $\frac{1}{2}$, 2, 2 $\frac{1}{2}$.

RÈGLE DE SOCIÉTÉ SIMPLE. (N° 158)

308. — Trois jeunes gens se sont associés pour un petit commerce; le 1er a mis 21 fr., le 2e 24 fr. et le 3e 30 fr. : leur bénéfice, au bout du 1er mois, étant de 25 fr., on vous prie de le leur partager.

309. — Trois ouvriers ont gagné 268 fr. sur une entreprise à laquelle le 1er a contribué pour 15 fr., le 2e pour 14 et le 3e pour 13; partagez-leur le bénéfice 268 fr.

310. — Quatre libraires se sont cotisés pour l'impression de la liturgie de leur diocèse et ils ont gagné 8642 fr. ; veuillez leur en faire le partage, A ayant mis 2600 fr., B, 2894 fr., C, 1970 f. et D, 3080 fr.

311. — Les trois marchands de bois M, N, O, en ayant acheté une petite coupe, sur laquelle ils ont gagné 150 fr., on vous prie de trouver la part proportionnelle de chacun, M ayant mis 275 fr., N, 475 fr. et O, 500 fr.

312. — Les quatre négociants P, Q, R, S, ont fait un fonds commun pour armer un navire : P y a contribué pour 8500 fr., Q, pour 10075 fr., R, pour 11825 et S, pour 12650; déduction faite de tous frais, ils ont un bénéfice de 10000 fr. : leur en faire la répartition.

313. — Monsieur T et Monsieur U, chapeliers, ont acheté ensemble 434 kilog. $\frac{1}{2}$ de laine d'Espagne à raison de 4f,60 le k., T y a contribué pour 986 fr et U a fourni le reste; ils ont fabriqué avec cette laine 1286 chapeaux qu'ils ont vendu 15f,70 la pièce : Trouvez le bénéfice de Mr T et celui de Mr U.

314. — Trois marchands, savoir : V, X, Y, se sont associés et ont fait un fonds commun auquel ils ont contribué de la manière suivante : V a mis 35f,50, X a mis 48 fr. et Y 66f,50 : On vous demande quelle est la part proportionnelle de chacun du bénéfice, ce bénéfice étant de 90 fr.

315 — Quatre négociants ont fait un fonds commun de 45000 f. et à la fin du temps stipulé, ils ont un bénéfice net de 26877 fr. : Veuillez le leur partager, A a 13 parts, B, 11, C, 8 et D, 7.

316 — Antoine et Benoît ont formé une société où A a mis 400 fr et B, 350 fr. ; ils ont gagné 360 fr. : Combien chacun aura-t-il de profit?

317. — Trois négociants ayant frété un navire, les frais se sont élevés à 25000 fr. : Trouvez ce que chaque négociant aura à payer, A ayant mis 150 tonneaux, B, 280 et C, 300.

318. — Trois marchands étant convenus de donner 200 fr. à

un voiturier pour un chargement, on demande combien chacun aura à payer, sachant que A a chargé 5 quintaux, B, 6 et C, 10.

319. — Quatre marchands ont gagné 12000 fr. avec un fonds de 30000 fr.; or, A ayant reçu 3000 fr. pour sa part du bénéfice, B, 3500, C, 2600 et D 2900 fr., quelle était la mise de chacun?

320. — Trois associés ont perdu 120f,50 : Quelle est la perte proportionnelle de chacun, A ayant mis 240 fr., B, 160 fr. et C, 80 fr.

321. — Un homme qui vient de mourir laisse 4500 fr. à trois créanciers auxquels sont dues les 3 sommes suivantes : à A 3000 f., à B 2625 fr., à C 1875 fr. : Combien chacun aura-t-il de la somme laissée, proportionnellement à sa créance?

RÈGLE DE SOCIÉTÉ COMPOSÉE. (N° 160.)

322.—Messieurs A, B, C se sont associés pour une petite entreprise à laquelle ils ont contribué de la manière suivante : A a commencé seul avec 600 fr.; 2 mois plus tard, B a mis 300 fr. et, au bout de 3 mois, C a mis 450 fr.; leur bénéfice net a été de 500 fr. après 15 mois d'association : Veuillez leur partager ce bénéfice.

323. — Un jeune homme a commencé seul avec 180 fr. un petit commerce de toile, un de ses amis s'est joint à lui au bout de 6 mois et a mis 126 fr.; un troisième s'est joint à eux 9 mois après et a fourni 200 fr.; leur bénéfice net au bout de 2 ans, se trouvant de 268 fr., on demande la part de chaque associé.

324. — Les trois négociants F. G. H. ont gagné 1800 fr. dans une entreprise qui a duré 8 mois; F, qui a commencé seul, a mis 1200 fr.; G, qui a commencé 2 mois plus tard, a mis 1450 fr.; H a mis 2000 fr., seulement les 4 derniers mois : Trouvez la part de chacun du bénéfice 1800 fr.

325. — Pierre a commencé seul une entreprise avec 1800 fr.; mais, pour donner une plus grande extension à cette entreprise, il prie Nicolas d'y prendre part, celui-ci adhère à la proposition et met 2100 fr.; le bénéfice net se montant à 420 fr., veuillez en faire le partage à ces MM., la somme de Pierre est restée 2 ans et celle de Nicolas 17 mois seulement.

326. — Les peintres A et B ont gagné 140 fr. pour les décorations d'une salle; on vous prie de leur partager cette somme, A ayant travaillé 18 jours et 8 heures par jour, B 12 jours et 10 heures par jour.

327. — Monsieur M met d'abord 100 fr. dans le commerce, au bout de 3 ans, il ajoute 250 fr., et au bout de 5 ans, encore 150 fr.; mais, au bout de la 4e année, Mr N s'est associé à Mr M et a mis tout d'abord 350 fr. et 400 fr. au bout de la 6e année : Partagez-leur le bénéfice 3725 fr. qu'ils ont fait dans 7 ans.

328. — Deux menuisiers ont loué un magasin pour la somme de 225f,70, le premier y a laissé 1600 planches pendant 15 mois et le second 1257 pendant 2 ans : Trouvez ce que chacun doit payer du loyer 225f,70.

329. — On vous propose de partager le bénéfice 4550 f. entre trois marchands qui ont mis en commun, l'un 800 fr. pour 2 ans $\frac{1}{2}$, l'autre 500 fr. pour 2 ans 1 mois et le troisième 995 fr. pour 35 mois.

330. — Partagez entre les 3 associés A, B, C, un bénéfice de 490 fr., sachant que la mise de A, 250 fr., est restée 20 mois dans la société, que la mise de B, 100 fr., y est restée 18 mois et que la mise de C, 200 fr., y est restée 15 mois.

331. — Un propriétaire donne sa vigne à cultiver à 3 vignerons : le 1er y travaille 2 j. à 15 h. par j. ; le 2e 18 j. à 12 h. par jour; le 3e enfin, 10 j. à 9 h. par j. : Partagez-leur le salaire qui est de 475f,20.

ALLIAGES OU MELANGES. (*Sur le N° 165.*)

332 — On a du blé qui vaut 24 fr. l'hectol. et de l'orge qui en vaut 13 : Dans quelle proportion peut-on mêler ces deux grains, pour que le prix de l'hectol. vaille 20 fr.

333. — On a de très-fort vinaigre qui vaut 50 cent. le litre : Dans quelle proportion y mêlera-t-on du vin à 10 centimes, pour qu'on puisse donner le mélange à 35 cent. le litre?

334. — Un instrument en métal est composé de cuivre à 3f,50 le kilog. et de zing à 1f,25; le prix moyen étant 2f,75, trouvez dans quelle proportion ces métaux ont été alliés.

335. — Un aubergiste a du vin à 6 fr. le décalitre et d'autre à 11 fr.; il croit que ces deux vins mélangés feraient une très-bonne boisson, mais il voudrait vendre 8 fr. le décal. du mélange : Combien doit-il en prendre de chaque sorte?

336. — Dans quelle proportion peut-on mêler des grains à 6 fr., à 9 fr., à 12 fr., à 20 fr. et à 21 fr. l'hectol., pour que l'hectol. du mélange vaille 15 fr.? (N° 166.)

337. — Dans quelle proportion mêlera-t-on des vins à 1 fr., à 0f,90, à 0f,75, à 0f,65, à 0f,50, à 0f,40, à 0f,20 le litre, pour que le prix du mélange soit 0f,60?

338. — On demande un chargement de 624 hectolitres d'un mélange composé de blé à 24 fr. l'hectol. et d'orge à 13 fr., de manière que l'hectol. du mélange vaille 20 fr. : Combien en mettra-t-on de chaque espèce? (N° 167.)

339. — On veut composer une barrique de vinaigre qui contienne 235 litres avec de fort vinaigre qui vaut 0f,50 le litre et du vin qui ne vaut que 0f,10 : Combien mettra-t-on de chacun de ces deux liquides, pour que le prix du mél. soit 0f.35? (N° 167.)

340. — Un instrument en métal pèse 18 kilog., et on demande ce qu'il contient de cuivre à 3f,50 le kilog. et de zinc à 1f,25, le kilog. de l'alliage revenant à 2f,75. Trouvez pour preuve le prix de l'instrument. (N° 167).

341. — Un aubergiste a du vin à 6 fr. le décal. et d'autre à 11 fr.; il voudrait composer une barrique de 275 litres avec ces deux vins, mais de manière à ce que le litre de mélange ne vaille que 0f,80 : Combien doit-il en mettre de chaque qualité ?

342. — Formez un chargement de 698 hectol. avec des grains à 6 fr., à 9 fr., à 12 fr., à 20 fr. et à 21 fr. l'hectol., de manière que le prix d'un hectol. soit 15 fr.

343. — On demande un mélange de 622 litres avec des vins à 1 fr., à 0f,90, à 0f,75, à 0f,65, à 0f,50, à 0f,40, à 0f,20 le litre, de manière qu'un litre du mélange vaille 0f,60.

344. — On a 100 doubles décalitres de froment qui vaut 4f,80 le double, on demande combien il faut y joindre de seigle à 4 f. pour avoir un mélange à 4f,20 et quelle quantité on aura à vendre à ce prix. (N. 168.)

345. — Un propriétaire a récolté 90 *milliers* de très-bon foin qui vaut 35 fr. le *millier* et une certaine quantité de mauvais qui vaut 12 fr. le *millier*, mais qu'il ne peut vendre seul; il se décide à faire passer une partie du mauvais dans le bon, et il demande combien il faut qu'il en mette avec les 90 *milliers* pour que le prix du *millier* soit 30 fr.

346. — Un homme a environ 250 charretées de terre propre à fumer, elle vaut 5 fr. la charretée; mais ce qui le tracasse, c'est qu'il en a d'autre qui ne vaut que 2 fr. la charretée, qu'il voudrait bien vendre aussi et que personne ne demande; il prend le parti de mélanger ces deux terres, et il demande ce qu'il fera passer de la moindre avec les 250 charretées de la bonne; il voudrait vendre 4 fr. la charretée du mélange. (N. 168.)

347. — Si le centimètre cube d'or pèse 40 grammes et le centimètre cube de cuivre 30 grammes, combien est-il entré pesant de chacun de ces deux métaux dans un lingot de 1000 gr., où l'or et le cuivre sont entrés en volume égal ?

348. — Un marchand de blé à 300 hectolitres de blé qui vaut 21 fr. l'hectol. : Combien doit-il y joindre d'autres blés à 15 fr., à 12 fr. et à 9 fr. pour que l'hectol. du mélange vaille 18 fr. ?

349. — Un boulanger a 13 sacs de farine à 24 fr. le sac, 18 sacs à 20 fr. et 8 sacs à 12 fr.; mais il voudrait joindre à ces trois qualités d'une qualité inférieure qui ne vaut que 8 fr. le sac : Combien en prendra-t-il pour joindre aux sacs donnés des autres qualités ? (N. 169)

350. — On a 4 lingots d'argent, le 1er pesant 654 grammes est au titre $\frac{981}{1000}$, le 2e au titre $\frac{909}{1000}$, le 3e au titre $\frac{888}{1000}$ et le 4e pesant 436 grammes est au titre $\frac{872}{1000}$: Combien doit-on prendre du 2e et du 3e pour joindre aux quantités données des deux autres, de manière à avoir un alliage au titre légal des monnaies ?

351. — On a du blé de 9 fr. et de 15 fr. la mesure : Combien en mettra-t-on de la 1re qualité énoncée avec 900 mesures de la seconde, pour que le prix du mélange soit 13 fr. la mesure ?

352. — On veut 900 mesures d'un mélange qui se vende 13 fr. la mesure, formé de deux substances à 9 fr. et à 15 fr. : Combien en mettra-on de chacune ?

353. — On voudrait un mélange à 15 fr. la mesure qui fût composé avec des blés à 10 fr., à 12 fr., à 16 fr. et à 20 fr. ; de plus, on voudrait un chargement de 1000 mesures de ce mélange, mais où il n'entrerait que 100 mesures de la qual. à 20 fr. : Formez ce chargement.

354. — Un marchand de chevaux s'est chargé d'en fournir 960 à l'armée, et pour cela il a reçu 480000 fr., et ayant des chevaux de 700, de 600 et de 400 fr. l'un : Combien doit-il en livrer de chaque qualité, si on les lui paie 500 fr. la pièce ?

355. — On fond des métaux de 10, de 8, de 3 et de 2 fr. le kilog. ; on met 40 kilog. de 10 fr., 80 de 2 : Combien faut-il en mettre des deux autres prix pour que l'alliage revienne à 5 fr. le kilog ?

356. — On veut former un cellier avec des vins de 120, de 90, de 60 et de 40 fr. l'hectolitre, mais on veut que les deux qualités à 120 fr. et à 60 fr. soient entre elles dans le mélange comme 13 est à 15, et les deux qualités à 90 et à 40 fr. comme 3 est à 4 : Opérez ce mélange qui est de 430 hectolitres, le prix moyen étant 70 fr. (N. 173.)

357. — On veut fondre une cloche qui pèse 490 kilog., et l'on veut qu'elle soit composée de 11 parties d'étain à 5 fr. le kilog. sur 39 parties de cuivre à 2f,70 ; de 5 parties de zinc à 0f,80 le kilog. sur 4 parties de plomb à 1f,20 : Trouvez la quantité de chaque espèce de ces métaux qui entrera dans l'alliage, le prix moyen étant 3f,16. — Vous direz pour preuve combien coûtera cette cloche, outre la main d'œuvre, et prise dans l'atelier du fondeur.

358. — On veut former un alliage au titre 900 *millièmes* avec de l'or aux titres 912, 937, 878 et 850 *millièmes*, mais on veut que, dans l'alliage projeté, le titre 912 soit au titre 937 comme 1 est à 2, et le titre 878 au titre 850 comme 5 est à 7 : Combien prendra-t-on de chaque titre pour faire 603 pièces de 20 f. ; on sait d'ailleurs qu'une pièce de 20 fr. pèse 6 gram. 4516 ?

359. — Mélangez des grains à 6 fr., à 5 fr., à 3 fr., à 2 fr. et à 1f,20 la mesure, de manière que le prix de la mesure du mélange soit 4f,50, et que les 3 dernières qualités soient entre elles dans ce mélange comme les nombres 6, 8, 10, et les 2 premières en quantités égales, Vous formerez ensuite un chargement de 800 mesures de ce mélange.

360. — Pour 60000 fr. on reçoit 5000 hectolitres de vin de quatre qualités dont chacune vaut séparément 15 fr., 14 fr.,

8 fr. et 9 fr. l'hect. : Combien en a-t-on reçu de chaque prix ?

361. — On a mélangé 30 litres d'un certain vin avec 16 litres d'un vin d'une autre qualité : Trouvez leurs prix respectifs, la valeur du mélange arbitraire, 46 litres, étant 21f,16.

PROGRESSIONS PAR DIFFERENCE. (*Comp.* Nº 175 *et suiv.*)

362. — Une montre avance de 3 minutes par heure, on la règle à midi : Quelle heure marquera-t-elle au midi suivant ? (Nº 178, 1º.)

363. — Un voyageur a 201 myriamètres à parcourir : Combien recevra-t-il, s'il reçoit 0f,05 pour le 1er, 0f,15 pour le 2e, et ainsi successivement 10 cent. de plus à chaque myriamètre?

364. — En admettant que les revenus de 100 propriétaires fussent tous plus forts les uns que les autres de 25 centimes, quels seraient les revenus du moins riche, si le plus riche avait 30 fr. de revenu ?

365. — Un voyageur ayant touché 20f,05 pour le dernier myriamètre, après en avoir parcouru 201, on demande combien il a touché pour le 1er, sachant que chacun était augmenté de 10 centimes sur son précédent.

366. — Un voyageur a touché 0f,05 après un 1er myriam. de marche et 20f,05 après le 201e : De combien a-t-on augmenté à chaque myriamètre, sachant qu'ils ont été uniformément augmentés ?

367. — Combien a-t-on compté à un voyageur auquel on était convenu de donner 0f,05 au 1er myriamètre, sachant qu'il en a parcouru 201 et que le salaire du dernier s'élevait à 20f,05 ? (Nº 183, 2º.)

368. — Combien a-t-on donné, terme moyen, à un voyageur qui a touché 0f,05 pour le 1er myriam. et 0f,15 pour le second, et ainsi successivement jusqu'au 201e ? (Nº 183, 1º.)

369. — On a effectué 15 paiements progressivement plus grands l'un que l'autre de 20 fr. : Trouvez le chiffre du 1er, celui du dernier étant 330 fr.

370. — Un dernier paiement est de 330 fr., l'avant-dernier de 310, son précédent de 290, et ainsi de suite, et leur nombre 15 : Trouvez la somme qui était due.

371. — Supposons qu'un enfant fasse 1000 pas pour se rendre à l'école, que son 1er pas soit de 0m,15 et que chacun des autres augmente d'un millimètre sur son précédent : Trouvez en mètres la distance qui sépare l'école de la demeure de l'écolier.

372. — Combien en coûterait-il pour faire creuser un puits à 48 m., si l'on payait 2 fr. pour le 1er mètre et une augmentation progressive de 25 *centimes* pour les autres ?

373. — Un marchand de chevaux, interrogé sur la valeur d'une file de 36 chevaux, répondit : Je donnerai le dernier pour 96 fr., mais on paiera 18 fr. de plus celui qui le précède, et ainsi jusqu'au premier : Trouvez le reste.

374. — Quelle est la valeur moyenne d'un cheval, sachant qu'on en a acheté 36 dont le dernier vaut 96 fr., et chacun des autres, progressivement, 18 fr. de plus ?

375. — Un chef de bureau a sous ses ordres 25 commis dont les honoraires diffèrent de 5 fr. ; le dernier ayant 225 f par mois, trouvez ce que touche chacun des 24 autres.

376. — Un instituteur, qui doit recevoir la rétribution annuelle de 60 élèves, dit qu'il y en a un qui lui doit 25 fr., et que tous les autres diminuent de 0f,25, en raison arithmétique : Trouvez ce qui lui est dû.

377. — Un pionnier entreprend de percer une colline à raison de 10 fr. pour le 1er mètre et une augmentation progressive de 5 fr. par mèt. pour le reste ; ayant fini son travail, il reçoit 320 fr. pour le dernier mètre : Trouvez la longueur de l'ouverture. (N° 178. 4°.)

378. — Un domestique reste 20 ans au service d'un maître qui lui donne 300 fr. de gage la 1re année ; mais ensuite il retranche 6 fr. chaque année : Combien ce domestique a-t-il touché la dernière année ?

379. — Un joueur perd 13 parties, la 1re est de 15 fr. et les autres décroissent progressivement de 0f,90 : Trouvez sa perte totale.

380. — Pour trouver la hauteur d'un bâtiment, je place à 10 décamètres du pied du mur un piquet bien verticalement planté et haut de 1m,50 au-dessus du sol ; à 1 décamètre de ce 1er piquet, en retournant vers le mur, je place un autre piquet, planté verticalement aussi, de sorte que la ligne partant du haut de l'édifice et venant se reposer sur le haut du 1er piquet, passe sur le haut du second qui a 3 m. de hauteur au-dessus du sol ; calculez maintenant la hauteur trouvée, le terrain sur lequel j'opère est de niveau avec le pied du mur. (Il y a 11 termes, la raison est 1,5).

381. — Pour trouver la hauteur d'un arbre, on place 2 piquets à une certaine distance l'un de l'autre, de manière que leurs extrémités forment ligne droite avec le sommet de l'arbre à mesurer ; la hauteur du 1er piquet est 1m,25 et celle du second est 1 m. de plus : Quelle est la hauteur de l'arbre, l'espace compris entre les 2 piquets étant contenu 16 fois entre le pied de l'arbre et ce premier piquet ? (On demande le 17e terme).

PROGRESSIONS PAR QUOTIENT. (*Comp*, *N° 184.*)

382. — Le 1er terme d'une progression par quotient étant 3, la raison 10 et le nombre des termes 8, trouvez le dernier terme. (N° 188, 1°.)

383. — Trouvez le 1er terme d'une progression par quotient dont le dernier terme est 1536, la raison 4 et le nombre des termes 5. (N° 188, 2°.)

384. — Le 1er terme étant 6, le dernier 3750 et le nombre des termes 4, trouvez la raison. (N° 188, 3°.)

385. — La raison étant 3, le 1er terme 7, le dernier terme 5103; trouvez le nombre des termes (N° 188, 4°.)

386. — Insérez 3 moyens proportionnels entre les nombres 8 et 165888. (N° 188, 5°.)

387. — Les 2 extrêmes étant 8 et 165888, calculez le moyen qui tient le milieu dans la progression (N° 191.)

388. — Trouvez la somme de tous les termes dans la progression 8..........165888, le nombre des termes étant 5. (N° 192.)

389. — Trouvez le nombre des termes d'une progression par quotient dont la raison est 2, le 1er terme 9 et le dernier 576.

390. — Trouvez la somme des termes, la raison étant 6, le 1er terme 2 et le dernier 93312.

391. — Le 1er terme est 300, le nombre des termes est 5 et la raison 3, trouvez la somme de tous les termes.

392. — Léandre entre dans le commerce avec 900 fr.; il y reste 7 ans : De combien est-il riche, ses fonds s'étant quadruplés chaque année ?

393. — Un habile joueur en invite un autre à faire une partie de 5 cent. et il la perd, il en joue une seconde de 20 cent. qu'il perd aussi, et une troisième de 80 cent. qu'il perd encore; enfin, il en perd 8 en quadruplant toujours la perte : Combien à la 8e ?

394. — Calculez ce qu'a perdu en tout le joueur du problème précédent.

395. — Un ingénieur entreprend 6 kilomètres de route à condition qu'on lui donne 2 fr. pour le 1er kilomètre et qu'on quadruple le prix à chaque kilomètre : Combien recevra-t-il ?

396. — Trouvez la raison, le premier terme étant 6, le dernier 10077696, et le nombre des termes 9.

397. — Bertrand a triplé sa fortune pendant 12 ans consécutifs, à la fin desquels il se trouve possesseur de 4251528f, avec combien a-t-il commencé ?

398. — Si quelqu'un perdait 6 parties, la 1re étant de 5 fr., combien perdrait-il si la perte était quadruplée à chaque partie ?

399. — Les revenus de M. B. croissent chaque mois en progression par quotient et ceux de son valet en progression par différence; l'un et l'autre touchent 10 fr., le 1er mois; or, la raison étant 4 dans les deux cas, trouvez la différence de leurs revenus annuels.

400. — Trouvez les intérêts composés du capital 12 fr. placé pour 4 ans au 5 p. 100.

EXERCICE GÉNÉRAL. (1re SECTION.)

401. — Lorsqu'on donne 27 fr. pour 18 journées : Combien est-il dû à quelqu'un qui a travaillé 135 jours?

402. — On paie 24 f pour le transport de 240 kilog. à 20 lieues de distance, combien paiera-t-on pour 60 kilog. transportés à 12 lieues?

403. — Quelqu'un, qui a emprunté 2000 fr. à 6 p. 100, demande quelle somme il rendra après 18 mois de jouissance, intérêt et capital.

404. — Si un billet de 900 fr., payable dans 10 mois, était escompté aujourd'hui à 5 p. 100 l'an, combien perdrait-il de sa valeur?

405. — Calculez le bénéfice d'un locataire qui, devant payer 800 fr. chaque année, pendant 4 ans, pour le loyer de sa maison, paie le tout dans une seule fois et seulement au bout de la troisième année.

406. — Trois artisans entreprennent un ouvrage pour lequel on leur donne 270 fr; le 1er y travaille 17 jours, le 2e 15 et le 3e 13 : Combien chacun doit-il toucher?

407. — Un propriétaire reçoit 180000 fr. pour 60 hectares de terrains à 3 différents prix : Combien doit-il y avoir d'hectares de chaque prix, si les parties demandées sont entre elles comme les nombres 1, 2, 3? Représentez 1 par a, 2 par b et 3 par c.

408. — Six hommes en 24 jours font 96 m. d'ouvrage : Combien faudrait-il de jours à 36 hommes pour faire 384 m. du même ouvrage?

409. — On reçoit 6 m. de drap de $\frac{3}{4}$ de laize pour 36 fr. : Combien paiera-t-on pour 96 m. de drap de même qualité, mais de $\frac{2}{3}$ de laize seulement?

410. — On reçoit 45 m. d'étoffe de $\frac{2}{3}$ de m. de laize pour 200 fr. : Combien aurait-on de mètres pour 150 fr. si l'étoffe était de $\frac{3}{4}$?

411 — Avec 36 m. de drap de $\frac{5}{4}$ on fait une douzaine d'habits : Combien faudrait-il de mètres pour en faire 72 de même grandeur que les premiers si l'étoffe n'avait que $\frac{2}{3}$ de laize?

412. — Un pensionnat de 200 élèves a coûté 6000 f. d'entretien dans 15 jours : Quelle sera la dépense pendant 330 jours, si l'on admet encore 50 élèves?

413. — On a eu 75 litres de vin pour 30 fr. : Combien en aura-t-on de litres de même qualité pour 240 fr.?

414. — Lorsque 8 kilog. de viande coûtent 5 fr., combien en aura-t-on pour 90 fr.?

415. — En 30 jours, 3 ouvriers font un certain ouvrage : Dire ce qu'il faudrait d'ouvriers pour faire cet ouvrage en 5 jours?

416. — Le transport de 20 stères de bois revient à 50 fr. : Dire ce qu'il en coûterait pour le transport de 600 stères à la même distance.

417. — Combien coûteront 6 hectares de pré, sachant que 18 ares de même qualité ont coûté 1500 fr. ?

418. — Un soldat, rentrant dans sa famille, fait la moitié de sa route en 40 jours, marchant 15 heures par jour ; mais, se trouvant fatigué, il ne marche plus que 10 heures par jour : Combien lui faut-il de jours pour achever sa route ?

419 — Trouver le prix de 3 litres, lorsque 8 décalitres,07 se vendent 93f,98.

420. — On paie 3 m. de drap 76f,20 : Trouvez le prix de 29 m. de drap de la même qualité.

421. — Avec 130 kilog.,13 de pain on nourrit 150 personnes : Dire ce qu'il en faudrait pour 65 personnes pendant le même temps.

422. — Un maître d'atelier peut occuper 75 ouvriers pendant 3 mois : Combien doit-il renvoyer d'ouvriers pour que le travaille dure 5 mois ?

423. — Lorque le cent de fagots vaut 48f,50, combien valent 18 fagots ?

424. — Pour 1f,10 on a 500 grammes d'une certaine marchandise : Combien faut-il revendre le kilog. pour gagner 30 fr. sur 1000 kilog. ?

425. — Lorsque les $\frac{2}{3}$ d'un mètre de bord coûtent $\frac{1}{9}$ de fr., quel est le prix des $\frac{3}{4}$?

426. — On emploie 180 planches de 4 décimètres pour lambrisser un appartement : Combien en faudrait-il si elles étaient de 5 décimètres ?

427. — On emploie 6 kilog. de fil pour tisser 30 m. de toile de $\frac{3}{4}$ de laize : Quelle serait la longueur d'une pièce de $\frac{4}{5}$ de laize, dans laquelle il entrerait 9 kilog. de tissure de même qualité ?

428. — Lorsque 20 hommes emploient 50 jours à faire 240 m. de toile, combien 60 hommes feront-ils de mètres dans 10 jours ?

429. — Si un voyageur, marchant 8 heures par jour met 40 j. à faire 60 myriamètres, combien lui faudra-t-il de jours pour faire 640 myriamètres ?

430. — Combien faut-il d'ares de pré à 15 fr. l'are, pour valoir une terre de 30 hectares dont l'are est de 2f,50 ?

431. — Une pièce de toile contenant 30 mètres a été vendue 90 fr. : Combien en vendra-t-on 180 mètres de la même qualité ?

432. — Un négociant confie pour 75000 fr. de marchandise à un capitaine de navire qui la fait assurer à raison de 7 p. 100 : Combien doit-il payer d'assurance ?

433. — Un aubergiste a fait assurer 13 tonneaux de vin de Bordeaux à raison de 11f,5 pour 100 : Combien doit-il le payer si le tonneau vaut 200 fr. ?

434. — Trouvez l'intérêt de 88000 fr., placés pour un an à 4 p. 100.

435. — Trouvez le capital qui donne 3520 fr. en un an, étant placé à 4 p. 100.

436. — On place 25000 fr. et au bout de l'an on touche 1250 fr. de rente : A quel taux a-t-on placé?

437. — Un assureur reçoit $985^f,90$ pour prime d'assurance : Quel capital a-t-il assuré, sachant que le taux était $8^f,5$ p. 100?

438. — On reçoit 1250 fr. par an d'un capital placé à 5 p. 100 : quel est ce capital?

439. — Un négociant a payé 87964 fr. d'assurance pour la charge d'un vaisseau estimée 987964 fr. : Quel était le taux d'assurance?

440. — On désire qu'en 3 ans et 7 mois un capital de 7154 fr. rapporte $1656^f,26$: A quel taux doit-on le placer?

441. — Un homme ayant placé 50000 fr. à intérêt touche 77000 fr. au bout de 6 ans, intérêt et capital : A quel taux a-t-il placé?

442. — Un marchand de vin en fait embarquer 816 pièces de 160 fr. l'une, et il les fait assurer à raison de $14^f,60$ pour 150 fr. : Combien doit-il payer?

443. — Trois navires portant chacun 486 pièces d'eau-de-vie, font voile pour la Martinique; on assure leur cargaison à 24 p. $^0/_0$: Combien paiera-t-on, le prix de chaque pièce étant $183^f,85$?

444. — On demande à combien s'élève la grosse aventure de 495000^f à raison de $17^f,50$ pour cent. (On appelle *grosse aventure* l'argent ou les marchandises prêtés à gros intérêt à ceux qui font le commerce sur mer; ceux qui prêtent ainsi courent tous les risques de la navigation et ne peuvent rien réclamer en cas de perte du navire.)

445. — Un particulier donne à un maître de navire 25 pièces d'eau-de-vie de 280 litres chacune; or, la grosse aventure étant $27^f,5$ p. $^0/_0$, on demande combien paiera le maître du navire si le litre vaut $1^f,20$.

446. — Un rentier reçoit 77000 fr., capital et intérêt : Quel est le capital, le temps étant 6 ans et le taux p. $^0/_0$ 9 fr?

447. — On rembourse 19250 fr. à un capitaliste pour 12500 f. au taux usuraire de 9 p. $^0/_0$: Dire le temps que l'argent est resté à intérêt.

448. — Si 3 ouvriers font 7 mètres d'ouvrage par jour, combien 42 ouv. en feront-ils dans le même temps?

449. — Un cheval franchit 10 myriamètres en 25 minutes; un autre en franchit 8 en 20 m. : Quel est le plus agile des deux?

450. — On a du papier à $12^f,50$ la rame; mais, en l'achetant en détail, on le paie 65 centimes la main : Dans ce cas, combien paie-t-on la rame, sachant que la rame contient 20 mains?

451. — On a acheté un nombre de bouteilles de vin à $1^f,05$ la bouteille; on revend les bouteilles vides $0^f,25$ la pièce, et la dépense n'est plus que 90 fr. : Combien avait-on acheté de bouteilles de vin ?

452. — On confie 684 pièces de vin à un bâtiment, on donne 9 fr. $\frac{1}{3}$ p. $^0/_0$: Combien doit-on, la pièce de vin valant 240 fr. ?

453. — On a acheté pour $949^f,90$ de drap que l'on revend $1081^f,50$: Combien gagne-t-on p. $^0/_0$?

454. — Un petit animal coûte 10 fr. il consomme 164 mesures de son à $0^f,25$ la mesure; tué et vidé, il pèse 60 kilog. : A combien revient le kilog. de cette viande ?

455. — Un libraire voulant calculer la dépense d'impression d'un ouvrage in-huit de 35 feuilles (560 pages), fait le compte suivant : 30 fr. de composition et 5 de corrections par planche ; la rame de papier (500 feuilles) à 12 fr. ; le brochage à $0^f,50$ par volume ; les couvertures à $0^f,05$ la pièce ; 85 fr. pour dépenses imprevues : Trouvez maintenant ce qu'il a trouvé lui-même, c.-à-d. la dèpense totale et le prix d'un volume dont le nombre total est 1000.

456. — On premet une gratification à un ouvrier s'il veut faire 312 m. d'un certain ouvrage dans 36 jours; au bout de 4 jours, il en a fait 32 m., et il vous demande, si en continuant ainsi, il parviendra à gagner la gratification qui lui est offerte.

457. — On exige d'un ouvrier qu'il broche 12000 volumes dans 30 j. : Combien doit-il prendre d'hommes si un homme broche 40 volumes par jour ?

458. — Lorsque 30 ouvriers, qui travaillent 7 heures par jour, font 30 m. d'ouvrage en 15 jours, combien 12 ouvriers feront-ils de mètres d'un même ouvrage en 26 jours, travaillant 8 heures par jour ?

459. — Quelle somme recevra-t-on au bout de 3 ans, intérêt simple et capital, si l'on prête 4800 fr. à 5 p. $^0/_0$?

460. — Trouver l'intérêt composé de 900 fr. à 4 p. $^0/_0$ pendant 3 ans.

461. — La chaîne d'une pièce de toile coûte 24 fr. et la tissure 16 fr. : Quel est le prix moyen des deux sortes de fil ?

462. — On mélange 20 sacs de blé à $16^f,50$ le sac avec 12 sacs à 13 fr. : Quel est le prix de ce mélange ? (*Arit. élé.* N° 290.)

463. — S'il faut 230 kilog. de foin pour nourrir 6 chevaux pendant 8 jours, combien en faudra-t-il pour nourrir 14 chevaux pendant 14 jours ?

464. Un pâtre a 6 chèvres qui valent ensemble 8 de ses moutons; or, 7 de ses moutons valent 11 brebis de $11^f,40$, la pièce : Trouvez la valeur d'une des chèvres.

465. — Trouvez l'intérêt annuel de 8000 fr. au taux de 5 pour cent.

466. — Pendant 4 jours, le thermomètre a marqué les diffé-

rents degrés de chaleur suivants, observés à la même heure du jour : premièrement 15°, deuxièmement 16°, troisièmement 18°, quatrièmement 12° : Quel est le terme moyen ?

467. — On emploie 200 ouvriers dont 50 sont payés à 2 fr. par jour, 70 à 1f,50, 50 à 1f,25 et 30 à 1 fr. : Quel est le prix de la journée, terme moyen ?

468. — Quel est le capital qui rapporte 400 fr. d'intérêt étant placé à 5 p. 100 ?

469. — A quel taux a-t-on placé 30000 fr. qui donnent 1575 f. de rente annuelle ?

470. — Vaut-il mieux placer 1200 fr. à 6 p. 100 que 700 à 5 et que 500 à 7 ?

471. — A combien reviendrait un litre du mélange, si on mélangeait 150 litres de vin valant ensemble 125 fr. avec 245 litres valant 104 fr., 230 litres valant 75 fr. et 115 litres valant 40f,50 ?

472. — Un fondeur veut allier un métal de 0f,55 le kilog., avec un autre de 0f,95 : Combien doit-il en mettre de chacun pour que le prix du kilog. ne soit que 70 cent. ?

473. — On demande quelle quantité d'eau il faut mettre dans un hectolitre de vin qui coûte 50 fr., pour que le prix du litre ne soit que 45 cent.

474. — Dans quelle proportion faut-il mélanger de la marchandise à 5 fr, et à 9 fr. la mesure, pour avoir un mélange de 725 mesures à 7 fr. l'une ?

475. — Une personne qui doit 1200 fr., paie un à-compte de 100 fr. à la fin de chaque mois : Dites ce qu'elle paiera d'intérêt à 6 p. 100 à la fin de l'année.

476. — Trouvez la différence de l'escompte annuel en dedans et de l'escompte en dehors du capital 3560 fr. escompté à 6 p. %.

477. — Quelle est la valeur actuelle d'un billet de 1000 fr. payable dans un an, l'escompte en dedans étant 6 p. 100.

478. — A combien se réduisent 2840 fr. escomptés en dehors à 6 p. 100 ?

479. — Quel est l'escompte en dehors pour 6 mois de 5600 fr, au 6 p. 100 ?

480. — Que devient le capital 4780 fr. escompté en dedans à 6 p. 100 ?

481. — On fait assurer une maison valant 50000 fr. à raison de 0f,50 pour 1000 fr. : Quelle est la prime d'assurance ?

482. — Deux marchands associés éprouvent une perte de 555f,55, qu'il s'agit de répartir entre eux : le premier a mis 7700 fr. et le second 3850 fr.

483. — Deux personnes se sont associées pour un négoce, mais on ne dit pas quelles ont été leurs mises de fonds ; seulement, on sait que l'une ayant prélevé 640 fr., l'autre doit toucher 280 fr., et qu'il restera encore 1024 fr. à partager : Veuillez les eur répartir.

484. — Un oncle en mourant laisse à ses neveux une succession de 300000 fr., laquelle, d'après le testament, ils doivent se partager en parties proportionnelles à leurs âges : Veuillez les arranger : le 1er a 25 ans, le 2e 20 ans et le 3e 15 ans.

485. — Une commune dont le revenu territorial s'élève à 520000 fr., est imposée à 22880 fr. ; Etablir le tarif, c'est-à-dire l'impôt dont doit être frappé 1 fr., 2 fr., 3 fr.... jusqu'à 9 fr. de revenu.

486. — Trouvez en lieues de 4444^{m},444 la hauteur d'une pile de pièces de 5 fr. valant un billion de francs, l'épaisseur d'une pièce de 5 fr. étant de 0^{m},0025.

487. — On a vendu 30 hectol. de blé et 20 d'orge pour 650 f. : Quel est le prix de l'hectol. de mélange?

488. — Trouvez le prix moyen d'un alliage formé de 20 parties d'antimoine à 1^{f},5 le kilog., de 80 parties de plomb à 1^{f},30 le k. et de 5 parties de cuivre à 2^{f},5 le kilog.

489. — Quelle est, à moins d'un litre près, la capacité d'un tonneau dont le grand diamètre est 1m,23, le petit 0m,84 et la longueur 2m,20, le tout pris intérieurement? Et puis, supposant que ce tonneau est plein d'un vin valant 48^{f},5 l'hect., dites combien on le paiera. (*Arith. élé.*, N^{0} 329.)

490. — Quel est le poids de 900000000 de fr. en or, sachant que le kilog. d'or monnayé vaut 3100 fr. ?

491. — Lorsque le mètre de drap se vend 1^{f},5, quel est le prix de 32 m. $\frac{3}{4}$?

492. — Quelqu'un reçoit 15^{f},50 pour 12 m. $\frac{3}{4}$ d'ouvrage : Dire le prix du mètre.

493. — Il y a 3 h. $\frac{1}{2}$ qu'il était 2 h. $\frac{3}{4}$: Quelle heure est-il à présent ?

494. — Plusieurs ouvriers ont fait 1296 m. d'ouvrage : Combien étaient-il si chacun en a fait 36 mètres ?

495. — Quel est le prix du kilog. d'un alliage formé de 5 hect. d'étain avec un kilog. de plomb, le plomb valant 1^{f},20 et l'étain 4^{f},80 le kilog. ?

496. — Le laiton s'obtient en fondant du cuivre avec du zinc dans le rapport de 15 à 35 : A combien revient le kilog. de laiton, le cuivre valant 2^{f},70 et le zinc 0^{f},90 le kilog. ?

497. — On a fait une cloche en fondant 110 kilog. d'étain à 5 fr. le kilog. avec 390 kilog. de cuivre à 2^{f},70, 5 kilog. de zinc à 0^{f},90 et 4 kilog. de plomb à 1^{f},20 : Trouvez le prix de cette cloche.

498. — La plus grande distance du soleil à la terre est de 35183000 lieues et sa plus petite distance est de 34017200 lieues : Quelle est la distance moyenne ?

499. — La trahison de Judas fut payée 30 pièces d'argent : Réduire cette somme en francs, sachant que la pièce en question valait 3f,31 de notre monnaie.

500. — La période Julienne a commencé 4714 ans avant J.-C. : A quelle année de cette période répond l'année 1844 ?

EXERCICE GÉNÉRAL. (2e Section.)

501. — Un bon essaim étant de 30000 abeilles, on demande ce que chacune fait de miel, lorsque la ruche en contient 6 kilog.

502. — Si le double décalitre contient 30000 grains, combien en contiendront 600 kilolitres ?

503. — Combien faudrait-il de temps à un navire pour parcourir 4000 myriamètres, si sa vitesse était de 6m,18 par seconde ?

504. — On dit qu'une tête bien garnie de cheveux en a 140000 ; si donc elle commençait, à l'âge de 10 ans, à en perdre 4 chaque jour, à quel âge serait-elle chauve ?

505. — Une garnison n'a que pour 30 jours de vivres et l'on ne peut s'en procurer que dans 45 jours : De combien la ration sera-t-elle réduite ?

506. — Deux détachements, dont l'un est de 336 hommes et l'autre de 518, doivent fournir 24 hommes de garde : Combien chacun ?

507. — Un train de wagons qui fait 32 kilom. à l'heure, est parti 6 heures avant un autre qui en fait 40 : Dans combien d'heures le dernier rejoindra-t-il le premier ?

508. — On a 360 fr. à partager entre 60 personnes ; les hommes doivent avoir chacun 10 fr. et les enfants chacun 5 fr. : Trouvez le nombre des hommes et celui des enfants.

509. — Le cantare espagnol vaut 16 litres, cette mesure se divise en 8 acumbres, et 16 cantares font un muid : Quelles sont en litres les valeurs de ces deux mesures ?

510. — Le mille anglais est de 5280 pieds et il se divise en 8 furlongs de chacun 40 pôles : Les convertir en mètres, sachant que le pied anglais vaut 12 pouces et que le mètre vaut 39 pouces anglais 37079.

511. — Le gallon anglais d'eau pure pèse 10 livres anglaises et vaut 4 lit,543. Il se divise en 4 quarts et en 8 pintes ; deux gallons font un peck, et 8 font un bushel ; 3 bushels font un sack et 8 font un quarter ; enfin, 12 sacks font un chaldron : Réduire ces capacités en litres.

512. — Le pied, dit du Rhin, vaut 0m,31385 et se divise en 12 pouces ; la toise est de 6 pieds et la perche de 12 pieds : Trouvez en mètres la valeur de ces mesures.

513. — On distribue 6 hectog. de tabac à 16 personnes : Trouvez la part de chacune.

514. — On désire faire deux parts égales de 2 paniers d'œufs qui en contiennent, l'un 7 douzaines et l'autre 13 douzaines : rouvez l'une des deux parts demandées.

515. — Huit personnes s'associent pour une bonne œuvre à laquelle elles emploient 6930 fr. ; la première et la huitième fournissent le tiers, que reste-t-il pour chacune des autres?

516. — On a vendu 9 hectolitres de blé à 3 fr. le double décalitre : Quel profit a-t-on fait si les 9 hectol. coûtaient 105 fr. ?

517. — Quelle somme faut-il pour payer 400 fagots à 0f,40 la pièce?

518. — Un fermier doit 690 fr. à son maître; il lui livre 2400 litres de blé à 3 fr. le double décalitre et 800 fagots à 0f,50 la pièce : Trouvez celui qui est redevable à l'autre et de combien.

519. — On achète 6 rames de papier que l'on revend 0f,60 la main, et l'on gagne 18 fr. : Trouvez le prix coûtant de la rame.

520. — Louis I a gouverné la France de 814 à 840 ; Louis II monta sur le trône en 877 : Combien a régné Charles I, qui se trouvait entre les deux?

521. — Louis XIII et Louis XIV ont gouverné la France pendant 105 ans; Henri IV, leur prédécesseur, mourut en 1610. Trouvez en quel siècle ont régné les deux premiers.

522. — Le monde ayant été créé, selon la Vulgate, 4004 ans avant l'ère chrétienne, en quelle année de la création Louis IX est-il monté sur le trône, sachant qu'il y est monté la 26e année du 13e siècle.

523. — D'après les Septantes, le Sauveur est né l'an 5200 de la création : cela posé, en quelle année de la création Charlemagne a-t-il pris les rênes du gouvernement français, sachant qu'il fut couronné la 68e année du 8e siècle ?

524. — La chronologie moderne place la naissance de Notre-Seigneur 4963 ans après la création : Clovis fut élu roi des Francs la 81e année du 5e siècle : Quelle est donc l'année de cette nouvelle date qui correspond à l'élection de Clovis?

525. — Trouvez la longueur des murs d'un jardin carré qui contient 81 ares.

526. — Quels sont les honoraires annuels d'un employé qui touche 25 fr. tous les 15 jours?

527. — Lorsque 6 personnes sont 54 jours à faire un ouvrage, combien 27 personnes doivent-elles employer de temps?

528.—Trouvez en m. le côté d'un carré dont la surface est 9 h.

529. — Combien faut-il de temps pour faire un ouvrage dont on peut faire les $\frac{4}{5}$ en 3 jours?

530. — On demande ce que coûtera un canal d'un myriamètre en longueur, de 4 m. en profondeur, large de 12 m. au-dessus et de 10 m. au fond : on prend 1 fr. par mètre cube.

531. — On demande quelle est la longueur d'un caveau qui peut contenir 2048 m. cubes, la largeur et la hauteur étant 4 m.

532. — Un écolier prête 5f,25 à un condisciple; 10 ans après, ils se trouvent dans le même régiment, alors le débiteur s'acquitte en payant et le capital et les intérêts simples à 5 p. 100 : Combien a-t-il versé?

533. — Une montre avance d'une tierce par minute : Combien par jour? *Une tierce est la 60e partie d'une seconde.*

534. — Une roue qui a 96 dents engrène dans une autre qui en a 8 : Trouvez les tours que fait la seconde pendant que la première en fait 100.

535. — Quelqu'un met 9 kilog ,5 d'eau pure et froide dans 230 litres de vin : Quelle quantité de litres obtient-il ?

536. — Un bassin contient 216000 litres : Trouvez ses côtés en mètres, toutes ses faces étant carrées.

537. — Quel est le nombre qui devient 5064, lorsqu'il est multiplié par 6.

538. — Trouvez le triple carré de 27.

539. — Quelqu'un dit que si son âge était multiplié par sa moitié, il deviendrait 3200 ans : Trouvez l'âge de cet individu.

540. — Calculez la 16e puissance de 2.

541. — Si l'on avait 3600 choux à planter dans un carré, à un mètre les uns des autres, quel serait et le nombre des rangs et le nombre des choux par rang?

542. — On récolte 9200 bottes de foin de 5 kilogrammes l'une, dans une prairie : Quelle est sa superficie, chaque mètre carré donnant 9 hectogrammes de foin ?

543. — Une vigne carrée contient 4225 ceps : Combien s'en trouve-t-il sur chaque côté?

544 — Les $\frac{2}{3}$ de la fortune d'un rentier lui rapportent 2000 f. : De combien est-il riche, si le taux d'intérêt est 5 fr. ?

545. — Quelqu'un devait 2600 fr. payables dans 2 ans ; mais sachant qu'on lui remettra 5 p. °/₀ par an, escompte en dehors, il paie à la fin d'une année : Combien doit-il donner ?

546. — On a 5 hectolitres de vin pour 200 fr. : Combien paiera-t-on 400000 décilitres de ce même vin ?

547. — Quelle est l'épaisseur totale d'une glace flottante présentant une épaisseur de 4 centimètres au-dessus de l'eau, sachant que l'eau en gelant augmente son volume de $\frac{1}{15}$?

548. — Quelle dépense fera-t-on pour tapisser un appartement de 200 mètres carrés ; la tapisserie, qui coûte $0^{f},40$ le mètre, a $0^{m},50$ de laize ?

549. — On donne 2 pour °/₀ d'assurance sur un chargement estimé 54000 fr. ; 3 pour °/₀ sur un deuxième estimé 60000 f. ; 4 pour °/₀ sur un troisième estimé 70000 fr. ; chacun des trois éprouve une avarie de 1000 fr. : Trouvez l'indemnité pour chacun.

550. — Deux négociants, dont l'un a mis 15000 fr. et l'autre 12000 fr., éprouvent une perte de 4800 fr., qu'il s'agit de leur répartir.

551. — Deux ouvriers ont gagné ensemble 240 fr. ; le premier a travaillé 10 jours et le deuxième 7 jours seulement : Combien chacun a-t-il gagné ?

552. — Partagez 20000 fr. en 3 lots, de manière que ces lots soient entre eux comme les nombres 4, 5 et 10.

553. — Coupez une ligne de $2^m,50$ en 3 parties qui soient entre elles comme les nombres 25, 10 et 5.

554. — Combien doit-on revendre 81 kilogr. de marchandise qu'on a payé $2^f,40$ le kilog., si l'on veut gagner 12 p. °/₀?

555. — Un cheval rétif passe de main en main, le 1er acquéreur le paie 100 fr., le 2[d] rabat 6^f p. °/₀, le 3[e] 5^f p. °/₀, le 4[e] 3^f p. °/₀, le 5[e] 1^f p. °/₀ : Trouvez les sommes payées par chaque acquéreur.

556. — De Toulouse à Bougie il y a 7 degrés 6 minutes de latitude; combien faut-il de temps pour faire ce trajet, si le passager fait un kilomètre par minute, le quart du méridien égalant 10000000 de mètres?

557. — Trouvez les décistères contenus dans une poutre de 8 m. de long, dont l'équarrissage est 6 sur 4 décimètres.

558. — On met 1061208 dés d'un centimètre cube dans une boîte dont les côtés sont égaux : Combien s'en trouve-t-il l'un sur l'autre?

559. — Un voyageur doit faire 90 kilomètres en 12 heures $\frac{3}{4}$: Combien a-t-il de mètres à faire par minute?

560. — Quelqu'un ayant vendu une jument 625 fr., offre le poulain pour la racine carrée du prix de la mère : Trouvez le prix du petit.

561 — Partagez en 3 les $\frac{9}{54}$ de 18000.

562. — Partagez entre 38 personnes les $\frac{19}{361}$ de 361000 fr.

563. — Le résultat d'une coupe de bois revient à $0^f,5$ le décist. : Trouvez le profit de l'acquéreur s'il revend son bois 10 fr. le m. cube, sachant que le tout équivaut à 300 pièces de 8 m. de long, chacune sur $0^m,5$ d'équarrissage.

564. — Trois pièces de terre contiennent chacune 95 ares; la première coûte 60 fr. l'are, la seconde 90 f. et la troisième 95 f. : Combien faut-il vendre l'are, terme moyen, pour gagner 246 fr. sur le tout? (*Arith. élé.* N° 290.)

565. — Quatre pièces de vin coûtent les prix suivants : 102 fr. 204 fr., 234 fr. et 290 fr.; on les mélange ensemble : Quel est leur prix moyen? (*Arith. élé.*, N° 189.)

566. — On a mélangé 23 boîtes de dragées : 8 coûtent 5 fr. l'une, 3 coûtent 9 fr. la pièce et 12 coûtent ensemble 24 fr. : Trouvez le prix moyen de la boîte; elles sont toutes de même capacité. (*Arith. élé.*, N° 190.)

567. — Quel sera le prix moyen, si l'on mêle 20 litres d'un certain vin à $0^f,30$, avec 40 litres d'un autre vin à $0^f,45$?

568. — Un épicier a du café à $3^f,50$, à 4 fr., à $4^f,20$ et à $4^f,80$ le kilog. : Quel sera le prix du kilog. de mélange, s'il les mêle en quantités égales?

569. — On a mélangé 3 sortes de bières : la première de 12 fr.

l'hect., la seconde de 18 fr. et la troisième de 20 fr.; mais on en a mis 3 fois autant de la première que de chacune des deux autres : A combien revient l'hectol. du mélange?

570. — Un marchand de vin en a 2 pièces d'égale contenance, la première vaut $0^f,35$ le litre, la seconde vaut $0^f,45$: Quel sera le prix moyen du litre s'il mélange les 2 pièces?

571. — Un fondeur doit faire une cloche de 9999 kilog., et il y met 2 fois autant de cuivre que d'étain : A combien reviendra-t-elle, le cuivre valant $2^f,80$ le kilog., et l'étain $2^f,15$?

572. — Un marchand de blé en a 60 mesures à 8 fr. l'une, 70 mesures à 9 fr., 80 à 10 fr. et 90 à 11 fr. ; il veut les mêler et gagner 160 fr. : Combien doit-il vendre la mesure?

573. — Un marchand de blé en a 80 mesures dont l'une vaut 17^f; mais comme il n'en trouve pas le débit, il le mêle avec 40 mesures dont l'une vaut 11 fr. : Quel sera le prix de ce mélange?

574. — Un aubergiste a 140 lit. de vin à $0^f,30$ le litre et 250 l. à $0^f,40$; il voudrait les mêler et gagner 5 *centimes* par litre : Quel sera le prix de vente du litre?

575. — Combien doit-on payer le litre d'un mélange où il entre 60 hect. de vin à 40 fr. l'hectol. et 20 hectol. à 30 fr. l'un?

576. — Trouvez la valeur du double décalitre d'un mélange composé de 6 kilol. de froment à 300 fr. le kilol. et de 9 kilol. d'autre froment à 400 fr. le kilolitre?

577. — Combien doit-on verser d'eau dans 240 litres de vin à $0^f,50$, pour que le litre puisse se vendre $0^f,40$?

578. — Si l'or monnayé valait $3^f,10$ le gramme, et l'argent 20^c, combien entrerait-il de l'un et de l'autre dans une somme de 3000 fr. qui pèserait 8 kilog.?

579. — Le plus grand des 2 robinets d'un tonneau le vide en 2 h. $\frac{1}{2}$, et l'autre en 4 h. $\frac{2}{3}$: Combien mettraient-ils de temps s'ils coulaient simultanément?

580. — Une source remplit un bassin dans 280 minutes, un robinet le remplit dans 210 minutes, une pompe le remplit dans 140 minutes et un ruisseau le remplit dans 105; mais ce bassin est vidé dans une heure par une soupape : Ouvrez les 5 ouvertures à la fois et calculez le temps qu'il faudra pour remplir le bassin.

581. — Un ouvrier peut faire un ouvrage en 15 heures et son voisin le fait en 12 : Combien faudrait-il d'heures s'ils s'y mettaient tous les deux?

582. — Un certain ouvrage pourrait être fait en 8 heures par un homme, en 10 heures par une femme et en 15 heures par un enfant : Combien resteront-ils de temps à le faire tous trois ensemble?

583. — Un ouvrage pourrait être fait en 3 heures $\frac{1}{2}$ par un premier ouvrier, et en 4 h. $\frac{1}{3}$ par un second : Combien resteront-ils de temps à le faire en commun?

584. — Une fontaine donne 3 hectolitres en 5 minutes, une autre donne 8 litres en 7 minutes, une 3e donne 4 litres par min. et une 4e donne 5 litres en 8 minutes : combien fournissent-elle d'hectolitres par heure, coulant ensemble ?

585. — La différence de 2 fortunes est 25000 fr., la plus forte est de 60000 : Quelle est la plus faible ?

586. — Deux hommes ont à se partager 7660 fr. ; mais l'un doit avoir 1580f de plus que l'autre : Quelles sont donc les 2 parts ?

587. Un prince veut faire clore un parc de 16 kilom. carrés de superficie et parfaitement carré : On demande quelle somme il aura à débourser, sachant que l'entrepreneur demande 5 fr. du m. carré et que la hauteur des murs projetés est fixée à 3 m.

588. — Une personne assure que si le nombre de ses francs était multiplié par lui-même, le produit serait 1024 fr. : Quel est donc son avoir ?

589. — Un entrepreneur se charge de faire construire un aqueduc de 6 décamètres de longueur, moyennant 20 fr. pour le premier décamètre et qu'on triple le paiement de chacun des autres : Combien demande-t-il pour ce travail ?

590. — On a du blé à 3 et à 4 fr. le double décalitre : Combien en prendra-t-on de chaque qualité pour fournir un mélange à 18 fr. l'hectolitre ?

591. — On veut allier des métaux à 2 fr., à 1 fr., à 3 fr. et 202 f. le kilog. : Combien en mettra-t on de chaque qualité pour que l'alliage vaille 2f,50 le kilog. ?

592. — On demande 5 fr. pour le 1er mètre d'un certain ouvrage et 15 fr. pour le 2e, et continuant ainsi jusqu'au dernier mètre dont le nombre est 12 : Dites quel sera le prix de ce 12e ?

593. — Trouvez ce que coûterait l'ouvrage dont il est question dans le problème précédent ?

594. — Calculez $\sqrt[3]{85184}$.

595. — Quelqu'un dit que si son argent était divisé 3 fois par 44, le quotient serait 1 : Trouvez le nombre de ses fr. $44^3 =$ R.

596. — Calculez $\sqrt[3]{1061208}$.

597. — On a des blés à 8 fr., à 12 fr., à 14 fr., à 16 fr. l'hect., dont on veut faire un mélange de 408 hectol. à 13 fr. l'un ; on veut que les qualités des deux prix supérieurs y entrent en quantités égales, mais on veut que la quantité de la qualité à 8 fr., soit à la quantité de la qualité à 12 fr., comme 2 est à 1 : Résolvez la question.

598. — On distingue des vents qui font 1800, 7200, 26000, 72000, 81000, 87200, 129600 m. à l'heure et des ouragans qui en font 162000 à l'heure aussi : Trouvez le terme moyen entre toutes ces vitesses.

599. — Deux compagnies de chacune 75 hommes se mettent en devoir de se donner l'accolade fraternelle le 1er jour de l'an :

Combien cette cérémonie doit-elle durer, si chaque accolade dure 10 secondes et si elles ne sont données que l'une après l'autre ?

600. — Six écoliers assis sur un banc, entreprennent de changer de place autant de fois que la chose est possible : Combien de temps durera l'entreprise, si chaque permutation est de 30 secondes ?

601. — Un plâtrier a plafonné une coupole de 12m,122 de diamètre à raison de 0f,25 le décimètre carré : Trouvez ce qu'on lui doit. (*C'est la surface d'une demi-sphère : Voir Arith. élé., N° 324*).

602. — Trouver la hauteur du stère, les bûches ayant 1m,50 de long. (*Arith. élém., questions diverses de Géométrie, Capacité, Exemple IX.*)

603. — Un économe paie 357 fr. pour l'emplacement de son bûcher pour lequel il donne 3 fr. du m. carré : Quelle est sa dépense totale, si le bûcher a 3 m. d'élévation et s'il paie son bois 9 fr. le stère ?

604. — On désire former un bûcher de 78 stères avec des bûches de 1m,30 de longueur : Trouvez la longueur du bûcher, sachant que la hauteur est de 2m,60.

605. — Quelle est la longueur d'un bûcher contenant 795 st.,99, si la hauteur est 2 m. et la longueur 1m,14 ?

606. — Une poutre, dont l'équarrissage est 6 d. sur 5, coûte 54 fr. : Trouvez sa longueur, sachant que le décistère coûte 3 fr.

607. — Un enfant chargé de vendre 10 douzaines de poires à 0f,25 la douzaine, en avait déjà vendu 4 douzaines, lorsqu'il eut le malheur d'en croquer 5 : Combien a-t-il dû vendre la douzaine du reste pour cacher son larcin ?

608. — On a été 22 jours 15 heures à parcourir 3° 20' : Dire le temps qu'on mettrait à parcourir un degré.

609. — Levert a contracté un certain nombre de dettes dont les unités croissent en progression par quotient ; la première est 2 fr., la dernière est 4374 fr., et la raison est *trois* : Trouvez le nombre des créanciers de Levert.—Trouvez, en outre, la somme de ses dettes.

610 — Le litre d'eau douce pesant 1 kilog., trouvez le poids de l'eau contenue dans un puits de 10 mètres de profondeur ayant 6m,60 de circonférence (*Arith. élé., Nos 303 et 313.*)

611. — En admettant que le litre d'eau de mer pèse 1 kil.,026, trouvez le poids de 1250 litres de cette eau.

612. — Si un litre d'eau glacée pèse 0 kilog.,93, combien pèsera une pièce de glace de 5 m. car. et d'un décim. d'épaisseur ?

613. — Un vase formant une demi-sphère de 42 centimètres de diamètre est plein de lait : Trouvez le poids de ce lait, sachant que le litre pèse 1 kilog.,020.

614. — Un litre d'un certain vin pèse 992 grammes ; d'après cela, trouvez le poids du contenu d'un verre cylindrique de 6 centimètres de diamètre et 0m,09 de hauteur.

615. — Quel est le poids de l'huile contenue dans un baril de 8 décimètres de longueur, le diamètre pris à la bonde étant 6 d. et celui des fonds 5 d. (*Arith. élé.*, N^0 329) sachant d'ailleurs que le litre d'huile pèse 915 grammes?

616. — Le litre d'or fondu pèse 19 kilog.,258 : Trouvez le poids d'un gland de ce métal dont le grand diamètre serait 8 milli. et le petit 6 milli. $19{,}258 \times 0{,}06 \times 0{,}06 \times 0{,}08 \times \frac{11}{21} = R$.

617. — Lorsque le d. cube se paie $19^f,258$, quelle est la valeur de 150 milli. cubes ?

618. — Le litre d'argent fondu pèse 10 kilog.,474 et la même quantité de cuivre fondu pèse 8 kilog.,788 ; d'après cela, trouvez, à moins d'un centilitre près, combien il faut de litres de cuivre fondu pour peser autant qu'un kilolitre d'argent fondu.

619. — Le litre de mercure pèse 13 kilcg ,598 ; d'après cela, trouvez le poids du mercure contenu dans un tube de 500 millim, dont le diamètre est 14 millimètres.

620. — Le litre de fer fondu pèse 7 kilog.,207 et le décim. cube de fer forgé pèse 7 kilog.,788 ; d'après cela, combien un kilolitre de fer fondu produirait-il de fer forgé ?

621. — Combien pèse un ellipsoïde en plomb dont le grand axe est 14 centimètres et le petit 12 centim., sachant qu'un litre de plomb fondu pèse 11 kilog.,352 ? $11{,}352 \times (1{,}2^2 \times 1{,}4 \times \frac{11}{21}) = R$.

622. — Trouvez la différence du poids entre une sphère en chêne de 7 décimètres de diamètre et un cube du même bois de 7 décimètres de côté : on admet que le décimètre cube de chêne pèse 1 kilog.,170.

623. — En admettant que l'on puisse combiner du liége avec du platine, combien mettrait-on de chacun pour que le décimètre cube de l'alliage ne pesât que 1000 grammes, sachant que le décimètre cube de liége pèse 240 gr. et le décim. cube de platine 19500 grammes ?

624. — Si les $\frac{75}{100}$ d'un are coûtaient $13^f,5$, combien coûteraient $\frac{25}{40}$ d'un myriamètre carré ?

625. Le triple carré d'un nombre $\times$ la moitié de ce nombre donne 111132 : Dire quel est ce nombre, sachant que si on l'avait multiplié par 105 au lieu de le multiplier par sa moitié, on aurait eu un produit 5 fois plus grand.

626. — Sept fois le quotient d'un nombre divisé par $\frac{4}{9}$ = 992,25 : Quel est ce nombre ?

627. — Un riche propriétaire dit que ses revenus annuels sont égaux à une somme que l'on obtiendrait en monnayant 351 doubles kilog. d'argent au titre $\frac{9}{10}$: Calculez ses revenus.

628. — Un enfant qui n'avait que 3 ans $\frac{2}{3} + \frac{25}{30}$ de mois $+ \frac{14}{24}$ de jour à la mort de son père, demande quel âge il a maintenant ; il y a 15 ans $\frac{3}{4} + 20$ jours que son père est mort.

629. — Avec des vins à $0^f,4$, à $0^f,55$, à $0^f,75$, à $0^f,90$ et à 1 f.,

on veut composer une barrique de 225 litres qui vaille 180 fr. : Combien en prendra-t-on de chaque qualité?

630. — On a des blés à 6, 7, 9 et 12 fr. l'hectol., et l'on désire en composer un chargement de 1680 hect. à 8 fr. l'un : Combien en mettra-t-on de chaque qualité? On veut combiner *a* avec *d* et *b* avec *c*.

631. — On a 112 gram. d'un métal qui vaut 1 cent. le gram. : Combien faut-il y joindre de gram. d'un autre métal qui vaut 6 cent., pour que le gramme du mélange en vaille 4?

632. — Combien joindrait-on de vin à $0^f,30$ et à $0^f,50$ le lit. à 60 litres d'eau, pour que le litre du mélange valût $0^f,40$?

633. — Un marchand a des vins de $0^f,6$, de $0^f,45$, de $0^f,38$, de $0^f,34$, de $0^f,30$, de $0^f,24$ le l., et il veut faire un mél. de 1345 l. dans lequel il entre 112 litres de la qualité à $0^f,38$: Combien en mettra-t-il des autres qualités, le prix moyen étant $0^f,40$?

634. — Un marchand de bois en a de 50, de 60, de 90 et de 100 fr. le mètre cube; on lui en demande 160 m. cubes à 80 fr. et 275 m. cubes à 95 fr. : Combien en prendra-t-il de chaque espèce pour répondre à ces deux demandes?

635. — Un banquier escompte en dedans à 5 p. 100 un billet de 29580 fr. payable dans 18 mois : Combien doit-il retenir?

636. — Un mètre d'un certain drap en vaut 4 d'une certaine étoffe; le mètre de cette étoffe en vaut 3 d'une certaine toile, et pour un mètre de toile on reçoit 2 kilog. de beurre à $1^f,60$ le k. : Dire quelle est la valeur du mètre de drap.

637. — Une masse de plomb introduite dans un bassin cylindrique à demi plein d'eau, le remplit entièrement : Trouvez le volume de cette masse, le rayon du cylindre étant 4 centimètres et la hauteur $0^m,7$.

638. — Un marchand de drap en a de 15 fr. de 12 fr., de 8 fr. et de 5 fr.; il en livre 100 m. pour 1000 fr. : Combien entre-t-il de mètres de chaque prix dans sa livraison?

639. — Le diamètre d'une roue de brouette est 5 décimètres : Combien fera-t-elle de tours dans un kilomètre?

640. — Un ouvrier marchande la couverture d'un pavillon formant un cône de 7 m. de diamètre et de 8 m. de côté, et pour ce travail il demande 252 fr. : Combien demande-t-il par mètre carré? (*Calculez la circonférence de la base et multipliez-la par la moitié du côté, et divisez 252 par ce produit.*)

641. — A combien reviendrait le plafond de la voûte d'une église, cette voûte formant un demi-cylindre de 7 m. de rayon et de 35 m. de longueur, si l'ouvrier prenait 5 fr. du m. carré?

642. — Un économe achète pour 16450 fr. de divers grains; il prend 100 hectol. d'avoine à 7 fr. l'un, 150 hectol. de seigle à 9 fr. l'un et 800 hectol. de blé dont on a réservé la connaissance du prix à votre sagacité.

643. — Lucas a une vigne qu'il afferme 508 fr., et il demande combien il faudrait qu'il la vendît pour avoir un capital qui, placé à 5 p. 100, lui donnât une rente annuelle de 600 fr?

644. — Si vous aviez un billet de 900 fr. à payer dans 2 ans et que votre créancier s'offrît à l'escompter à 6 p. 100 par an, à quelle époque devriez vous payer pour ne verser que 846 fr. ?

645. — Une vieille dame touche une pension annuelle qui croît de 3 fr. par mois en progression par différence; elle touche 18 f. le 1er mois : Trouvez le chiffre total de sa pension.

646. — Un commis chargé de la vente d'une coupe de bois, m'en a vendu 96 stères à 10 f. l'un et 24 stères à 3 f. l'un ; mais il désire de savoir ce qu'il doit vendre de stères à 7 fr. et à 4 fr., pour que le prix moyen du stère soit 6 fr. : Dites-le lui.

647. — Un boulanger ayant reçu *un cent* de fagots pour 60 fr. et *quatre cents* à 20 fr. le cent, dit à son marchand de lui en amener de 50 et 40 fr. le cent, jusqu'à ce que son bois lui revienne à 30 fr. le cent : Combien recevra-t-il de fagots ?

648. — Combien mettra-t-on de doubles décalitres à 2 fr. et à 3 fr. l'un, avec 9 doubles à 5 fr. et 15 doubles à 7 fr., pour que le double du mélange soit de 4 fr. ?

649. —On devait payer 30000 dans un an; mais on paie 9000 f. au bout de 6 mois et 12000 au bout de 9 : A quelle époque paiera-t-on le reste ?

650. — A combien reviendrait un escalier dont la 1re marche coûterait 4 cent., la 2e deux fois plus, et ainsi jusqu'à la 15e ?

651. — Un homme plus généreux qu'instruit légua $\frac{1}{3}$ de son avoir à son neveu, la $\frac{1}{2}$ à sa nièce et les $\frac{4}{9}$ à sa dame : Voyez si son testament peut être exécuté.

652. — Lorsque 30 m. de $\frac{3}{4}$ de laize coûtent 720 fr., combien paiera-t-on pour 50 m. de même qualité, la laize étant $\frac{2}{3}$?

653. — Un fort de forme circulaire occupe un terrain de 309 ares 76 : Trouvez-en la circonférence.

654. — Trouvez le diamètre d'une boule dont la surface est 88 d. carrés. $\sqrt{88 : \frac{22}{7}} = R.$

655. — Trouvez le diamètre d'une boule dont le volume est 22 d. cubes. $\sqrt{22 : \frac{11}{21}} = R.$

656. — On dit que la différence du $\frac{1}{4}$ au $\frac{1}{7}$ du prix d'une chose est 20 fr. : Quel est le prix de cette chose?

657. — Si l'on vous disait : Il y a 4 h. $\frac{6}{7}$ qu'il était 3 h. $\frac{1}{7}$ du matin, que feriez-vous pour trouver l'heure actuelle ?

658. — Trouvez les dimensions d'une enceinte de 923521 m. carrés, sachant que la longueur surpasse la largeur de 12 mètres. (*Voir Exercices, N*° 33.)

659. — La surface d'un cercle est 9 fois plus petite que celle d'un autre cercle qui a 729 m. de diamètre : Trouvez le diamètre du premier cercle.

660. — La surface d'un cercle est 9 fois plus grande que celle d'un autre cercle qui a 2025 m. de diamètre : Trouvez le diamètre du premier.

661. — Quelle somme ferait-on avec 81 kilog. d'argent pur, le titre étant $\frac{9}{10}$?

662. — On doit faire une traversée de 3° 16' de latitude : Combien mettra-t-on de temps à faire ce trajet s'il faut 3 h. 5 m. pour faire une minute de degré?

663. — Combien doit-on débourser pour l'acquit d'une somme de 6000 fr., dont on a la jouissance depuis 4 ans au taux de 5 p. 100? On doit rembourser le capital joint à l'intérêt composé.

664. — On reçoit 36000 fr., capital et intérêts simples d'une somme placée pendant 5 ans à 4 p. °/₀ : Trouvez cette somme.

665. — On devait 900 hectol, de blé de 15 fr. l'hectol. ; mais, comme on n'en avait pas assez de cette qualité, on fournit le reste en blé de 20 fr., ce qui occasionne une perte de 300 fr. : Trouvez la quantité ajoutée en blé de 20 fr.

666. — Un terrain contient 10 hectares. Trouvez : 1° ses côtés qui sont entre eux comme 2 est à 5 ; 2° les dimensions du dessin, l'échelle étant $0^{m},002$ par mètre; 3° les dimensions du papier, la surface des 4 marges étant les $\frac{2}{10}$ de celle du dessin.

EXERCICE GÉNÉRAL. (3e Section.)

667.—Sachant que les trois cent soixante degrés de longitude de la terre passent tous les jours devant le soleil, combien passe-t-il de degrés par heure? (1)

668. — Une pierre tombant librement, parcourt $4^{m},90$ la 1re seconde, 3 fois $4^{m},90$ la deuxième, 5 fois $4^{m},90$ la troisième, 7 fois $4^{m},90$ la quatrième, et ainsi de suite : Quel est l'espace franchi en 10 secondes?

669. — On entend le bruit du tonnerre 8 secondes après l'apparition de l'éclair : A quelle distance du nuage orageux se trouve-t-on, sachant que le son parcourt 340 m. par seconde?

670 — La lumière du soleil nous arrive en 8 min. 13 secondes : Quelle est sa vitesse par seconde, sachant que le soleil est éloigné de nous de 34600000 lieues de 25 au degré?

671. — Dans le thermomètre centigrade, la glace fondante est marquée par 0 et l'eau bouillante par 100 ; dans le thermomètre Réaumur, le même intervalle est divisé en 80 degrés de température. D'après cela, on demande à quelle température centigrade correspondent 18 degrés Réaumur.

672. — Combien y a-t-il de kilomètres dans 3° 33' 30" de latitude, sachant qu'un myriamètre vaut 5 minutes 24 secondes?

---

(1) On trouve le temps (en minutes) que le soleil met à parcourir un degré par $\frac{24 \times 60}{360}$; et le nombre de degrés qu'il parcourt dans une heure par $\frac{360}{24}$.

673 — On appelle *cycle solaire* une révolution de 28 ans, au bout desquels les dimanches et autres jours de la semaine se trouvent au même quantième. La 1re année de l'ère chrétienne correspondant à la 10e du cycle solaire, il s'ensuit que, pour calculer le cycle solaire, il suffit d'ajouter 9 à l'année proposée et de diviser la somme par 28, le reste est le cycle solaire demandé et le quotient exprime le nombre des cycles écoulés depuis le point de départ ; si le reste était 0, le cycle serait 28. *D'après cela, trouvez le cycle solaire de* 1848.

674. — Combien s'est-il écoulé de cycles solaires depuis la naissance de N.-S. jusqu'en 1848 ?

675. — Trouvez le nombre des cycles solaires qui se seront écoulés l'an 2000 de l'ère chrétienne.

676. — Quel sera le cycle solaire en l'an 2000 de l'ère chrétienne ?

677. — Le *cycle d'or* ou *cycle lunaire* est une révolution de 19 ans, au bout desquels les nouvelles lunes reviennent aux mêmes quantièmes du mois et presque aux mêmes heures que 19 ans auparavant ; et le *nombre d'or* est le N° de l'année du cycle d'or courant.

La 1re année de l'ère chrétienne correspondant à la 2e du nombre d'or, il s'ensuit que, pour trouver le nombre d'or, il faut ajouter 1 à l'année proposée et diviser la somme par 19, le reste exprime le nombre d'or, et le quotient le nombre des cycles lunaires écoulés depuis le point de départ ; si le reste était 0, le nombre d'or serait 19. *D'après cela, trouvez le nombre d'or pour l'année* 1860.

678. — Quel a été le nombre d'or en 1845 — et quel est le nombre des cycles lunaires écoulés jusqu'alors ?

679. — Combien s'est-il écoulé de cycles lunaires en 1854 — et quel est le nombre d'or de cette même année ?

680. — L'*Epacte* d'une année est l'âge de la lune au commencement de cette année. Elle augmente chaque année de l'excès de l'année solaire sur l'année lunaire ; cet excès est de 11 jours environ. Ainsi, l'épacte augmente de 11 jours chaque année.

Pour trouver l'épacte pour une année quelconque, il faut ôter 1 du nombre d'or de cette année ; s'il ne reste rien, l'épacte est 0 ; mais s'il y a un reste, on le multiplie par 11, et si le produit n'égale pas 30, il est l'épacte demandée ; s'il dépasse 30, on le divise par 30, et le reste est l'épacte. *D'après cela, trouvez l'épacte de* 1860.

681. — Quelle est l'épacte pour 1854 ? Quelle a-t-elle été en 1840 ; — en 1820 ?

682. — Quelle sera l'épacte en 1860, — en 1872, — en 1882, — en 1911 ?

683. — Quelle a été l'épacte en 1847, — en 1830, — en 1829, — en 1814 ?

684. — Pour trouver l'âge de la lune au mois de janvier, il

suffit d'ajouter le quantième du mois à l'épacte. Pour le mois de février, on ajoute 1 + le quantième. Pour le mois de mars, on ajoute seulement le quantième. Pour tous les autres mois, on ajoute à l'épacte le quantième + le nombre de mois écoulés depuis mars inclusivement jusqu'à celui pour lequel on opère, aussi inclusivement. Dans tous les cas, si la somme obtenue ne dépasse pas 30, c'est l'âge cherché; si elle dépasse 30, cet âge est exprimé par la différence; si, enfin, cette somme est 30, cela marque que la lune est nouvelle ce jour-là même.

D'après cela, trouvez quel âge avait la lune le 12 avril 1850?

685. — Calculez l'âge de la lune pour le 13 juin 1860, — pour le 16 mai 1854.

686. — Quel était l'âge de la lune le 27 décembre 1840, — le 9 mars 1842, — le 7 février 1851?

687. — Les jours croissent de 12 heures depuis l'équateur où ils sont de 12 heures seulement, jusqu'aux cercles polaires, où ils sont de 24 heures, ce qui fait autant de climats de chaque côté de l'équateur qu'il y a de demi-heures dans 12 heures. *D'après cela, trouvez le plus long jour du 20e climat. (A 12 ajoutez* $\frac{20}{2}$*; et cela est évident, puisque le jour augmente d'une demi-heure par climat.)*

688. — Trouvez le plus long jour du 16e climat.

689. — Trouvez le plus long jour du 18e climat.

690. — Trouvez le plus long jour du 13e climat.

691. — Sous quel climat se trouve Paris, si son plus long jour est de 16 heures? $(16-12)\times 2$.

692. — Le plus long jour d'un certain pays est de 14 heures: Trouvez sous quel climat est ce pays.

693. — Dans le golfe de Breide on a des jours de 28 heures: Sous quel climat est-il?

694. — La terre faisant un tour sur elle-même en 24 heures, présente successivement 15 degrés de longitude au soleil dans l'espace d'une heure; d'après cela, trouvez quelle heure il est au 60e degré Est, méridien de Paris, lorsqu'il est midi dans cette ville. $\frac{60}{15} = R$.

695. — Canton est au 111e de longitude Est et Florence au 9e Est: Trouvez la différence du midi de ces deux villes.

696. — Madrid est au 6e de longitude Ouest et Stuttgard par le 7e Est: Quelle heure est-il à la première de ces deux villes quand il est midi à la 2e. *D'après ce qui est dit, N° 694, le soleil parcourt 1 degré dans 4 minutes; donc* $R = 12$ *heures* $- [(6^m + 7^m)\times 4]$

697. — Trouvez l'heure qu'il est au méridien de l'Ile-de-Fer, lorsqu'il est midi au méridien de Paris, le premier étant à 20° ouest du second.

698. — Quelle heure est-il au méridien de Paris, lorsqu'il est 10 heures du matin à celui de l'Ile-de-Fer?

699. — Quelle serait la longitude de Paris, si le 1er méridien était celui de Chandernagor, sachant que ce dernier se trouve le 86e Est ?

700. — Une frégate sortant de Cherbourg, est battue par un gros temps pendant 28 jours ; le calme étant revenu, on trouve qu'il est 4 heures du soir à Cherboug, lorsque le soleil passe au méridien du lieu où l'on se trouve ; trouvez la longitude de ce lieu, celle de Cherbourg étant de 4° ouest. — (R. $15 \times 4 + 4$, O.)

701. — Trouvez en mètres la valeur d'une minute de degré, les 360 degrés valant 40000000 de mètres.

702. — Un voyageur se trouve au 34° de latitude Sud, à combien de kilomètres est-il de son pays, situé au 51° latitude Nord et sous le même méridien ?

703. — Trouvez sur quel point du globe doit sonner la 1re heure du jour, à un instant donné, au point que vous y occupez.

704. — A quel degré de longitude est-il 7 heures du matin lorsqu'il est 9 heures du soir à Paris ?

705. — Supposant que deux voyageurs partent en même temps de 0 longitude, et qu'ils marchent constamment sur le 47e degré 30 min. latitude, l'un vers l'Est et faisant 10 lieues en 6 heures, l'autre vers l'Ouest, faisant 8 lieues en 5 heures : A quel degré de longitude se rencontreront-ils ? (R. $= 360° \times \frac{24}{49}$).

706. — Le mille géographique vaut $\frac{1}{15}$ de degré de latitude : Trouvez sa valeur en mètres.

707. — Deux vaisseaux se trouvent, l'un au cercle polaire arctique et l'autre au cercle polaire antarctique et sous la même longitude : A quel degré de latitude se rencontreront-ils, si le premier fait 3° 45' par jour et le second 2° 15', les cercles polaires étant fixés à 23° 27' $\frac{1}{2}$ des pôles et les tropiques à 23° 27' $\frac{1}{2}$ de l'équat. ?

708. — La population d'un département est de 500000 habitants et sa superficie de 6000 kilomètres carrés : Quelle serait la part de chaque individu de cette superficie, si elle était répartie également entre tous ?

709. — Dans quel climat se trouve le pays dont le jour le plus court est de 4 heures ?

710. — Combien chaque zone renferme-t-elle de degrés de latitude ?

711. — Un degré de longitude valant 78835m sous le 45° de latitude, trouvez en mètres la longueur de la circonférence décrite par cette latitude ; — trouvez-la en kilomètres.

712. — Trouvez les myriamètres compris entre le 17e latitude boréale et le 12° latitude australe.

713. — Le degré de latitude se divise en 54 milles de Portugal et le mille en 8 stades : Trouvez leurs valeurs en mètres. On sait que 90 degrés valent 10 millions de mètres.

714. — Une comète, nommée Halley, paraît à des intervalles de 75 ans $\frac{1}{2}$; elle a paru en 1835, en quelle année reparaîtra-t-elle ?

715. — Un voyageur a parcouru les $\frac{5}{7}$ de 8958 kilomètres qu'il avait à faire : Combien lui en reste-t-il ? R. les $\frac{2}{7}$; mais trouvez ce que valent ces $\frac{2}{7}$.

716. — Quatre Puissances ont à se partager un royaume contenant 72820 kilomètres carrés ; la première en prend les $\frac{2}{9}$, la deuxième $\frac{1}{5}$, la troisième $\frac{3}{8}$, et la quatrième le reste : Trouvez la part de chacune.

717. — Une locomotive a fait 5745 kilom. $\frac{3}{4}$ en 182 heures $\frac{1}{3}$: Combien cela fait-il par heure ?

718. Un voyageur a fait la $\frac{1}{2}$ et le $\frac{1}{3}$ de sa route, et il lui reste encore 9380 kilom. à parcourir : Trouvez la longueur totale de sa route.

719. — Lorsqu'on a nommé les signes du zodiaque, le soleil paraissait dans le premier du Bélier, lors de l'équinoxe du printemps ; or, en admettant qu'il eût rétrogradé d'un signe depuis cette époque, combien y aurait-il d'années que ces signes auraient été inventés, sachant que le retard est de 1 degré en 72 ans. On sait d'ailleurs que les signes du zodiaque comprennent 30 degrés entre eux.

720. — Le soleil semblant rétrograder d'un degré en 72 ans, combien mettra-t-il de temps à parcourir l'écliptique ?

721. — Mercure fait sa révolution autour du soleil en 88 jours : Trouvez les degrés et parties de degré que parcourt cette planète en un jour.

722. — La distance moyenne du soleil à la terre étant de 153 millions de kilomètres, combien faudrait-il de temps à un boulet de canon qui conserverait une vitesse de 400 mètres par seconde pour atteindre cet astre ?

723. — La terre employant 365 jours 5 heures 49 minutes à faire sa révolution autour du soleil, trouvez le nombre de mètres qu'elle parcourt dans cet intervalle, si sa vitesse est de 1828000^{m} par minute.

724. — On a reconnu que le soleil tourne sur lui-même dans 25 jours $\frac{1}{2}$: Trouvez le nombre de tours qu'il fait dans 365 j. $\frac{1}{4}$.

725. — La Lune n'est que $\frac{1}{49}$ de la terre, Mars n'en est que le $\frac{1}{2}$: Trouvez combien il faudrait de corps comme la lune et mars pour égaler le volume du soleil qui est 1328000 fois plus gros que la terre ?

726. — Quelqu'un ayant fait 20 kilom. $\frac{4}{9}$ dans un jour, demande le temps qu'il lui faudrait pour faire 1440 kilom.

727. — On dit que la terre égale en superficie 26000000 de lieues carrées : Trouvez ce que cela vaut de mètres carrés, la lieue ayant 4444 m. $\frac{4}{9}$ de longueur. (Il s'agit de la lieue de 25 au degré et non de la lieue métrique.)

728. — On dit que le volume de la terre égale 12400000000 de lieues cubes : Trouvez ce que cela vaut de mètres cubes. (Lieues de 25 au degré.)

729. — Si notre planète perdait un mètre cube chaque année, combien mettrait-elle d'années à s'anéantir ?

730. — La distance d'Amiens à Paris étant d'un degré, dites le temps qu'il faudrait à une tortue pour parcourir cette distance, si elle faisait $\frac{4}{9}$ de kilom. par jour.

731. — En admettant que l'année soit de 365 jours 6 heures, que le printemps et l'été durent ensemble 185 jours $\frac{1309}{1440}$, trouvez ce qui reste pour les deux autres saisons.

732. — Quelle sera en mètres la distance moyenne de la lune à la terre, si le rayon moyen de la terre est 6355396 mètres, et si, du centre de la terre au centre de la lune, on compte 60 ray. $\frac{1}{4}$?

733. — En admettant que la solidité du globe terrestre soit 1.057.088.857.564 kilomètres cubes, trouvez à quel cube il est équivalent. $\sqrt[3]{\ldots\ldots}$

734. — Trouvez en kilomètres la distance comprise entre le 24e climat boréal et le 24e climat austral.

EXERCICE GÉNÉRAL. (4e Section.)

Problèmes à résoudre au moyen du raisonnement. (1)

735. — Si je multipliais par 7, disait un instituteur, les $\frac{4}{9}$ du nombre de mes élèves, le produit serait 252 : Trouvez combien j'en ai.

Raisonnement. *$\frac{252}{7}$ donne les $\frac{4}{9}$ du nombre demandé, et le quotient divisé par $\frac{4}{9}$, donne le nombre cherché.*

736. — Si l'on me retranchait le $\frac{1}{3}$ et le $\frac{1}{9}$ de ma pension, disait un vétéran, on me ferait tort de 96 fr. par an : De combien était donc sa pension ?

Raisonnement. *Si l'on retranche $\frac{1}{3}+\frac{1}{9}$, on retranchera $\frac{3}{9}+\frac{1}{9}$, ou $\frac{4}{9}$; donc 96 fr. est les $\frac{4}{9}$ de la pension :* Trouvez le reste.

737. — Deux héritiers ont 12000 fr. à se partager : Combien chacun en recevra-t-il, sachant que le $\frac{1}{3}$ de la part de l'un doit égaler $\frac{1}{9}$ de la part de l'autre ?

Raisonnement. *Supposons que la part du 2e soit 9, le $\frac{1}{3}$ de la part du 1er sera 1, et sa part entière 3 ; les 2 parts seront 12 : donc le 1er a le $\frac{1}{4}$ de 12000 fr.*

738. — Un bourgeois vend sa maison le double de son jardin

(1) Ces sortes de questions sont appelées par certains auteurs problèmes de fausses positions.

et une de ses terres 5 fois plus que sa maison : Trouvez la valeur du jardin, sachant que la vente des 3 objets a produit 87984 fr.

RAISONNEMENT. *Admettons que la terre ait été vendue 10 fr., la maison aura été vendue $\frac{10}{5}$ ou 2 fr., et le jardin $\frac{2}{2}$ ou 1 fr.; 10, 2, 1, sont les nombres proportionnels, 10 + 2 + 1 est leur somme; 87984 est la somme des parties proportionnelles : il ne vous reste plus qu'à trouver la partie proportionnelle demandée, et les autres, si vous voulez. Vous pouvez choisir toute autre combinaison*

739. — Louis ayant perdu le $\frac{1}{3}$ et le $\frac{1}{4}$ de ses bons points, en a encore 240 : Trouvez ce qu'il en avait d'abord.

RAISON... *Le tiers et le quart font les $\frac{7}{12}$; or, s'il a perdu les $\frac{7}{12}$, il ne lui en reste plus que les $\frac{5}{12}$; mais les $\frac{5}{12}$, c'est 240; donc on connaît 5 parties d'un nombre composé de 12 parties.*

740. — Partagez 456 fr. entre deux personnes, de manière que l'une ait 26 fr. de plus que l'autre.

RAISON... *L'une a 26 fr. de plus que l'autre; qu'elle prenne donc d'abord cette somme; il n'y aura plus qu'à partager également le reste des 456 fr. entre les deux personnes.*

741. — Trois ouvriers ont gagné 432 fr.; le maître doit avoir 12 fr. de plus que le compagnon, et l'apprenti 36 fr. de moins que le maître : Trouvez la part de chacun.

RAISON. *Le maître a 36 fr. de plus que l'apprenti et 12 fr. de plus que le compagnon; celui-ci a donc 36 — 12 ou 24 fr. de plus que l'apprenti. D'après cela, la part de l'apprenti =* $\frac{432-(36+24)}{3}$.

742. — Un brick partant de Brest, a déjà fait 90 kilom., lorsqu'une corvette, faisant le même trajet, part du même port : On vous demande à quelle distance de Brest le brick sera rejoint, sachant qu'il fait 25 kilom. par heure et la corvette 30.

RAISON... *Observons que la corvette gagne 5 kilom. par heure sur le brick; donc elle mettra $\frac{90}{5}$ ou 18 heures à gagner les 90 kilom., et, pendant ce temps, le brick et la corvette avanceront simultanément de 25 × 18 ou 450 kilom., lesquels étant joints aux 90 kilom. d'avance, donnent....*

743. — Un père et son fils ont un ouvrage que l'un ferait en 72 jours et l'autre en 48 : Combien mettront-ils de temps s'ils y travaillent conjointement.

RAISON... *L'un en fera $\frac{1}{72}$ en un jour, et l'autre $\frac{1}{48}$; ensemble ils feront les $\frac{5}{144}$ dans un jour; mais 5 représente la quantité faite dans un jour et 144 la totalité; donc....*

744. — Un créancier dit avoir cinq débiteurs dont les dettes diffèrent de 10 fr., le plus endetté doit 11 fois plus que celui qui doit le moins : Trouvez le débit de ce dernier.

RAISON... *Le plus grand des 5 débits égale évidemment 4 fois la différence 10, plus le plus petit; or, 4 fois la différence égale 40; donc, si à 40 on ajoutait le plus petit, on aurait le plus grand. Mais le plus grand contient 11 fois le plus petit : donc 40 le contient 10 fois....*

745. — Un père, interrogé sur son âge et sur celui de ses fils, répondit : Mon âge égale ceux de mes deux enfants; le jeune a 16 ans et l'aîné a l'âge de son frère plus la moitié du mien : Trouvez les âges en question.

RAISON... *Le plus jeune a 16 ans, l'aîné a 16 ans + la $\frac{1}{2}$ de l'âge de son père; mais l'âge du père = l'âge de ses 2 fils; donc l'âge du père = 4 fois l'âge de son jeune fils......*

746. — Le maître d'un fainéant lui dit : Chaque jour que tu travailleras, tu auras 5 fr.; mais tu m'en donneras 2 les jours d'oisiveté. L'individu ayant accepté les conditions, reçut 24 fr. au bout de 30 jours : Combien en avait-il passé à l'ouvrage?

RAISONNE... *S'il eût travaillé les 30 jours, il aurait gagné 5 fr. $\times$ 30 ou 150 fr.; donc 150 fr. contient trois sommes : 1° celle qu'il a reçue, 24 fr : 2° celle qu'il a perdue en chômant,* a; *3° celle qu'il a négligé de gagner en chômant,* b. *Mais ôtant de 150 fr. les 24 fr. reçus, il ne restera plus que deux des 3 sommes précitées,* a + b; *or, les quantités* a *et* b *sont entre elles comme 5 et 2; donc,* a *est les $\frac{5}{7}$ de 150—24, et* b *en est les $\frac{2}{7}$. Observons maintenant que les 2 sommes* a *et* b *ont rapport au même temps, c.-à-d., au temps de chômage; ainsi (150—24) $\times$ $\frac{5}{7}$, donne la somme qu'on a négligé de gagner, et (150—24) $\times$ $\frac{2}{7}$ donne la somme perdue; donc, on a le nombre des jours de chômage en divisant le 1er prodt par 5 ou le 2e par 2.*

747. — Un maître fait marché avec un ouvrier en lui disant : Je te donnerai 3 fr. par jour chaque jour que tu travailleras, et toi, tu m'en donneras 5 chaque jour que tu chômeras; or, il arrive qu'au bout de 45 jours, il n'est rien dû de part ni d'autre : Combien de temps l'ouvrier a-t-il chômé?

748. — Un maître convient de donner 1^f^,20 à son ouvrier tous les jours que celui-ci se tiendra à son ouvrage; l'ouvrier convient d'autre part, de donner 1^f^,70, dommages et intérêts, à son maître, chaque jour qu'il ne travaillera pas; or, il arrive qu'au bout de 100 jours, l'ouvrier doit 112 fr. au maître : Trouvez combien de jours il a travaillé.

749. — Deux joueurs de même fortune doublent leur avoir en jouant avec un troisième qui a plus qu'eux; la partie étant finie, les trois joueurs se retirent avec chacun 60 fr. : Combien le plus riche avait-il avant le jeu?

750. — Si de 180 vous retranchez le double de mon âge, le

reste égalera encore trois fois mon âge : Devinez le nombre de mes années.

Raisonnement. — *Le double d'une chose + 3 fois cette chose = évidemment 5 fois cette chose.*

751. — Deux pensionnaires reçoivent chaque mois une égale somme : le premier épargne le tiers de ce qu'il reçoit, le deuxième, qui dépense chaque mois 6 fr. de plus que le premier, se trouve endetté de 12 fr. à la fin du 3e mois : Combien chacun reçoit-il par mois ?

752. — Une mère se met en devoir de distribuer un certain nombre de poires à ses enfants, et lorsqu'elle en donne 10 à chacun, il lui en reste 90 ; mais lorsqu'elle leur en donne 22, il lui en manque 54 : Trouvez le nombre des enfants.

Raisonnement. *Lorsque 10 est le multiplicande, le produit est en défaut de 90, et lorsqu'il est 22, le produit est en plus de 54 ; les deux différences 90 + 54 sont le produit de la différence 22—10 par le nombre demandé ; donc....*

753. — Un certain nombre de candidats sont proposés dans une élection ; le premier a 10000 voix et le 12e du reste ; le second en a 20000 et le 12e du reste ; le troisième 30000 et le 12e du reste, et ainsi jusqu'au dernier. Or il arrive, à la fin de l'élection, qu'ils ont le même nombre de voix : Trouvez et ce nombre et le nombre des candidats et le nombre des électeurs.

Raisonnement. Nous dirons seulement qu'il s'agit *de deux progresssions par différence, l'une croissante et l'autre décroissante, agencées l'une dans l'autre ; on connaît le premier et le dernier terme de la progression croissante.*

754. — Trois ouvriers de forces inégales peuvent faire un certain ouvrage, le premier en 12 jours, le deuxième dans 15 et le troisième en 20 : Combien mettront-ils de temps s'ils y travaillent tous trois ensemble ?

755. — Un négociant confie sa fortune à l'un de ses commis en lui disant : Chaque fois que tu la doubleras, tu prendras 30000 f. ; le commis double 3 fois de suite la fortune du maître et celui-ci se trouve entièrement ruiné : Dites de combien il était riche au moment de cette singulière convention.

Raisonnement. *D'après la dernière condition énoncée (celui-ci se trouve entièrement ruiné), il est visible que le négociant n'avait plus que* 15000 *fr. lors du dernier doublement, puisque le commis en prenant* 30000 *fr., ne laisse plus rien à son maître.*

756. — Un chapelier dit que s'il donne ses chapeaux à 3 fr., il perdra 100 fr. dessus ; mais, les ayant vendus 5 fr., il gagne 1000 fr. : Combien en a-t-il et quelle somme touchera-t-il ?

757. — Un père promet 15 dragées à son fils chaque jour qu'il ne sera pas puni à l'école, et l'enfant, de son côté, s'engage

à en rendre 7 les jours où il le sera : le petit ayant reçu 76 dragées au bout de 30 jours, on vous prie de dire combien de jours il a été sage· (Raisonnement, N° 745.)

758. — Quelle est la valeur d'un cheval dont le double du prix, ôté de 3000 fr., donne un reste égal au triple de ce même prix ?

RAISONNEMENT. 3000 fr. *contient le double + le triple du prix demandé; donc, il le contient 5 fois....*

759. — Un enfant ayant acheté 3 oranges, dit qu'elles lui coûtent ensemble autant au-delà de 10 centimes que quatre, au même prix, lui coûteraient ensemble au-dessus de 18 centimes : Combien lui coûte une orange ?

RAISONNEMENT. — *Si, d'une part, on connaissait la valeur des 3 oranges, et d'autre, la valeur des 4, en retranchant 10 de la 1re valeur et 18 de la 2e, on aurait un même reste ; d'où il suit que la valeur des 3 = ce reste + 10; la valeur des 4 = ce même reste + 18 ; 10 contient donc une certaine portion de la valeur des 3 et 18 cette même portion de la valeur des 3 + la valeur d'une.*

760. — Etienne a 7 ans et son frère aîné en a 25 : Trouvez quels âges auront les deux frères, lorsque le jeune aura la moitié de l'âge de l'aîné, et dans combien de temps cela aura lieu ?

RAISONNEMENT. *Lorsque le plus jeune aura la moitié de l'âge de son aîné, la différence des deux âges sera égale à l'âge du plus jeune; or, cette différence des deux âges = 25—7 ; donc...*

761. — Trois cent soixante francs ont été dépensés par 60 militaires, les officiers ont dépensé 10 fr. et les sous-officiers 5 fr. : Trouvez combien il y avait d'officiers et combien de sous-officiers.

RAISONNEMENT. — *Ramenons d'abord à une seule et même dépense la dépense d'un officier et celle d'un sous-officier en divisant* 630 *par* 60 *et nous trouverons* 6 *f. Mais si la dépense d'un officier est abaissée à 6 fr., on aura 4 fr. de trop par officier, et si celle d'un sous-officier est élevée à 6 fr., il manquera 1 fr. par sous-officier; faisons donc en sorte que le trop soit absorbé par le manque : c'est à quoi nous réussirons en prenant 4 sous-officiers sur 1 officier, car le trop 4 fr. étant multiplié par 1, égalera le manque 1 fr. multiplié par 4. Alors, nous dirons que la somme* 1 + 4 (=5) *est en même rapport avec la somme des quantités* a + b (= 60) *que 1 et 4 avec les quantités cherchées* a *et* b.

On voit que les questions de ce genre sont des questions d'alliage; donc, dans bien des cas, elles sont susceptibles de plusieurs solutions. Veuillez effectuer les 2 suivantes :

1° Un cultivateur achète 40 pièces de bétail pour 2000 fr., les bœufs lui coûtent 400 fr. pièce, les vaches 200 fr., les cochons 60 fr. et les moutons 20 fr. : Trouvez combien il a acheté de chaque espèce; les trois premières espèces peuvent être en nombre égal.

2° On a acheté 10^{m} d'étoffe pour 42 fr.: Combien en a-t-on eu de chaque qualité, le drap coûtant 12 fr., la serge 5 fr., et la flanelle 2 fr. le mètre, la quantité de drap étant à la quantité de serge : : 4 : 16.

762. — On a distribué 80 fr. à 80 pauvres; chaque homme a eu 2 fr., chaque femme 1 fr, et chaque enfant 0^{f},50 : Trouvez combien il y avait d'hommes, de femmes et d'enfants.

763. — Louis et Léon font deux parties dans chacune desquelles le perdant s'engage de doubler l'argent de son rival; Louis perd la première et Léon la seconde, puis ils se retirent avec chacun 30 fr. : Trouvez le résultat de ce jeu.

Raisonnement. *La deuxième partie finie, ils ont chacun 30 fr.; mais, dans cette partie, l'argent de Louis a été doublé, donc Louis n'avait que 15 fr. au commencement de cette partie et Léon en avait 45. Léon a gagné la moitié de ces 45 fr. à Louis; donc, au commencement du jeu, Léon avait 22^{f},50... Trouvez le reste.*

764. — Si les électeurs d'une certaine commune donnaient 250 voix à chacun des éligibles, il en manquerait 51 ; mais s'ils leur en donnaient 200, il y en aurait 99 de perdues : Trouvez le nombre des candidats.

765. — Un navire, parcourant 16 kilomètres à l'heure, part de Vannes pour Bilbao : Combien doit-il voyager d'heures avant sa rencontre avec un autre navire qui est parti de Bilbao pour Vannes deux heures après le premier; le second fait 20 kilomèt. à l'heure, et la distance entre les deux villes est 428 kilomètres ?

Raisonnement. *Le premier, ayant 2 heures d'avance, a déjà parcouru 32 kilom. quand le second se met en route; donc, ils n'ont plus que 396 kilom. à parcourir simultanément. Or, le premier parcourt 16 kilom. à l'heure et le second 20; donc, ils se rapprochent l'un de l'autre de 36 kilomèt. par heure; donc, temps demandé* $= \frac{396}{36} + 2$.

766. — On demande après quel temps se rencontreraient deux hommes partant au même instant de deux villes opposées, sachant que l'un ferait le trajet en 15 heures et l'autre en 8.

Raisonnement. *Le premier fait par heure $\frac{1}{15}$ de la route, et le second $\frac{1}{8}$; donc, en une heure, ils se rapprochent de $\frac{1}{15} + \frac{1}{8}$, ou des $\frac{23}{120}$ de la distance; donc, temps demandé $= \frac{120}{23}$ d'heure.*

767. — Trois hommes A, B, C, partent à la même heure de deux villes dont la distance est de 26 lieues métriques; A et B partent du même lieu et C va à leur rencontre ; A fait deux lieues à l'heure et B n'en fait qu'une; enfin, C en fait une et demie : Trouvez maintenant à quelle distance ce dernier rencontrera chacun des 2 premiers.

Raisonnement. *Il est clair que A et C se rapprochent l'un*

de l'autre de $2 + 1\frac{1}{2}$ *ou de* $\frac{7}{2}$ *lieues par heure; la rencontre aura donc lieu après* $26 : \frac{7}{2}$ *ou* $\frac{26 \times 2}{7}$ *heures; donc, distance demandée* $= \frac{3}{2} \times \frac{26 \times 2}{7} = \frac{3 \times 26}{7}$......

768. — Paul et Jean partent en même temps de la même ville; Paul ne fait que 6 kilom. à l'heure, parce que sa personne est un lourd fardeau; Jean qui, au contraire, est très-leste, en fait 8 : Dites 1° combien Jean gagne de terrain par heure sur maître Paul; 2° combien dans tout le trajet; 3° combien de temps Jean arrivera avant Paul; 4°, enfin, combien maître Paul aura fait de chemin lorsque maître Jean sera au terme du voyage, la distance à parcourir étant de 88 kilomètres.

769. — Un voleur prend des pommes; d'autres voleurs les lui ôtent, le premier, la $\frac{1}{2}$ de ce qu'il avait pris, puis la $\frac{1}{2}$ du reste; le second, la $\frac{1}{2}$ de ce qui restait, puis la $\frac{1}{2}$ du reste; le troisième fait comme les deux autres, de sorte qu'il ne reste que 3 pommes au premier voleur : Combien donc en avait-il volé?

TRAITÉ DES POIDS ET MESURES.

Sur les N°s 9 et 10.

770. — Combien aura-t-on pesant de monnaie d'argent pour 17 kilog. de monnaie d'or?

RAISONNEMENT. — *La monnaie d'or valant 15 fois* $\frac{1}{2}$ *plus que la monnaie d'argent, le tout à poids égaux, il est clair que, pour payer 17 kil. de monnaie d'or, il faudra un poids 15 fois* $\frac{1}{2}$ *plus fort de monnaie d'argent.*

771 — Combien aura-t-on pesant de monnaie d'argent pour un boursicaut qui contient 464 g.5152 de monnaie d'or? Trouvez la somme que contient le boursicaut.

772.—Un voyageur, se trouvant très-embarrassé d'une somme de 2000 fr. en argent, rencontre un ami qui la lui échange pour une même somme en or : Trouvez de quel poids il s'est déchargé.

773. — Un autre voyageur avait 10 kilog. de monnaie d'argent qu'il changea pour de la monnaie d'or : Combien en eut-il pesant?

774. — Combien aurait-on pesant de monnaie d'argent pour 100 kilog. de monnaie d'or? — Quelle somme cela ferait-il?

775. — Quel poids en monnaie d'argent aurais-je pour une somme en or pesant 154 gram. 8384?

776. — Quel poids en monnaie d'or aurai-je pour une somme en en argent pesant 24 hectog.?

777. — On a une caisse pleine de monnaie de bronze, le contenu pèse 80 kilog. : Trouvez ce qu'on aurait pesant de monnaie d'or, s'il s'agissait de faire un échange (310 fois moins.)

778. — Combien aura-t-on pesant de monnaie de bronze pour un boursicaut contenant quelques pièces d'or et pesant 32 g.,258 ? Trouvez et la valeur et le nombre des pièces d'or du boursicaut.

779. — Quel poids aura-t-on en monnaie d'or pour une somme en bronze pesant 49 kilog. ?

780. — Quelqu'un veut échanger une somme en argent pesant 175 gr. contre une même somme en bronze : quel poids recevra-t-il ?

781. — On a une somme en monnaie de bronze pesant 80 kil. : Quelle somme en argent recevra-t-on en échange ?

782. — Quelle est la valeur de 10 kilog. d'argent au titre des monnaies, mais non monnayé, le prix de fabrication pour l'argent étant de 3 fr. par kilog. ?

783. — Quelle est la valeur de 2 kilog. d'or au titre des monnaies, mais non monnayé, le prix de fabrication pour l'or étant de 9 fr. par kilog. ?

784. — Trouvez l'argent pur contenu dans 10 kilog. de vaisselle d'argent au titre $\frac{8}{10}$.

785. — Trouvez l'or contenu dans un vase en or pesant 0k.,5 et au titre $\frac{84}{100}$.

786. — Si le kilog. d'argent pur vaut 218f,89 au change des monnaies, combien recevra-t-on pour 100 kilog. ?

787. — Trouvez ce que vaut la tolérance sur une pièce de 5 f. — de 2 fr., — de 1 fr. (No 9.)

788. — Trouvez ce que vaut la tolérance sur une pièce de 20 f. — de 40 fr.

789. — Trouvez le cuivre, l'étain et le zinc contenus dans une somme en bronze de 500 fr.

790. — Trouvez ce que vaut la tolérance sur une pièce de 10 centimes, — de 5 centimes en bronze.

791. — Le kilog d'argent, au titre des monnaies, se payant 197 fr. au change des monnaies, combien recevra-t-on pour 10 kilog. ?

792. — Le kilog. d'or pur se payant 3434f,44, combien recevra-t-on pour 5 hectog. ?

793. — Combien recevra-t-on pour 8 kilog. d'or au titre des monnaies, le kilog. valant 3091 fr. au change des monnaies.

794. — Combien vendra-t-on un instrument en argent au titre $\frac{95}{100}$, et pesant 0 kil.,4, sachant qu'au change 1 kilog. d'argent pur vaut 218f,89 ?

795. — Combien vendra-t-on au change des monnaies 10 garnitures en argent au titre $\frac{80}{100}$ du poids de 3 kilog. ?

796 — Combien vendra-t-on au change une tasse en or pesant 54 décag. et au titre $\frac{92}{100}$, le prix d'un kilog. d'or pur étant 3434f,44 ?

797. — Combien valent au change 10 chandeliers d'or au titre $\frac{8}{10}$ et pesant 10 kilog. ?

798. — Combien valent au change 12 couverts en or au titre $\frac{75}{100}$, si chaque couvert pèse 225 grammes?

799. — Le controle des ouvrages d'or étant de 22 fr. par hect., trouvez le coût du controle d'un ostensoir pesant 1 kilog.,985.

800. — Le controle des ouvrages d'argent étant $1^f,10$, par hectog., trouvez le coût du controle d'une croix d'argent pesant 58 hectog.

801. — Trouvez le poids de 20000 fr. en bronze.

802. — Quelle longueur formeraient 1750 pièces de 10 cent. en bronze?

803. — Si l'on échangeait 6 kilog. d'argent monnayé contre des pièces en bronze, quel poids en recevrait-on?

804. — On a payé un objet avec 3400 kilog. de monnaie en bronze, combien l'a-t-on payé?

805. — Quel poids aurait-on en monnaie d'or pour 31 kilog. de monnaie d'argent?

806. — Trouvez ce que l'on aura de monnaie d'or pour une somme en bronze pesant 4 kilog.

807. — Quel sera le poids d'une somme en argent pesant 5 kil., si elle est payée en monnaie de bronze?

808. — Combien aura-t-on pesant de monnaie de bronze pour une somme en argent pesant 1 kilog.?

809. — Combien aura-t-on pesant de monnaie d'or pour une somme en bronze pesant 20 kilog.?

810. — Combien faut-il de pièces de 5 cent. en bronze pour faire la longueur du mètre, ces pièces étant placées bord à bord sur une ligne droite?

MESURES ANCIENNES. (*N° 14 et suiv.*) (*Règle n° 24.*)

811. — Je lis sur un vieil acte qu'une maison de 95 pieds de long sur 25 de large et de haut, a été vendue 1513 livres : Veuillez nous en donner les dimensions en mètres.

812. — En 1730, un propriétaire fit construire une maison pour laquelle il employa 5 pièces de bois de chêne de chacune 18 pieds sur 14 pouces d'équarrissage : Dites combien les cinq pièces de bois contenaient de mètres cubes.

813. — Convertissez $13^m,317$ en pieds, pouces, lignes, points.

814. — Trouvez les toises et parties de toise contenus dans 11 kilom. et demi.

815. — Trouvez les mètres et parties de mètre contenus dans 736 toises.

816. — On comptait autrefois 22 lieues de 2280 toises $\frac{74}{225}$ entre Nantes et Angers : Combien cela fait-il de myriamètres?

817. — On lit sur un acte de partage qu'un terrain ayant été divisé en huit parties égales, chaque héritier en eut 8 arpents : Trouvez en hectares la surface de ce terrain.

818. — Un terrain fut, en 1800, trouvé contenir 12 perches carrées : Calculez ce que cela vaut d'ares.

819. — Un mur, toisé en 1709, se trouva contenir 225 toises carrées : Faites en des mètres carrés.

820. — Un bonhomme demande combien 113961 mèt. carrés font de toises carrées : Dites-le-lui.

821. — Un carrier, qui mesure à la toise cube, demande combien un tas de pierres qu'il vient de tirer, contient de m. cubes, sachant que les dimensions sont 5 toises, 3 toises et une toise : Répondez-lui.

822. — Une levée contient 148078 m. cubes de remblai : Combien cela fait-il de toises cubes?

823. — Un bassin contient 2769 pieds cubes d'eau : Combien cela fait-il d'hectolitres ?

824. — Un verre contient 7 décilitres : Combien cela fait-il de pouces cubes ?

825. — Une feuille de papier contient 540 pouces carrés : Combien cela fait-il de décimètres carrés ?

826. — Dites combien vaut de stères un tas de bois qui contient 10 cordes eaux-et-forêts.

827. — Trouvez les cordes eaux-et-forêts contenues dans 27 st.

828. — On me dit, que pour la construction d'un bâtiment, on a employé 1836 solives : Dites-moi ce que cela fait de décistères.

829. — Trouvez combien vaut de solives une pièce de bois qui contient 10 décistères, 28.

830. — Convertir 625 muids de Paris en hectolitres.

831. — Convertir 49 setiers en hectolitres.

832. — Convertir 75 mines en décalitres.

833. — Convertir 1235 minots en décalitres.

834. — Convertir en décalitres 872 boisseaux anciens.

835. — Une tonne contient quatre muids, combien contient-elle d'hectolitres ?

836. — Une barrique contient une feuillette et demie, combien de litres ?

837. — On dit à un bonhomme que sa barrique contient 2 hect. et demi ; mais il ne sait compter que par veltes : Dites-lui ce que sa barrique en contient.

838. — On a 656 pintes de bon vin : Combien cela fait-il de litres ?

839. — Trouvez ce que contient de pintes une barrique contenant 2 hectolitres.

840. — Une pièce de toile contient 56 aunes : Combien cela fait-il de mètres ?

841. — Trouvez les aunes contenues dans 6728 mètres.

842. — Convertissez 622 livres poids en kilogrammes.
843. — Trouvez ce que 979 kilog. valent de livres.
844. — Convertir 13 onces en grammes..
845. — Un objet précieux pèse 10 gros : Combien pèse-t-il de grammes?
846. — Un bijou pèse trente deniers : Trouvez-en le poids en grammes.
847. — Trouvez ce que 36 grammes valent de grains.
848. — On vous demande combien de kilog. pèse un objet qui pèse 25000 quintaux.
849. — On a une somme de 8731 livres : Combien cela vaut-il de francs ?

MESURES USUELLES. (*N° 26 et suiv., Règle, n°* 35.)

850. — Convertir 10000 mètres en toises usuelles.
851. — Convertir 34 toises usuelles en mètres.
852. — Convertir 12 mètres en pieds usuels.
853. — Convertir 25^{m},752 en toises et parties de toise.
854. — Convertir 5 pieds 6 pouces en mètres et parties de m.
855. — Trouver les kilomètres contenus dans 22 lieues métri.
856. — Trouver les lieues métriques contenues dans 207 kilom.
857. — Trouver les aunes usuelles contenues dans 35 mètres.
858. — Trouver les mètres contenus dans 78 aunes usuelles.
859. — Un mur contient 64 toises carrées usuelles : Combien contient-il de mètres carrés?
860. — Une cloison est de 13 pieds car. : Combien cela fait-il de mètres carrés?
861. — Un plafond contient 24 mètres carrés : Combien cela fait-il de toises carrées usuelles?
862. — Trouvez ce que vaut en parties de mètre un objet qui contient 4 pieds 120 pouces carrés.
863. — Calculez les m. cubes contenus dans un tas de pierres contenant 10 toises cubes.
864. — Calculez les toises cubes contenues dans un tas de sable contenant 15 m. cubes.
865. — Convertir 3 m. cubes en pieds cubes usuels.
866. — Convertir 625 pieds cubes en m. cubes.
867. — Convertir 545 pouces cubes en parties de m. cubes.
868. — Convertir 12 lignes cubes en parties de m. cube.
869. — Un bûcher contient 25 cordes usuelles : Combien cela fait-il de stères?
870. — Convertir 175 grands boisseaux en hectolitres.
871. — Convertir 100 hectolitres en grands boisseaux.
872. — Un bateau porte 75 mille livres : Combien porte-t-il de kilogrammes?
873. — La charge d'un cheval est de 150 kilog. : Combien porte-t-il de livres?

874. — Un objet précieux pèse 7 onces : Combien pèse-t-il de grammes?

875. — Une médecine pèse 8 grains : Combien pèse- -elle de milligrammes?

876. — Convertir 175 onces en grammes.

EXERCICES SUR LES PRIX COMPARATIFS.

ANCIENNES MESURES.

877. — Lorsque la toise linéaire valait 2 livres, combien de fr. eût-on payé le mètre?

RAISONNEMENT. — *La toise valant* 2 *livres, vaut, en francs,* $2 \times \frac{80}{81}$ *ou* $2 \times 0,987 = 1^{f},974$; *mais le mètre n'égale que les* 0,513 *de la toise; donc le prix du mètre n'est que les* 0,513 *du prix de la toise; le prix du mètre vaut donc* $1,974 \times 0,513$.

878. — Lorsqu'on paie 6 fr. pour un mètre, combien paierait-on, en francs aussi, pour une toise ancienne?

RAISONNEMENT. *La toise ancienne* $= 1^{m},949$; *donc prix demandé* $= 6 \times 1,949$.

879. — On paie le pied ancien d'un certain ouvrage une livre et demie : Combien cela fait-il le mètre?

880. — Lorsqu'on payait une aune de draps 35 livres, combien de francs eût-on payé le mètre?

881. — Lorsqu'on paie le mètre de drap 18 fr., combien de livres eût-on autrefois payé l'aune?

882. — Un bourgeois acheta, en 1690, du drap à 56 livres 12 s. l'aune : Combien cela ferait-il le mètre aujourd'hui?

883. — Autrefois on payait la toise carrée de maçonnerie 4 livres 10 sous : Combien cela ferait-il de fr. aujourd'hui pour le m. carré? ($\frac{9}{2} \times \frac{80}{81} \times \frac{10000}{37987}$.)

884. — Je me rappelle qu'étant tout petit, mon père acheta d'un cultivateur, un animal appelé cochon gras, à 5 sous 1 liard la livre ; Combien cela faisait-il de centimes, le kilog. — L'animal pesait 315 livres : Combien mon père le paya-t-il de francs? (5 sous valent 20 liards; la livre de la bête valait donc 21 liards, mais 21 liards valent $\frac{21}{80}$ de livre.)

885. — On payait autrefois un certain travail 3 fr. le pied car.: Combien paierait-on le m. carré à présent?

886. — Un carrier, appelé Denis, vendait, en 1809, sa pierre 9 livres 15 sous la toise : Combien, à ce prix, vaudrait le mètre cube aujourd'hui? (Réponse en francs.)

887. — On payait jadis la corde (eaux-et-forêts) 11 livres : Combien de francs payerait-on le stère à ce prix?

888. — Combien payerait-on de nos jours un hectolitre de blé, dont le setier se serait autrefois vendu 19 livres 5 sous ?

889. — Lorsque le boisseau se vendait 1 livre 10 sous, combien eût-on payé le double décalitre, en francs ?

890. — Lorsque le muid de vin se vendait 22 livres 17 sous, combien de fr. eût-on payé l'hectolitre ?

891. — Lorsque la livre (poids) se vendait 1 livre 6 sous, combien eût-on payé de fr. pour 1 kilog. ?

892. — Lorsque j'étais jeune, on stipulait toujours, en concluant le marché, si le paiement se ferait en francs ou en livres ; or, un jour, un marché fut conclu moyennant 275 pièces de 6 liv. : Combien cela faisait-il de francs ?

PRIX COMPARATIFS (MESURES USUELLES.)

893. — La toise usuelle se payant 7 fr., trouvez ce que valent 50 mètres.

894. — Le mètre se payant 12 fr., trouvez ce que valent 45 toises usuelles.

895. — Le pied valant $0^f,20$, trouvez ce que valent 76 mètres.

896. — Le mètre valant 18 fr., trouvez ce que valent 100 pieds usuels.

897. — Le mètre de drap valant 12 fr., trouvez la valeur de 12 aunes usuelles.

898. — L'aune usuelle valant 15 fr., combien paierai-je pour 9 mètres ?

899. — La toise carrée se payant 30 fr., combien paierait-on pour 200 mètres carrés ?

900. — Le m. carré se payant 2 f., combien pour 25 toises car. ?

901. — Le pied carré valant 1 fr., combien la toise carrée ?

902. — Le m. carré valant 6 fr., combien le pied carré ?

903. — Lorsque l'arpent usuel vaut 2000 fr., combien la boisselée ; combien la perche carrée ?

904. — Lorsque la boisselée usuelle vaut 600 fr., combien l'are ?

905. — Lorsque la toise cube vaut 12 fr., combien le m. cube ?

906. — Il a fallu 80 toises cubes de pierre pour faire un mur, combien a-t-il coûté, outre la main d'œuvre, la pierre employée ayant coûté $1^f,25$ le mètre cube ?

907. — Lorsque le pied cube vaut 3 fr., combien le m. cube ?

908. — Lorsque la corde usuelle se vend 18 fr., comb. le stère ?

909. — Combien valent 25 kilog. à $2^f,35$ la livre usuelle ?

910. — Combien valent 250 livres à 6 fr. le kilog. ?

911. — A 12 fr. le grain, combien le gramme ?

912. — A 2 fr. le gramme combien le grain ?

913. — A 5 fr. le gros, combien le gramme ?

914. — A 10 fr. le gramme, combien le gros ?

EXERCICES SUR LES SURFACES ET LES SOLIDES.

(Nos 38, 39, 40 et 41.) (1)

915. — Trouvez ce que contient d'ares une certaine mesure agraire carrée qui a 102 pieds de côté.

916. — Calculez les hectares d'un terrain contenant 112 boisselées, les côtés de la boisselée étant 75 pieds.

917. — Trouvez les ares d'un pré qui contient 19 perches carrées, le côté de la perche étant 5 toises.

918. — Calculez ce que vaut en stères une certaine corde dont la longueur est 6 pieds, la hauteur 3 pieds 9 pouces et la largeur 3 pieds 2 pouces.

919. — Une autre corde a 5 pieds $\frac{1}{2}$ de long, 5 pieds de haut et 2 pieds 8 pouces de large : Trouvez ce qu'elle vaut de stères.

920. — Une troisième a 7 pieds de long 4 pieds 4 pouces de haut et 3 pieds de large : Calculez-en les stères.

921. — Un terrain contient 3 hectares, et le propriétaire qui ne connaît pas les hectares, demande ce qu'il contient de boisselées de 31 pieds $\frac{1}{2}$: Veuillez le lui dire.

922. — Une lande ayant été arpentée a été trouvée contenir 1200 hectares : Calculez ce que cela fait de boisselées de 13 toises de côté.

923. — Trouvez combien il y a de cordes dans un magasin contenant 219 stères, la corde ayant 6 pieds sur 4 et 3.

924. — Une meule de bois a 9 mètres de circonférence et 9 m. de haut : Combien contient-elle de cordes de 6 pieds de long sur 4 et 3 pieds ?

925. — Une autre meule de bois a 15 mètres de circonférence et 5 mètres de haut : Calculez ce qu'elle contient de cordes usuelles. (N° 30.)

PESANTEUR SPÉCIFIQUE DES CORPS.

Complément, Traité des poids et mesures, (*Nos 54 et 55.*)

926. — Trouvez le poids de l'eau de mer contenue dans un bassin carré de 20 m. de côté, si cette eau monte à la hauteur de 4 centimètres.

927. — Calculez le poids de la glace formée sur une nappe d'eau de 2 ares de superficie, la glace ayant 6 cent. d'épaisseur.

928. — Trouvez ce que pèse une barrique de petite eau-de-vie qui contient 228 litres.

---

(1) Se servir de mesures usuelles.

929. — Une fiole d'essence de térébenthine en contient 214 centimètres cubes : Combien pèse-t-elle ?

930. — Calculez le poids d'un baril d'huile d'olive qui en contient 15 litres.

931. — Un propriétaire a récolté 2 hectolitres d'huile de noix : Combien en a-t-il pesant ?

932. — Combien pèsent 35 décilitres d'huile de pavot ?

933. — Trouvez le poids de 3 barriques d'huile de lin, si chaque barrique en contient 2 hect. $\frac{1}{4}$.

934. — Trouvez le poids de 2 décilitres d'huile de faîne.

935. — Calculez en grammes le poids de 3 centimètres cubes d'huile de ricin.

936. — Une vache donne 18 litres de lait par jour : Combien pesant ?

937. — Trouvez ce que pèserait une barrique de vin de Bordeaux qui en contiendrait 225 litres..

938. — Combien pèsent 25 litres de vin de Bourgogne ?

939. — Combien pèsent 175 litres de vin de Madère ?

940. — Combien pèse une barrique de 250 litres contenant du vin de Malaga ?

941. — Une barre d'acier brut a 3 centimètres d'équarrissage et 90 centimètres de longueur : Combien pèse-t-elle ?

942. — Une barre cylindrique de fer fondu a 5 centimètres de diamètre et 5 décimètres de long : Combien pèse-t-elle ?

943. — Combien pèserait une barre carrée d'or forgé dont l'équarrissage serait 8 millim. et la longueur 328 millim. ?

944. — Une règle de platine laminé a 1 centimètre de large sur 4 millim. d'épaisseur et 1 m. de long : Combien pèse-t-elle ?

945. — Combien pèserait une barre de platine forgé qui aurait 38 millimètres en carré et 9 décimètres de long ?

946. — Trouvez le poids d'un bloc de marbre qui a 2 mèt. de long, 13 décimètres sur une face et 5 décimètres sur l'autre.

947. — Calculez le poids d'un bloc de grès qui aurait $1^{m},50$ de long et dont l'équarrissage serait 3 décimètres.

948. — Un cylindre de granit a 8 décimètres de diamètre et 9 de haut : Trouvez-en le poids.

949. — Quel est le poids du mercure contenu dans un tube cylindrique de 11 millim. de diamètre sur 20 centimètres de haut ?

950. — Un pain cylindrique de résine a 5 décim. de diamètre, 5 décim. de hauteur : Quel en est le poids ?

951. — Un globe de suif a 4 décimèt. de diamètre : Combien pèse-t-il ?

952. — Trouvez ce que pèse un cône tronqué de beurre dont les 2 diamètres sont 2 et 1 décim. et la hauteur verticale 7 centim.

RÉCAPITULATION GÉNÉRALE.

953. — Trouvez, à moins d'un centimètre près, le diamètre d'une roue, la surface renfermée par sa circonférence étant 7 m. car.,0714.

954. — Trouvez, à moins d'un centimètre près, le diamètre d'une sphère dont la solidité serait 125 d. cubes.

955. — Ramenez au carré, à moins d'un millimètre près une feuille de carton dont les côtés sont 60 et 55 centimètres.

956. — Ramenez au cube un cylindre dont le diamètre serait 25 centimètres et la hauteur 13 centimètres, l'approximation demandée étant à moins d'un millim. près.

957. — Pourriez-vous trouver, à moins d'un centimètre près, le rayon d'un arc de cercle, si cet arc était la base d'un secteur *(en géométrie, on appelle secteur la portion de la surface d'un cercle comprise entre deux rayons et l'arc qu'ils déterminent)*, dont la surface serait 783 mètres carrés, l'arc proposé étant de 60 degrés?

958. — Un quart de litre d'un certain vin ayant coûté les $\frac{4}{5}$ d'un franc, on vous prie de dire ce que coûteront, à ce prix, les $\frac{3}{4}$ d'une barrique contenant 232 litres.

959. — Quatre menuisiers ont gagné 50 fr. dans 8 jours: Combien faudrait-il d'ouvriers pour gagner une même somme en 2 jours, s'ils font un même ouvrage et si leur travail est dans un même rapport?

960. — On ensemence 23 ares d'un champ qui en contient 51, et l'on récolte 2 hectol. $\frac{1}{2}$: Combien eût-on récolté, si l'on eût ensemencé le champ tout entier?

961. — Dix amis se sont donné rendez-vous dans un hôtel situé à peu près à égale distance de leurs demeures; ils sont restés ensemble pendant 4 jours et ont dépensé 400 fr.; l'année suivante: ils se sont réunis au nombre de 12 et ils ont dépensé 240 fr.: Combien sont-ils restés de jours ensemble à cette fois?

962. — Combien faut-il que 11 hommes travaillent d'heures par jour pour creuser en 9 jours un fossé égal à un autre que 6 hommes ont fait en 18 jours, ces hommes travaillant 12 heures par jour?

963. — Trois héritiers se partagent une somme de 16432f,20; l'un d'eux, qui en a les $\frac{2}{3}$, place sa part et en retire 547f,74 de rente: A quel taux a-t-il placé?

964. — Quelle somme placerai-je à 4 $\frac{1}{2}$ p. % par an pour avoir une rente annuelle de 697f,85?

965. — Le 4 $\frac{1}{2}$ p. % étant au cours 98,57, trouvez le revenu que donnerait le capital 67543 fr.

966. — Un marchand devait une lettre de change de 4687f,35,

mois, à l'échéance, il demanda à payer 6 mois plus tard, promettant de payer 0f,50 p. % d'escompte en dehors : Combien paya-t-il en tout ?

967. — Quelqu'un doit 3646 fr. payables dans 4 mois : Combien doit-il payer aujourd'hui, si on lui accorde 6 p. % d'escompte annuel ?

968. — Soixante-six ouvriers ont fait un certain ouvrage en 72 jours : Combien auraient-ils mis de temps s'ils n'avaient été que 42 ?

969. — Si 792 jours suffisent à 6 ouvriers pour faire un certain travail, combien faudrait-il à 66 pour faire le même ouvrage ?

970. — Quarante-deux ouvriers mettent 113 jours $\frac{1}{7}$ à faire un certain travail : Combien faudra-t-il d'ouvriers pour faire le même ouvrage en 6 jours ?

971. — On me doit 11 fr. payables dans 11 mois, 12 fr. payables dans 12 mois, 18 fr. payables dans 20 mois et 40 fr. payables dans 18 mois ; mais mon débiteur aimerait mieux se libérer dans une seule fois et pourtant ne point perdre sur l'intérêt des sommes qu'il me doit : Dites-lui à quelle époque il peut effectuer ce paiement unique.

972. — Dans combien de temps paiera-t-on le reste de 112629 f. dus après 10 ans, si l'on paie 52000 fr., 6 ans à l'avance ?

973. — Un menuisier, un serrurier, un plâtrier et un maçon prennent au rabais les réparations d'une église ; le devis, établi à 15000 fr., descend à 12875 : Dites quelle somme chacun aura à toucher, le devis primitif de la menuiserie étant de 2600 fr., celui de la serrurerie de 570 fr., celui du plâtrage de 5420 fr., et, enfin, celui de la maçonnerie de 6410 fr.

974. — Treize marchands sont restés 26 jours dans une hôtellerie où ils ont fait une dépense de 528 fr. : Trouvez la dépense de chacun, les jours de leurs stations formant entre eux une progression par différence dont la raison est 2, et le dernier terme 26.

975. — Combien faut-il mêler d'hectolitres de blé à 24 fr. avec de l'orge à 18 fr., pour que le mélange vaille 20 fr. l'hec. ?

976. — Combien mêlera-t-on de cents kilog. d'une farine à 26 fr. *le cent* avec d'autres farines à 22 fr. et à 17 fr., pour que *le cent* du mélange ne vaille que 24 fr. ?

977. — Un boulanger s'engage pour une certaine somme et pour un certain temps, à fournir 50 kilog. de pain par semaine à 100 pauvres, tant hommes que femmes et enfants, combien devra-t-il assister d'hommes, de femmes et d'enfants, les hommes étant taxés à 7 hectogrammes, les femmes à 6 et les enfants à 4 ?

978. — On a deux pièces de vin qui coûtent ensemble 228 f. ; la première coûte 36 fr. de plus que la seconde ; elles contiennent chacune 240 litres, et l'on trouve à en vendre 351 litres

à $0^f,45$: Combien en mettra-t-on de chaque espèce dans le mélange à former?

979. — On place verticalement sur un terrain bien plan deux piquets à 5 m. l'un de l'autre, de manière que leurs extrémités correspondent avec l'extrémité de la croix d'un clocher; le 1er piquet a 1 m. de haut et le second en a 3 : Trouvez à quelle hauteur est le haut de cette croix, la distance comprise entre les deux piquets étant contenue 19 fois entre le 1er piquet et la verticale tombant du pied de la croix sur la base du clocher.

980. — Trouvez la hauteur d'une montagne au moyen d'une ligne de cinq piquets, dont les extrémités forment une ligne droite avec le sommet de la montagne, la distance entre les deux premiers piquets étant 5 m., celle entre le second et le troisième 20 m. Ainsi... jusqu'au sixième, qui est l'axe de la montagne;. le 1er piquet a $1^m,5$, le second 6 m., et ainsi...

981. — On place en regard d'une montagne deux piquets dont l'un a $1^m,5$ et l'autre 6 m.; leurs extrémités supérieures forment une ligne droite avec l'extrémité supérieure de l'axe de la montagne : Trouvez la hauteur de cette montagne, l'espace compris entre les deux piquets étant compris 341 fois entre le pied de l'axe de la montagne et le premier piquet.

982. — Un homme, qui n'a que 8 centimes dans sa poche, dit qu'il veut faire l'aumône à vingt pauvres, en donnant autant à l'un qu'à l'autre, non collectivement mais isolément, et avoir 3 cent. de reste: Comment s'y prendra-t-il donc? (*Pour résoudre cette question, il faut savoir faire usage de la différence qu'il y a entre un liard et un centime; on sait que cette différence est $\frac{1}{4}$ de centime.*)

983. — Un Monsieur, qui n'a point d'héritiers, avantage ses cinq domestiques de la manière suivante : il donne une métairie aux quatre premiers, à l'un $\frac{1}{12}$, au second $\frac{1}{6}$, au troisième $\frac{1}{4}$ et au quatrième la moitié; le cinquième n'a rien dans ce partage, mais il touche une somme de 6000 fr., laquelle est le triple du don que reçoit le 1er des partageants de la ferme : Trouvez la valeur de la métairie donnée et la valeur du don fait à chacun des 4 premiers.

984. — On parle d'une vieille tour qui, ayant été mesurée en 1742, fut trouvée haute de 215 pieds : Trouvez ce que cela fait de mètres.

985. — Trouvez en mètres la longueur d'un édifice bâti, en 1695, sur un terrain de 125 pieds de long.

986. — Lorsque je n'avais encore que 7 ou 8 ans, mon père acheta un chêne dont l'équarrissage moyen était de 2 pieds 3 pouces : Trouvez ce que cela vaut de centimètres.

987. — Combien a-t-on payé de livres tournois pour la bâtisse d'une vieille maison qui contient 152 m. carrés de maçonnerie, si dans le temps, on donnait 6 livres 15 sous de la toise carrée?

988. — Avant 1793, on avait un beau cheval pour cent écus : Combien cela fait-il de francs?

989. — Je trouve sur un vieil acte qu'une prairie, arpentée en 1695, fut alors trouvée contenir 6 arpents : Combien cela fait-il d'hectares ?

990. — Un carrier, qui vend sa pierre au m. cube et qui pourtant ne sait mesurer qu'à la toise cube ancienne, vous prie de lui dire combien vaut de m. cubes un tas de moëllons qui contient 7 toises cubes. — Il vous demande en outre combien il touchera, à 3f,25 le m. cube.

991. — Autrefois, quand on disait : telle chose s'est vendue tant de louis, on entendait par ce mot louis des pièces de 24 liv. : Voudriez-vous, d'après cela, nous dire combien 100 louis valaient de francs.

992 — Combien me paiera-t-on d'escompte en dehors, au 6 p. % par an, si je paie maintenant un billet de 1850f,45, qui n'est payable que dans 3 ans 4 mois.

993. — Trouvez ce que peut réclamer en tout, après 3 ans, un capitaliste qui aurait prêté 48000 fr. à intérêts composés, le taux étant 4 p. %.

994. — 125 hommes en 125 j., travaillant 7 heures par jour, font 6 kilom. de terrassement : Combien 100 hommes en feront-ils dans 200 jours s'ils travaillent 13 heures par jour ?

995. — Combien faut-il d'hommes pour faire dans 7 jours $\frac{1}{2}$, en travaillant 13 h. par j., un même ouvrage qu'ont fait en 15 j. 3 ouvriers qui travaillaient 6 h. $\frac{1}{2}$ par j.

996. — Un fabricant de papier en vend 250 rames à 8f,20 la rame ; le marchand à qui il vend, paie à 6 mois ou escompte en dehors au 6 p. % l'an, et comme le vendeur a besoin de fonds, il choisit la dernière condition : Combien perd-il ?

997. — Un fabricant de papier en a 25 rames, qui est manqué de colle et qui, sans cela, vaudrait 6 fr. la rame, mais dont il ne trouve que 4f,50 : Combien doit-il mêler de feuilles par main du même papier bien réussi pour faire passer ses 25 rames au prix moyen de 5 fr. ?

998. — Un marchand de blé veut composer un mélange de 47 hectolitres qui contienne du blé à 18 fr. l'hectolitre et d'autre blé à 25 fr., de manière qu'il puisse vendre 23 fr. l'hectolitre du mélange.

999. — On veut composer une barrique de vin de 260 litres avec des vins à 80, 70, 40 et 30 centimes le litre, de manière à avoir un mélange à 50 centimes ; mais on voudrait y mettre 30 l. seulement de la qualité à 80 cent. : Opérez ce mélange.

1000. — Un héritage de 12854 fr. échoit à deux familles dont chacune se divise en deux branches : la première branche de la première famille se subdivise en 13 membres, et la seconde en 7 ; la première branche de la seconde famille, en 4 membres et la seconde, en 9. La première famille prend 12 fr., lorsque la seconde en prend 16 ; la première branche de la première famille prend 5 fr., lorsque la seconde en prend 7; la première branche de la seconde famille prend 7 fr., lorsque la seconde en prend 9; dans chaque branche, les individus partagent d'une manière égale : Réglez cette succession.

1001. — Une ville assiégée a des vivres pour 284 jours, à 2500 hommes de garnison; au bout de 53 jours, on reçoit un renfort de 800 hommes : Combien les vivres dureront-ils de jours, à partir du jour du renfort ?

1002. — Quatre hommes, en 8 jours, travaillant 7 heures par jour, ont fait 856 m. d'ouvrage : En combien de jours 9 hommes, travaillant 6 heures par jour, feront-ils 687 m. ?

1003. — Vingt-quatre hommes, en 6 jours, travaillant 7 heures par jour, ont fait un mur de 47 m. de long, 4 m. de haut, et $0^m,53$ d'épaisseur. On fait faire par deux compagnies d'ouvriers un autre mur de 134 m. de long, $3^m,50$ de haut, et $0^m,50$ d'épaisseur : la première compagnie est de 10 ouvriers qui travaillent 6 heures par jour pendant 4 jours; la seconde est de 16 ouvriers qui travaillent 8 heures par jour : Combien ces derniers ont-ils travaillé de jours ?

1004. — On fait labourer à la bêche un champ rectangulaire de 47 décamètres de long sur 31 décamèt. de large : 3 hommes, en 7 jours, travaillant 10 heures par jour, en ont labouré un espace rectangulaire de 5 décamètres de long sur 4 décamètres de large. On prend 4 hommes de plus et l'on fait travailler tous les ouvriers 12 heures par jour : En combien de jours, heures et minutes termineront-ils le reste du champ ?

1005. — Un roulier reçoit $122^f,85$ pour le port de 65 caisses de savon, pesant chacune 63 kilogrammes, à une distance de 18 myriamètres : Combien, pour 33 fr., transportera-t-il de caisses, pesant chacune 55 kilogrammes, à une distance de 15 myriamètres ?

1006. — Lorsque le cours de la rente 5 p. % est à $109^f,65$, combien aura-t-on de revenu pour $2469^f,87$?

1007. — Quelqu'un achète pour $8643^f,35$ de marchandises pour lesquelles il fait un billet de 2400 fr. à 6 mois, et un de $6243^f,35$ à 10 mois. A l'échéance du premier billet, n'ayant pas d'argent, il demande à reprendre ses deux billets et à en faire un seul de la somme totale de $8643^f,35$: Pour combien de mois devra-t-on faire ce billet ?

1008. — Un négociant a un billet de 25000 fr. payables dans 27 mois; son créancier offre de le lui escompter à 8 p. % par an : De combien ce négociant doit-il avancer son paiement pour n'avoir que 21500 fr. à payer ?

1009. — Douze personnes se réunissent pour faire réparer un chemin, et y dépensent $2467^f,35$: elles conviennent que chacune paiera d'après ses contributions. La première paie $257^f,34$; la seconde $854^f,97$; la troisième $697^f,89$; la quatrième $597^f,89$; la cinquième $946^f,27$; la sixième $1002^f,60$; la septième $754^f,08$;

la huitième 9827f,37 ; la neuvième 917 fr. ; la dixième 217f,20 ; la onzième 346f,31 ; la douzième 846f,14 : Trouver, à moins d'un millime près, de combien chaque personne contribuera.

1010. — Un marchand a du tabac indigène à 3f,15 le kilog., et du tabac de Virginie à 4f,85 le kilogramme : Combien faut-il qu'il en mette de kilogrammes de chaque prix pour en faire un quintal à 3f,80 le kilogramme ?

1011. — Un *ducat* de Naples vaut 4f,25 ; un *sequin* de Parme vaut 11f,95 ; un *sequin* de Gênes vaut 12f,01 : Combien 100 *ducats de Naples* valent-ils de sequins de Parme ? — Et de sequins de Gênes ? — Combien 100 *sequins de Gênes* valent-ils de sequins de Parme ? — Et de ducats de Naples ? Combien 100 *sequins de Parme* valent-ils de ducats de Naples ? Et de sequins de Gênes ?

1012. — Un roulier charge 814,37 kilogrammes de café, 3423 gram. de poivre ; 63157 décigrammes de cannelle ; 12 myriagrammes de chandelle, et 131 kilogrammes 3 hectogrammes 52 grammes de riz ; on le paie à raison de 34 fr. pour 100 kilogrammes : Combien aura-t-il à recevoir ?

1013. — Un voyageur part de Rennes pour se rendre à Paris, il fait un myriamètre dans 2 heures : 5 heures après son départ, on expédie après lui un courrier qui fait 15 kilomèt. en 2 heures : On demande 1° au bout de combien d'heures il joindra le voyageur ; 2° à quelle distance de Rennes.

1014. — Pour se rendre à Paris, un homme part d'un lieu qui en est à 84,37 myriamètres ; la première semaine, il fait 137 kilomètres 8 hectomètres ; la seconde, 1563 hectomètres ; la troisième, 27 myriamètres 3 kilomètres 4 hectomètres : On demande à quelle distance il est encore de Paris, et combien il devra faire de myriamètres, kilomètres et hectomètres par jour pour y arriver dans 8 jours.

1015. — Quatre bâtiments de guerre ont fait une prise qui a été partagée entre eux : le premier a reçu autant que le second et le quatrième ; le second a reçu 254632f,20 ; le troisième a reçu 183627f,11 ; le quatrième a reçu autant que le second et le troisième : A combien montait la prise, et quelle a été la part de chaque bâtiment ?

1016. — Un père a quatre enfants : Pierre, Thomas, Jacques et Louis ; il avait 32 ans à la naissance de Pierre, 35 ans à celle de Thomas, 40 à celle de Jacques, et 45 à celle de Louis : Quel sera l'âge du père et celui de chaque enfant, lorsque Jacques aura 26 ans ?

1017. — J'achète une vache pour 200 fr. ; n'ayant pas d'argent, mon créancier m'accorde 2 ans de terme, mais à condition que je lui paie les intérêts composés sur le pied de 15 p. % par an : Combien devrai-je débourser ?

1018. — Un calculateur, interrogé sur l'heure qu'il est, répond : *Depuis minuit, il s'est écoulé la moitié des deux tiers des trois quarts du jour :* Quelle est l'heure d'après cette réponse?

1019. — *Je te donne* 5 fr., dit un père à son fils ; *tu les partageras avec ton frère de façon qu'il te reste* 0f,70 *de plus qu'à lui :* Quelle est la part de chacun?

1020. — On veut planter, en pommiers, un champ rectangulaire de 100 m. de long sur 80 de large. On met les rangs dans le sens de la longueur, à deux décamètres les uns des autres et des bords du champ. On met les pommiers, dans le rang, à un décamètre les uns des autres, et à un décamètre des extrémités du champ, où l'on n'en met pas : Combien y aura-t-il de pommiers dans ce champ?

1021. — Combien, pour 438f,60, aura-t-on d'hectolitres de froment, d'avoine et de seigle, si l'on paie 20f,70 l'hectolitre de froment, 14f,50 celui d'avoine, 17f,20 celui de seigle, et qu'on veuille autant d'hectolitres de seigle que d'avoine, et deux fois plus d'hectolitres de froment que de seigle?

1022. — Un marchand achète 5 balles de café, pesant chacune brut 1375 hectogrammes, à 1f,70 le kilogramme, poids net; l'emballage de chaque balle est porté à 3,7 kilogrammes : on lui donne 8 mois de terme pour s'acquitter, mais il préfère payer comptant sous escompte de $\frac{1}{2}$ p. °/o par mois : Combien doit-il débourser?

1023. — La vitesse d'une rivière étant 0m,08 par seconde, combien, dans une heure, passe-t-il d'hectolitres d'eau par une ouverture demi-circulaire de 6 m. de rayon?

1024. — Une commune veut faire creuser un canal; il se présente 3 sociétés d'ouvriers : la première peut le faire en 40 jours, la seconde en 36 et la troisième en 30. Étant pressé, on les fait travailler tous à la fois : En combien de jours, heures et minutes creuseront-ils ce canal? (Ils travaillent 12 heures par jour.)

1025. — On demande à un calculateur combien il a de francs en poche ; il répond : *Si vous ajoutez ensemble la moitié, le tiers et le quart de ce que j'en ai, la somme surpassera* de 3 fr. *le nombre demandé :* Quelle somme a-t-il?

1026. — On a empli un tonneau de 240 litres avec du vin à 2f,50 et à 1f,30 le litre ; ce tonneau vaut maintenant 480 fr. : Combien de litres de chaque espèce a-t-on mis?

1027. — On a un tonneau de 215 litres dans lequel on a mis 34 litres de vin à 0f,90 ; on veut y mettre du vin à 1f,50 le litre, de manière que le litre du mélange vaille 1f,25 : Combien faudra-t-il mettre de litres de 1f,50?

1028. — On a une pièce de 360 litres dans laquelle il y a 54 l. de vin à 1f,30 : Combien faut-il y mêler de litres à 1f,10 et à 0f,60, pour la remplir et pour qu'elle vaille 360 fr.?

1029. — On a 50 litres de vin à 0f,35, et 60 à 0f,40 : Combien faut-il y en ajouter à $0^f,90$, pour que le litre du mélange soit de $0^f,75$ le litre?

1030. — Dans une pièce contenant 675 litres, on a 60 litres de vin à $0^f,50$: Combien faut-il y mêler de litres à $0^f,60$, à $0^f,70$, à $0^f,80$, à $0^f,90$ et à $1^f,20$ pour la remplir, et pour que le litre du mélange vaille $0^f,75$?

1031. — Un particulier a acheté pour 216 fr. de grains, moitié froment, moitié orge; il a payé le froment 14 fr. l'hectolitre, et l'orge 10 fr. : Combien y a-t-il d'hectol. de chaque grain?

1032. — Un phénomène astronomique a été observé le 10 février 1792, à 6 h. 48 m. 11 s. du matin : on l'a observé de nouveau le 15 septembre 1837, à 11 h. 48 m. 9 s. du soir : Combien s'est-il écoulé d'années, de jours, heures, minutes et secondes entre les deux observations?

1033. — Un marchand a du noir animal à 10 f., à 12 fr., à 14 f., à 15 fr. et à 16 fr. l'hectolitre. Il veut en faire un mélange qui contienne 1000 hectolitres et dont l'hectolitre vaille $14^f,40$: Combien doit-il en mettre de chaque prix, sachant qu'il veut en mettre autant à 10 fr. qu'à 12 fr., et 3 fois plus à 16 fr., et 4 fois plus à 15 fr. qu'à 14 fr.?

1034. — On a rempli en 12 minutes un vase contenant 39 lit. : pour cela, on y a fait couler successivement deux fontaines; la première fournit 4 litres par minute, et la seconde 3. On demande combien de temps chaque fontaine a coulé.

1035. — Supposons qu'on veuille fabriquer une somme de 1000 fr. avec de l'argent aux titres suivants $\overset{a}{0,98}$, $\overset{b}{0,96}$, $\overset{c}{0,95}$, $\overset{d}{0,92}$, $\overset{e}{0,87}$, $\overset{f}{0,82}$, $\overset{g}{0,81}$, $\overset{h}{0,80}$. Combien entrera-t-il de chaque titre dans l'alliage, si les quantités de *a* et *c* sont entre elles comme 1 et 2; les quantités de *b* et *d*, comme 3 : 5; les quantités de *e* et *h*, comme 2 : 6; les quantités de *f* et *g*, comme 2 : 4? On sait que le titre des monnaies est 0,90.

1036. — On a fabriqué une somme de monnaie d'argent pesant 209 grammes, avec quatre lingots de titres différents : Trouvez ces titres, le premier lingot étant de 175 gr., le second de 1050 g., le troisième de 637 gr., le quatrième de 147 gr., et la masse arbitraire de l'alliage de 287 gr. : les titres supérieurs au titre légal sont *a* et *b*, les titres inférieurs sont *c* et *d*; enfin, dans l'alliage préparatoire *a* a été combiné avec *c* et *b* avec *d*.

FIN.

TABLE DES MATIÈRES.

Traité des Poids et Mesures.

Exercices.

Vannes, Imp. de Gustave de Lamarzelle.

www.ingramcontent.com/pod-product-compliance
Ingram Content Group UK Ltd.
Pitfield, Milton Keynes, MK11 3LW, UK
UKHW012210240726
13966UKWH00002B/676